肠道微生态与肝脏疾病

CHANGDAO WEISHENGTAI YU GANZANG JIBING

楚慧款◎主编

長江出版傳媒 湖北科学技术出版社

图书在版编目(CIP)数据

肠道微生态与肝脏疾病 / 楚慧款主编. -- 武汉 :
湖北科学技术出版社, 2025. 5. -- ISBN 978-7-5706
-4359-2

Ⅰ. Q939; R575

中国国家版本馆 CIP 数据核字第 20257RS368 号

责任编辑：王小芳　王承晨

责任校对：陈横宇　　封面设计：曾雅明

出版发行：湖北科学技术出版社

地　　址：武汉市雄楚大街 268 号（湖北出版文化城 B 座 13-14 层）

电　　话：027-87679468　　邮　　编：430070

印　　刷：武汉精艺彩广告印务有限公司　　邮　　编：430048

787 毫米×1092 毫米　1/16　16 印张　450 千字

2025 年 5 月第 1 版　　2025 年 5 月第 1 次印刷

定　　价：68.00 元

《肠道微生态与肝脏疾病》
编委会

主　编：楚慧款

副主编：（按姓氏拼音排列）

陈　阅　成紫璐　高文康　姜　璐　李泽轩　刘　艳　彭　忠

唐茹琦　王书延　许鹏飞　杨　野　张马光　朱源清

编　委：（按姓氏拼音排列）

曹　鹏　陈　阅　陈垠菘　成紫璐　楚慧款　杜　萌　杜兰朵朵

杜小童　高浩南　高文康　黄　坤　姜　璐　李　薇　李泽轩

李之琦　廖南菲　廖天阳　林　琳　刘　澳　刘佳豪　刘　艳

黄茜格　胡雁琪　彭　忠　秦露凝　谭雨嫔　唐茹琦　王冬园

王书延　王心阳　席　悦　许鹏飞　严胜琦　杨博雯　杨　野

杨　玥　尹丽佳　袁永钢　张马光　赵云斐　朱建伟　朱源清

编者单位：

楚慧款　华中科技大学同济医学院附属协和医院

曹　鹏　华中科技大学同济医学院附属协和医院

陈　阅　华中科技大学同济医学院附属协和医院

陈垠菘　华中科技大学同济医学院附属协和医院

成紫璐　华中科技大学同济医学院附属协和医院

杜　萌　华中科技大学同济医学院附属协和医院

杜兰朵朵　上海交通大学医学院附属新华医院小儿消化营养科

杜小童　华中科技大学同济医学院

高浩南　华中科技大学同济医学院附属协和医院

高文康　华中科技大学同济医学院附属协和医院

黄　坤　华中科技大学同济医学院附属协和医院

姜　璐　上海交通大学医学院附属新华医院小儿消化营养科

李　薇　华中科技大学同济医学院
李泽轩　华中科技大学同济医学院
李之琦　华中科技大学同济医学院
廖南菲　华中科技大学同济医学院
廖天阳　华中科技大学同济医学院
林　琳　华中农业大学动物医学院
刘　澳　华中科技大学同济医学院附属协和医院
刘佳豪　华中科技大学同济医学院
刘　艳　武汉市八医院
黄茜格　华中科技大学同济医学院
胡雁琪　华中科技大学同济医学院
彭　忠　华中农业大学动物医学院
秦露凝　华中科技大学同济医学院
谭雨嫔　华中科技大学同济医学院
唐茹琦　上海交通大学医学院附属仁济医院消化所
王冬园　华中科技大学同济医学院附属协和医院
王书延　华中科技大学同济医学院附属协和医院
王心阳　华中科技大学同济医学院
席　悦　武汉大学生命科学学院
许鹏飞　武汉大学药学院
严胜琦　华中科技大学同济医学院附属协和医院
杨博雯　新疆医科大学临床医学部
杨　野　华中科技大学同济医学院附属协和医院
杨　玥　华中科技大学同济医学院
尹丽佳　华中科技大学同济医学院附属协和医院
袁永钢　华中科技大学同济医学院
张马光　潜江市中心医院
赵云斐　华中科技大学同济医学院
朱建伟　华中科技大学同济医学院
朱源清　华中科技大学同济医学院

前　言

近年来，肠道与肝脏之间的双向相互作用已被视为实验性肝病研究中的核心要素。实际上临床研究也进一步证实，多种肝病的发生与发展均伴随着肠-肝轴的显著紊乱。基于此，我们旨在通过修复肠-肝轴，调节肠道菌群平衡，保护肠道屏障功能，并减少肠道与肝脏的炎症反应，以期在肝病治疗领域取得突破性进展和显著疗效。

《肠道微生态与肝脏疾病》系统性地深度归纳和总结了肠肝互作的现有研究成果，对有争议的部分进行客观理性的探讨，并对未来的研究方向做出了科学、合理的预判。这不仅有助于我们更深入地了解各类型肝脏疾病的病理生理过程，还将为开发基于微生物群的靶向诊断和治疗手段提供重要支持，从而有望显著降低慢性肝病对我国人民生命健康的威胁，并推动我国基础科研与健康卫生事业的进一步发展。因此，《肠道微生态与肝脏疾病》一书具有重要的科学价值和社会意义。

南方医科大学　**陈　鹏**

2024年9月22日

目　录

第一章　肠道微生态概述

第一节　肠 道 菌 群

继“人类基因组计划”后，生命科学领域于2007年开启了另一项重大的研究——“人体微生物组计划”。人体中由细菌、真菌等组成的微生物群体与我们相伴一生，时刻影响着机体的生长发育和新陈代谢。生活在人体中的微生物数量可达人体自身细胞数量的10倍，有百万亿个之多。其中，超过90%的共生微生物“定居”在人体消化道中，称为“肠道菌群”（图1-1）。

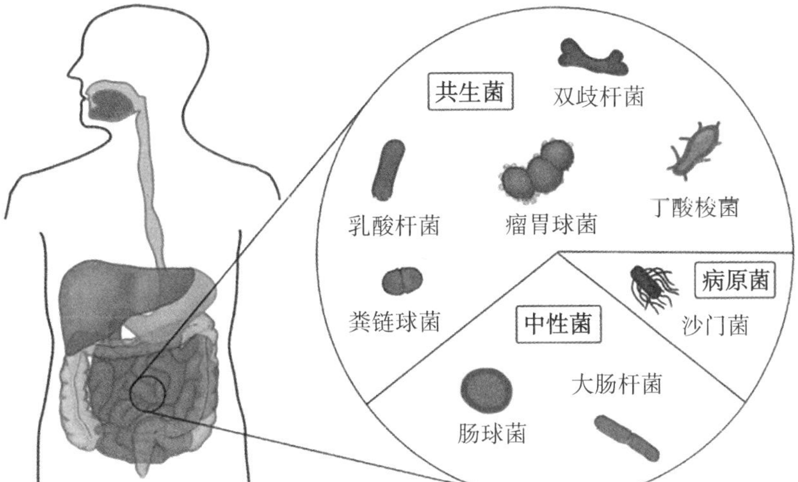

图1-1　肠道菌群组成图

一、肠道菌群的组成及分类

1.肠道菌群的组成

肠道是一个复杂的共生系统，包含数目超过10^{14}的微生物，如细菌、真菌、病毒以及原生生物等。其中以细菌为主，涵盖拟杆菌门、厚壁菌门、变形菌门、放线菌门、疣微球菌门、梭杆菌门、蓝藻菌门、螺旋体门等。98%的肠道细菌可以归属为前四类。

（1）拟杆菌门。“成员”均为厌氧革兰阴性菌。它们参与人体结肠中许多重要的代谢活动，包括碳水化合物的发酵、含氮物质的利用以及胆汁酸和其他类固醇的生物转化。其结构中的脂多糖和鞭毛蛋白可与细胞受体相互作用，并通过合成细胞因子来增强免疫反应，以应对潜在病原体对肠道的定植和感染。但是该群体中的部分菌类，如脆弱拟杆菌等，可促进炎症，引起腹内感染、妇科感染等。Mouzaki M等学者发现：当拟杆菌门在肠道微生物群落中丰度较低时，易引发非酒精性脂肪性肝炎，这一现象不依赖于饮食或是身体质量指数（body mass index，BMI）。研究表明，肠道菌群可能在非酒精性脂肪肝病（nonalcoholic fatty liver disease，NAFLD）的进程中发挥作用。

（2）厚壁菌门。肠道中最大的细菌群之一，多为革兰阳性菌，形态表现为球状或者杆状，有细胞壁结构。绝大多数家喻户晓的有益菌都属于该菌群，如乳酸杆菌、粪杆菌等。然而可导致多种疾病的金黄色葡萄球菌、链球菌也属于厚壁菌门。厚壁菌门乳杆菌属下的鼠李糖乳杆菌被认为可以改善酒精性肝损伤。Gu等人表明，酒精性肝病（alcoholic liver disease，ALD）小鼠模型肠胃中的乳酸杆菌等益生菌数量下降，而革兰阴性菌数量增多，补充鼠李糖乳杆菌可以改善菌落数量之间的平衡。

（3）变形菌门。根据rRNA序列被分为5个纲，用希腊字母α、β、γ、δ和ε命名为α-变形菌纲等。此门细菌形状多变，有的可利用鞭毛运动，有的依靠滑行运动。该菌群包含多种病原菌，如大肠杆菌、螺旋杆菌、绿脓杆菌、霍乱弧菌、鼠疫杆菌、幽门螺杆菌等。其中，幽门螺杆菌（helicobacter pylori，Hp）被推测可能在肝病的发生发展中起重要作用，一项关于乙肝相关性肝病患者Hp感染率的调查研究显示Hp的感染率为73.3%，而正常人的Hp感染率为40%，二者相比存在统计学意义。

（4）放线菌门。形态特殊，曾被认为是介于细菌和霉菌的一种。随着技术的发展，通过分子生物学的方法，放线菌被列为细菌的一种。它们在有机物质分解中发挥重要作用，广泛分布在土壤、水生环境、植物凋落物、堆肥中，助力自然界的有机物质周转和碳循环。此外，放线菌门还有巨大的药用价值以及药理学潜力。在一项有关酗酒者结肠黏膜肠道菌群的宏基因组分析的研究中发现，长期饮酒的人群放线菌门比例增高，益生菌群失调，而饮酒是造成酒精性肝病发生的主要原因。

2.肠道菌群的分类

根据微生物对宿主的利弊关系可以将其大致分为共生菌、中性菌、病原菌三大类。

（1）共生菌。也被称为益生菌。顾名思义，它能对机体产生有益作用，与人体互利共生，主要包括有双歧杆菌、乳酸杆菌、类杆菌等，一般均为专性厌氧菌。从数量上来说，肠道中大多数菌群都属于共生菌，是肠道的优势菌群。

早在1983年，Wostmann和他的同事们就观察到，无菌的啮齿动物比拥有“正常”肠道菌群的啮齿动物需要多摄入30%的卡路里以维持体重。对于这一现象，Hooper和Gordon在21世纪初给予解释：他们认为，肠道菌群有助于碳水化合物和脂质的吸收。

以双歧杆菌为例，该菌为革兰阳性、严格厌氧的细菌属，广泛存在于人和动物的消化道、口腔等生境中，能够帮助分解乳糖，产生乳酸和醋酸，可帮助改善机体pH，促进铁和维生素D的吸收并提高磷、铁、钙的利用，此外还可通过磷蛋白磷酸酶分解α-酪蛋白，促进蛋白吸收。对于缺乏乳糖酶的“乳糖不耐受”患者来说，既想要享受乳制品的美味又想避免腹泻、胀气等带来的病痛之苦，含有双歧杆菌的乳制品不失为一种选择。在一项随机临床试验中发现，食用含有嗜酸乳杆菌La5和乳双歧杆菌Bb12的益生菌酸奶可以降低肝酶水平、血清中总胆固醇（total cholesterol，TC）水平以及低密度脂蛋白水平。

在另一些临床试验中，口服嗜酸乳杆菌（*L. acidophilus*）或者服用保加利亚乳杆菌（*L. bulgaricus*）、嗜热链球菌（*Streptococcus thermophilus*）等益生菌可以降低NAFLD患者的谷丙转氨酶（alanine aminotransferase，ALT）和谷草转氨酶（aspartate aminotransferase，AST）水平，缓解消化不良等症状。

（2）中性菌。也称条件致病菌，如肠杆菌、肠球菌、白色念珠菌等，多为兼性厌氧菌。它们在肠道中数量较少，通常与人体和谐相处。在正常情况下，它们不易繁殖成群，不带来危害。但是当肠道菌群稳态失衡时，它们会对人体产生不利影响。例如。因为放疗、使用抗生素、使用环磷酰胺等抗肿瘤药物引起的肠球菌过度繁殖，可能会导致脂肪性肝炎、狼疮等疾病。白色念珠菌可通过念珠菌溶素加重酒精相关肝炎。

（3）病原菌。除了共生菌、中性菌，人体肠道中还有少量的病原菌，它们大多臭名昭著，比如引起食物中毒的沙门菌、导致腹泻的艰难梭菌等。一些有关小鼠的实验发现：被注射感染沙门菌的小鼠其磁共振成像（magnetic resonance imaging，MRI）检查发现肝内有肿瘤发生，或许沙门菌与肝癌发生有关，具体机制还不得而知。

二、肠道菌群的分布

伴随着现代分子技术（宏基因组、代谢组、脂质组、宏转录组）的发展，人体与不同微生物之间的关系也被逐渐解密。

当取样健康人群的唾液时，研究者们发现其包含着数以百万计的微生物，这些微生物与我们进食的食物一起被吞食，进入胃肠道。但它们在胃肠道中的“生存”受到许多因素的阻碍，比如胃酸度、胆汁酸、消化酶和十二指肠内外的抗菌蛋白等。此外，胃肠道环境中的物理、化学因素也影响着下游微生物的定植，包括pH、氧浓度、肠道蠕动时间等。

（1）胃。胃腔对于大多数的微生物来说是一个极端的生存环境。胃黏膜中的壁细胞分泌盐酸，使胃内酸度极高，空腹时胃液pH仅为1~2。在这样的环境中，细菌不但不能生长繁殖，而且绝大多数对酸耐受程度低的细菌被杀死，不过有少数耐酸的细菌（如幽门螺杆菌）和真菌可以存活、定植。根据统计数据，相比于唾液中细菌的总丰度以10^{11}~10^{12}数量级来计，胃中的细菌只有约10^{7}。

（2）十二指肠与空肠。相比于胃的强酸性环境，十二指肠与空肠，其pH为5~8，对于微生物来说属于较为温和的环境，但是由于胆汁、肠液等抑制作用，并且此处流动性较大，机械性清除作用较强，所以也不利于细菌的定植和存留。因此，十二指肠和空肠菌群数量也较低：研究者发现，十二指肠抽吸物中的微生物丰度比口腔样本低1000倍。不过，微生物的组成类型却相似，其中以厚壁菌门和变形菌门为主要的门。

（3）小肠远端。回肠细菌数量有所增加，通过研究从回肠造口术中获得的小肠排出物，研究者们发现每克排出物中含有多达1亿个微生物，这些微生物形成了个性化的群落，表现出昼夜节律，甚至可以反映食物被人体摄入，在肠道中加工的过程。

（4）结肠。由于盲肠和结肠运动力低，食物在结肠中的转运时间比在小肠中要长十几倍。这为细菌的生长、繁殖、定植提供了充足的条件，结肠中的细菌个数高达100万亿，相当于一个成年人自身的细胞总和。而且由于结肠的结构与生理特点，其微生物群以厌氧细菌为主，包括前文提及的拟杆菌门、放线菌门、变形菌门和疣微菌门等。

随着食物残渣的排出，肠道菌群被带出体外，这为“粪菌移植”（faecal microbiota transplantation，FMT）提供了物质基础。这一技术是指从健康个体的粪便菌群中提取出特定的功能菌群，配型培养后通过一定方式移植到患者肠道中，帮助患者重建其肠道微生态系统，从而达到干预、治疗肠道内外疾病，该移植技术已被证明可以治愈复发性艰难梭菌感染患者。

值得一提的是，尽管健康个体中肠道细菌种类的相对丰度和组成相似，但每个人的微生物特征都是不同的。例如，拟杆菌门在一些亚洲国家，如韩国，受试者体内占比为30.2%，高于美国受试者体内的18.2%。

三、肠道菌群的定植与演变

一直以来，新生儿体内被认为是不含有肠道菌群的，但是21世纪初对于胎便的一项研究提示，人体早期的肠道菌群定植可能起自于胎儿仍在子宫内时期。近几年的研究也发现，在健康孕妇的脐带血、羊水和胎膜中都能检测到微生物的存在，这推翻了子宫无菌的说法。

这里的“定植”是指各种微生物从不同环境落到人体，在一定部位定居和不断生长、繁殖后代的现象。例如，健康人口腔以及唾液中含有大量微生物，这些微生物来源于每天的正常饮食，从食物中“定植”于口腔中。

（1）胎儿。对于出生前胎儿在子宫内如何接受母体微生物垂直转移这一话题，如今仍有较大争议。虽然通过比较母-子代对的多个微生物组样本，研究者们发现胎盘、羊水和胎粪之间有共同的微生物特征，但是仍然不能得出明确的结论，需要有更多的证据予以阐释。

（2）婴儿。微生物定植主要发生在出生期间和出生后，包括垂直转移（即来自母体转移）和水平转移（即来自直接环境）。分娩时，通过阴道分娩的新生儿常暴露于以乳酸杆菌属和普雷沃菌属为主的阴道微生物环境中。该婴儿的拟杆菌门和厚壁菌门相对丰度较高。相比之下，剖宫产婴儿的微生物组以葡萄球菌属、棒状杆菌属和丙酸杆菌（短棒菌苗）属为主，与皮肤的微生物组的组成更为相似。出生后，影响婴儿肠道菌群形成的因素包括喂养方式等。一些证据表明，母乳可能构成婴儿肠道的益生菌群落，其喂养的婴儿肠道微生物群中90%的为双歧杆菌和乳酸杆菌。一个有趣的现象是，每个母亲的母乳中似乎都有一种独特的微生物模式，这提示可能存在有个性化的微生物-母婴印记。

（3）幼儿。生命早期的1000天被认为是一个关键时期。在这一时期，婴幼儿的肠道菌群由相对简单的、从母体获得的微生物群落逐渐成熟起来，随着辅食、固体食物的引入等变得更加复杂，越来越趋近于成人水平。例如，双歧杆菌这种在消化母乳的微生物群中占优势的细菌，其优势将随着固体食物的摄入而减弱。

（4）青少年。到了5岁，儿童肠道菌群的结构基本上与成年人相似，而且这种组成相对稳定。尽管微生物群的多样性会因饮食、运动、药物、胃肠道感染和手术以及地理来源而改变，但是组成的几大细菌种类不会发生变化。肠道微生物群可通过影响饮食中能量的获取效率及能量的存储和使用方式来影响能量平衡。人类肠道菌群对饮食的变化也可做出快速反应。2014年的一项研究表明，即使短期接触植物性或动物性饮食，人肠道微生物群落结构也可以发生显著改变。这启示着微生物群落在功能进化方面具有巨大的灵活性。

（5）成人。当青少年成长为成人时，肠道菌群的组成与分布渐渐演变为上一段中所描述的样子。

（6）老人。随着年龄的增长，老年人肠道菌群的多样性不断下降。近些年，这一领域的研究也备受瞩目。大量数据表明，长寿与肠道微生物脱不开关系。来自日本的一项针对百岁老人的研究发现，他们体内有一种被称为异别石胆酸（isoalloLCA）的有机物（次级胆汁酸）含量比年轻人体内高，这种物质由肠道细菌分泌，可以抑制病原微生物的定植与生长。

四、肠道菌群的功能

肠道菌群在人体中发挥许多重要的作用，主要有以下几种。

（1）肠道菌群参与人体重要的代谢过程。像是上文中提到的共生菌，它们帮助人们分解食物成分，辅助消化吸收摄入的碳水化合物以及脂质等物质。除此之外，肠道菌群还参与药物的代谢、促进脂肪储存。

（2）肠道菌群可以参与维生素和氨基酸的生物合成。其许多代谢产物，如胆汁酸、短链脂肪酸、支链氨基酸、维生素等对于人体健康有着重要的意义，具体内容将在下一节进行详细的介绍。

（3）肠道菌群有“抗菌作用”。肠上皮是单层细胞组织，构成了应对外界环境最大也是最重要的屏障。它作为选择性屏障组织，吸收营养物质、电解质和水，防御外界毒素、抗原和有害菌群。除了这层上皮细胞和紧密连接结构构成的机械屏障，屏障上方还覆盖着宿主分泌的黏液层，这些加上肠黏膜免疫细胞以及肠道共生菌群就构成了肠黏膜屏障，共同抵御外界环境，维持肠道健康。

其中定植的一些细菌可以通过竞争作用或是产生抑菌物质从而抑制有害细菌的生长繁殖。例如，乳酸杆菌能产生乳酸、过氧化氢、细菌素等，抑制病原菌生长。研究表明，乳酸杆菌可以通过分泌的乳酸来螯合金属离子，并且改变革兰阳性菌细胞膜的通透性来发挥作用。乳酸还能降低肠道pH，抑制梭菌等生长。干酪乳杆菌等产生的非解离乳酸能够有效地抑制大肠杆菌的生长。

除了细菌和病毒外，人类的胃肠道也是大量真菌的家园。虽然它们总数只占肠道微生物总数的0.1%，但是有证据表明它们在人类肠道稳态和疾病发病机制中发挥着重要作用：肠道中定植的真菌是肠道微生物群中一种高度免疫反应性的组成部分。对小鼠进行研究发现，使用抗生素治疗后，由于抗生素对共生菌的杀伤作用，宿主患结肠炎和被甲型流感病毒感染的可能性大大增加，但是这一感染风险可被白色念珠菌或酿酒酵母的单定植有效逆转。后来研究者们进一步研究发现共生真菌的保护作用是由甘露聚糖介导。除甘露聚糖外，真菌细胞壁的其他成分（如β-葡聚糖、几丁质和甘露糖相关复合物）可被宿主细胞内或细胞上的模式识别受体（包括C型凝集素受体、Toll样受体（Toll like receptors，TLR）和NOD样受体（NOD-like receptors，NLRs）识别，从而触发驱动抗真菌免疫的信号转导级联。这表明，肠道真菌可通过保护机体免受感染和炎症疾病的侵袭而在功能上取代细菌。

（4）肠道菌群对于人体的免疫系统发育以及正常运作有促进作用。来自纪念斯隆凯特琳癌症中心等机构的科学家们通过研究首次发现，肠道菌群能够直接塑造人类机体免疫系统的组成，具体表现在血液中不同类型的免疫细胞的浓度的改变与肠道中不同菌群的存在直接相关。

（5）肠道菌群可以通过“肠–脑轴”调控大脑功能及行为。肠道与大脑之间的双向神经体液沟通交流体系被称为“肠–脑轴”，其形态学基础是肠道的自主神经系统中的交感神经和副交感神经分支。临床证据广泛表明，伴有功能性肠症状的神经精神疾病具有较高的共病率，并伴随着细菌组成和多样性的改变。例如，定量结果表明，情绪障碍患者（主要是抑郁症和双相情感障碍）的微生物多样性低于正常对照。据报道，在抑郁症患者的肠道微生物组中，厚壁菌门丰度增加，拟杆菌门减少。粪便中拟杆菌属相对丰度与抑郁持续时间、抑郁相关症状及相关脑特征呈负相关。平衡的肠道菌群可以促进人体的身心健康，若是肠道菌群失调，则有可能引发肠–脑疾病，如肠易激综合征、炎性肠道疾病和肝性脑病等，以及中枢神经系统疾病，如阿尔兹海默病和自闭症（孤独症）等。

除了以上的叙述，肠道菌群与肝病之间有着密不可分的联系。其中的奥秘将在后面几章详细展开。

肠道菌群的稳态十分重要。肠道菌群稳态失衡通常表现为菌群多样性下调、存在有害细菌增多或益生菌减少，与机体很多疾病或功能紊乱相关。因此解析肠道菌群组成和功能是肠道微生物组研究的首要目标。近年来研究人员致力于研究肠道菌的分布（使用特异探针技术），或是研究它们能做什么（利用宏基因组）或正在做什么（利用宏转录组、蛋白质组以及代谢组）。然而，肠道菌群的个体差异极大，仅简单通过菌种分类来定义健康的菌群组成非常困难，所以未来的研究需要深入理解特异菌种在菌群环境里发挥的具体作用。

第二节　肠道菌群相关代谢物

肠道菌群代谢物，顾名思义，是由肠道菌群通过代谢产生，可以被宿主肠道吸收并对人体健康产生一定影响的物质，通常是肠道菌群与人体相互作用之间的中介。根据其来源和合成情况，这些肠道微生物代谢物可大致分为3组：①肠道细菌利用食物成分产生的代谢物；②宿主产生后被肠道细菌修饰的代谢物；③肠道细菌从头合成的代谢物。

一、肠道细菌利用食物成分产生的代谢物

属于该分类的肠道菌群代谢物包括短链脂肪酸、色氨酸代谢物、氧化三甲胺等。

（一）短链脂肪酸

短链脂肪酸（short-chain fatty acids，SCFAs）是指碳原子数少于6个的脂肪酸。那些在人体上消化道中没有被消化的膳食纤维以及蛋白质和肽，在由肠道运动运输至盲肠和结肠时，此处的肠道菌群如多形拟杆菌、双歧杆菌、产琥珀酸纤维杆菌等可以通过糖酵解途径产生短链脂肪酸，主要包括有醋酸盐、丙酸盐和丁酸盐。这一过程涉及由肠道微生物中某些特定成员的某些酶介导的许多主要反应。醋酸盐可以由许多肠道细菌从丙酮酸盐中通过乙酰辅酶A或者还原性乙酰辅酶A途经（Wood-Ljungdahl途径）合成，其中既可以通过将二氧化碳还原为甲酸盐，又可以通过将二氧化碳还原为一氧化碳，后者进一步与甲基结合以产生乙酰辅酶A。另一种主要的短链脂肪酸——丙酸，是由琥珀酸通过琥珀酸途径转化为甲基丙烯酰辅酶A产生的。丙酸也可以由丙烯酸酯合成，以乳酸为前体，通过丙烯酸酯、丙二醇途径合成。第三种主要的短链脂肪酸——丁酸，是由两个乙酰辅酶A分子缩合并随后还原成为丁酰辅酶A形成的，而丁酰辅酶A可通过所谓的“经典途径”，由磷酸转丁酰酶和丁酸激酶转化为丁酸。此外，肠道中的一些微生物可以同时利用乳酸和乙酸来合成丁酸，从而防止乳酸积累并有利于稳定肠道环境。

短链脂肪酸对食欲、葡萄糖稳态、脂肪生成、脂肪酸氧化、肝脏糖异生、肠道屏障完整性等有积极作用，它们可以通过以下3种途径影响宿主，促进人体与微生物之间的相互作用：①短链脂肪酸可以被用作产生宿主内源性代谢物的碳源；②它们可以激活G蛋白偶联受体（G protein-coupled receptors，GPCRs）进行信号转导；③它们可以直接抑制组蛋白脱乙酰酶（histone deacetylase，HDACs）调控基因表达。例如，丁酸可以通过激活GPCRs促进脂肪细胞的瘦素分泌，乙酸和丁酸可以促进肠细胞分泌厌食激素，如肽YY（peptide YY，PYY）和胰高血糖素样肽-1（glucagon-like peptide-1，GLP-1），这一发现与保护小鼠免受肥胖和2型糖尿病（type 2 diabetes mellitus，T2DM）有关。并且，李丁团队发现丁酸钠直接进入肝脏细胞，通过激活LKB1-AMPK-Insig通路抑制胆固醇调节元件结合蛋白1c（sterol-regulatory element binding protein 1c，SREBP-1c的剪切活化，从而减少肝细胞脂质的合成数量，缓解肝细胞脂肪变，改善脂肪肝。此外，短链脂肪酸通过增加Foxp3+CD4+ Treg细胞分化来促进抗炎的能力，可以改善自身免疫性疾病，如免疫稳态被破坏导致的1型糖尿病（type 1 diabetes mellitus，T1DM）。

（二）色氨酸代谢物

据估计，人体内结肠处的细菌每天可以获得5~12g蛋白质物质。尽管蛋白质在小肠内可被有效消化与吸收，但是通过对健康人群的呼吸测试、回肠造口术或是鼻胃管直接取样，其研究结果表明，有5%~10%的蛋白质在回肠末端仍未被吸收，在此仍以蛋白质、肽的形式进入结肠。一旦进入远端肠道，蛋白质和肽的命运可能有3种：被微生物群吸收同化；作为微生物异化代谢的底物，其产物或进入门静脉循环，或作为微生物相互作用的中间产物；以及最后，通过粪便排出人体。随着近几十年的研究，人们逐渐意识到，肠道微生物群从宿主未消化的蛋白质和肽中回收大量能量，并且产生各种生物活性化合物，包括上文阐述的短链脂肪酸，还有氨、酚、吲哚、胺、硫化物等物质。其中，色氨酸是一种必需氨基酸，属于芳香族氨基酸，存在于常见的食物中，如牛奶、奶酪、鱼、香蕉、燕麦、家禽、巧克力和葡萄酒中。在20种必需氨基酸当中，色氨酸的分子量是最大的，但在蛋白质组成和细胞中，其含量却是最低的。在肠道中它有3种代谢途径：吲哚途径、犬尿氨酸途径、血清素途径。

肠道菌群中的拟杆菌属、大肠杆菌、寻常型硫弧菌、核梭杆菌、霍乱弧菌、梭状芽孢杆菌和粪肠杆菌可以代谢色氨酸产生吲哚及其衍生物，包括吲哚甲醛（indole-3-aldehyde，IAld）、吲哚乙酸（indole-3 acid-acetic，IAA）、吲哚丙酸（indole-3-propionic acid，IPA）、吲哚乙醛（indole-3-acetaldehyde，IAAld）和吲哚丙烯酸等，它们都是芳香烃受体（aryl hydrocarbon receptor，AhR）的配体。AhR信号是屏障部位免疫应答的重要组成部分，通过促进上皮细胞恢复、保持屏障完整性以及影响一些免疫细胞的功能来维持肠道稳态。吲哚及其衍生物，可以通过激活芳香烃受体来调节宿主的免疫系统，例如，产生白细胞介素（interleukin-22 IL-22）。其中，吲哚已被证明可以调节永生化和原代小鼠结肠L细胞中食欲激素GLP-1的释放，这是减轻肥胖的一个潜在靶点。吲哚通过激活高脂肪饮食喂养小鼠的芳烃受体，增加GLP-1分泌，改善饮食和遗传诱导的代谢障碍，降低空腹血糖水平，改善葡萄糖和胰岛素代谢紊乱，得以预防炎症。此外，吲哚和硫酸吲哚均能降低微小RNA181（microRNA-181，miR-181）的表达，降低高脂饮食诱导小鼠肥胖的发生，吲哚乙酸能够导致肝细胞脂肪生成减少，这是降低肥胖发生率的一种方式。并且Natividad等研究发现，IAA通过作用于巨噬细胞和肝细胞，可以延缓NAFLD疾病的进程。

色氨酸在肠道中通过犬尿氨酸途径，在限速酶IDO1催化作用下，生成犬尿氨酸（kynurenine，Kyn）、喹啉酸（quinolinic acid，QA）、烟酸、烟酰胺腺嘌呤二核苷酸（nicotinamide adenine dinucleotide，NAD）和犬尿喹啉酸（kynurenic acid，Kna）等下游产物。它们可以参与调节人体内多种生物过程，包括神经传递、炎症和免疫反应。比如，犬尿喹啉酸的浓度沿胃肠道逐渐增加，在肠道中发挥特定作用，Kna通过与G蛋白偶联受体GPR35相作用发挥黏膜保护和免疫调节作用。烟酸可以通过抑制甘油二酯酰基转移酶2，减少氧化应激，并且通过抑制环磷酸腺苷（cyclic adenosine monophosphate，cAMP）通路来减缓NAFLD的发病进程，辅助治疗。

神经递质5-羟色胺（5-hydroxytryptamine，5-HT）在脑组织内由色氨酸羟化酶2（tryptophan hydroxylase 2，TpH2）生成，并在此有着重要的生理作用，但其实身体内超过90%的5-HT是在肠道中由TPH1产生的。生理条件下，外周环境中的5-HT并不能通过血脑屏障，而是通过激活特异性的5-HT受体在肠道中发挥重要的功能。具体而言，5-HT是一种重要的胃肠道信号分子，它将信号从肠道传递到内源性或外源性神经元，并影响肠道的蠕动和运动、分泌、血管扩张和营养物质的吸收。并且有研究表明，5-HT可以促进肝脏再生，并且可以调节肝细胞及胆管细胞增殖，提示5-HT参与了肝炎、肝癌等诸多肝脏疾病的病理生理过程。此外，在小肠上皮细胞顶端和底端表达的血清素选择性重吸收转运蛋白可以将细胞间隙中的5-HT移除，该分子也负责5-HT在大脑中的重吸收。肠道菌群在肠道5-HT的生成中扮演重要角色，但其机制尚未完全知晓。

（三）氧化三甲胺

氧化三甲胺（trimetlylamine oxide，TMAO）是肠道菌群重要代谢产物之一，在大量临床研究中，它被证实与心血管疾病风险增加有关。肠道中的革兰阴性菌，如变形杆菌、大肠杆菌和克雷伯菌，以及一些革兰阳性菌，如梭状芽孢杆菌，含有三甲胺裂解酶，将从膳食或中间代谢物中获得的胆碱、甜菜碱、肉碱转化为三甲胺，后者经门静脉循环进入肝脏，在黄素单加氧酶的催化下氧化为氧化三甲胺。体内氧化三甲胺的水平与饮食结构等有较大关系：鱼、鸡蛋和肉制品等食物中含有大量的胆碱，但是相比于摄入鸡蛋或牛肉，食用鱼肉后体内循环的TMAO浓度高出50倍；范德堡医学中心和加利福尼亚大学戴维斯分校的研究团队发现长期的高脂饮食不仅会破坏结肠上皮细胞线粒体的生物功能学，还能促进大肠杆菌对胆碱的分解代谢，进而增加循环中TMAO的水平。

早在2011年，科学家就发现心脏病患者血浆中的氧化三甲胺浓度与心血管疾病风险之间存在关联。后续的一系列实验与观察表明空腹血浆TMAO浓度较高可能可以预测死亡、心肌梗死或卒中。在加拿大多种族人群中进行的一项小型横断面研究观察到，血清TMAO水平与心血管疾病呈现分级关联。这一现象的机制可能与巨噬细胞中胆固醇的增加有关。在人类受试者中还发现，氧化三甲胺水平升高与血栓事件风险升高息息相关。不仅是心血管疾病，其他一些慢性疾病如肾脏疾病、T2DM、癌症等也与TMAO有着密切的联系：在轻度、中度到终末期肾病患者中，较高的TMAO水平与全因死亡率的增加相关；在T2DM患者中观察到TMAO水平升高；在全基因组系统分析中发现了结直肠癌与TMAO之间的强烈联系，在另一个前列腺癌风险的代谢组学分析中观察到了TMAO水平与侵袭性前列腺癌发生之间的正相关。肝病的发生与TMAO的产生也有不小的联系：胆碱转化为三甲胺之后，胆碱的肝脏生物利用度降低，降低了肝脏输出极低密度脂蛋白（very low density lipoprotein，VLDL）的速率，从而将导致脂质积聚，引发肝脏炎症。

除去与一些慢性疾病发展有关，氧化三甲胺在人体中还有一些其他的生物学效应。哺乳动物肾脏积累氧化三甲胺可以抵消尿素和无机离子对细胞内大分子结构，如蛋白质和核酸的破坏作用，并且还能抵消尿素对配体结合等功能的抑制作用。氧化三甲胺还具有蛋白质稳定作用，这一功能的机制可能是通过降低水的氢键结合能力，因此降低未折叠态的稳定性而实现的，而且通过排除体积效应来增加折叠态的稳定性来实现的。它还可能通过抑制肌动球蛋白运动来增强蛋白质稳定性，并有利于蛋白质折叠。此外，用氧化三甲胺处理人类细胞系可降低神经母细胞瘤细胞中的氧化损伤标志物，改善青光眼小梁网细胞中的蛋白折叠和肌蛋白突变蛋白的分泌，以及减弱单纯型大疱性表皮松解症患者角质形成细胞中热诱导的角蛋白聚集。

二、宿主产生后被肠道细菌修饰的代谢物

胆汁酸包括初级胆汁酸与次级胆汁酸。初级胆汁酸是在肝脏中由胆固醇形成的，其中，5%~10%的初级胆汁酸被分泌到结肠中，肠道菌群通过解耦联和双羟基化将初级胆汁酸与甘氨酸或是牛磺酸相结合，合成次级胆汁酸。在一些因素的影响下，如使用抗生素、运动、饮食或其他非生物失调状态，肠道微生物群的组成或活性会发生改变，这会扰乱了胆汁酸的代谢。而肠道菌群对于次级胆汁酸的代谢第一步是通过胆盐水解酶（bile salt hydrolase，BSH）水解氨基酸部分，之后进一步去羟基化和外聚化类固醇主干上的羟基。

胆汁酸分子内既含有亲水性的羟基、羧基或磺酸基，又含有疏水性的基团如甲基。两类不同性质的基团恰位于环戊烷多氢菲核的两侧，使得胆汁酸构型上具有亲水和疏水的两个侧面。这一结构赋予了胆汁酸具有较强的界面活性，能有效降低油水两相间的表面张力，促进脂类乳化，同时还能扩大脂肪和脂肪酶的接触面，加速脂类的消化。除了在肠道脂肪吸收中发挥重要作用外，胆汁酸也是葡萄糖和能量稳态的关键调节因子：特力利汀，一种治疗T2DM的药物，能够通过促进胆汁酸合成改善代谢紊乱。在肠道内，法尼醇X受体（farnesol X receptor，FXR）被次级胆汁酸激活用来维持宿主 微生物群稳态，维护肠道屏障，以及调节免疫和炎症。胆汁酸还可以激活G蛋白胆汁酸受体1（G protein-coupled bile acid receptor 1，GPBAR1）发挥作用。在治疗艰难梭菌感染方面，次级胆汁酸可抑制艰难梭菌的萌发，提高抗菌剂对艰难梭菌的疗效，并隔离艰难梭菌毒素，已经证明通过恢复级次胆汁酸水平成功缓解艰难梭菌感染，这使得粪菌移植可以作为一种代替抗生素治疗的新疗法。

除此之外，有研究表明，肠道微生物群通过降低牛磺酸β-鼠胆酸钠盐（tauro-beta-muricholic acid，TβMCA），一种竞争性可逆的FXR拮抗剂，从而抑制肝脏中胆汁酸的合成代谢，而且TβMCA通过维持线粒体膜电位抑制胆汁酸诱导的肝细胞凋亡。并且有越来越多证据表明胆汁酸代谢的稳态及信号通路失调是造成NAFLD的重要原因之一。

三、肠道细菌从头合成的代谢物

除了利用食物成分与宿主合成的物质作为原料进行代谢以外，肠道菌群可以自己从头合成一部分肠道菌群代谢物，例如支链氨基酸、多胺、维生素等。

（一）支链氨基酸

支链氨基酸（branched-chain amino acid，BCAA），是蛋白质中常见的3种氨基酸即亮氨酸、缬氨酸和异亮氨酸的统称，都属于必需氨基酸，需要从食物中摄取，自身无法合成。它们以两种特殊方式促进合成代谢（肌肉增长）：促进胰岛素释放，并促进生长激素释放。

有证据显示，其循环水平升高与脂质代谢和胰岛素抵抗相关。普氏菌和普通拟杆菌是促进胰岛素抵抗患者BCAA循环浓度升高的主要物种，而BCAA的降解主要靠丁弧菌和惰性真杆菌发挥作用。

除了肠道菌群可以合成BCAA，在平时饮食中BCAA也不少摄入，尤其对于健身人群来说，含有支链氨基酸的健身补剂更不陌生。在一些临床试验中发现，口服支链氨基酸可以改善肝病患者的营养状况，治疗肝硬化、肝癌等。比如Hayaishi等研究人员按照是否服用BCAA进行分组，开启了一项随机对照试验。结果发现服用BCAA组的56名Child-Pugh评分为A的非肝癌肝硬化患者其肝细胞癌发生率显著降低、存活率显著增高。

但是，有实验结果表明，小鼠长期高水平摄入BCAA会导致嗜食、肥胖和缩短寿命。最近有报道称，在高脂饮食喂养的肥胖小鼠中，减少饮食中的异亮氨酸或缬氨酸可诱导脂肪组织的损失，并改善高血糖和胰岛素敏感性，而减少亮氨酸对这些指标的影响微不足道。威斯康星大学Dudley W. Lamming教授团队近年来一直致力于BCAA的研究，其近期研究证明降低日常生活饮食中的异亮氨酸含量，可能能有效缓解不健康饮食给我们身体带来的危害，不过还需要进一步临床数据结果的验证。

（二）多胺

多胺是碱性小分子，是含两个或多个氨基的长链脂肪族化合物，如精胺、亚精胺、尸胺、腐胺等。肠腔内的多胺要么来源于饮食，要么由宿主细胞和肠道菌群从头合成，空肠弯曲菌和解糖梭菌是两种可以合成多胺的细菌。

一般认为，多胺在生理pH下可质子化，变成带正电荷的化合物，进而与DNA结合影响其一系列功能，可能具有抗炎症抗肿瘤的功效，是一种潜在的抗癌新药的靶点。

（三）维生素

维生素是我们身体所需的必要的微量营养素，它们是无数种酶的辅助因子，并具有直接或间接的抗氧化特性。维生素通常可以分为水溶性维生素以及脂溶性维生素。脂溶性维生素包括维生素A、维生素D、维生素E和维生素K。而水溶性的包括维生素C和一系列B族维生素，如硫胺素（维生素B_1）、核黄素（维生素B_2）、烟酸（维生素B_3）、泛酸（维生素B_5）、吡哆醇（维生素B_6）、生物素（维生素H或维生素B_7）、叶酸（维生素B_{11}）和钴胺（维生素B_{12}）。

由于人们不能产生足够数量的维生素（维生素D除外），维生素必须从饮食来源中获得。然而，许多维生素对温度非常敏感，在食品加工和储存过程中容易降解。因此，维生素缺乏在某些人群中（如素食主义者或老年人）很常见。而除了通过饮食摄取维生素外，肠道微生物群也是宿主的维生素来源。对动物和人类的研究表明，肠道菌群可以合成维生素C、维生素K和B族维生素。

维生素K是人体内凝血因子Ⅱ、Ⅶ、Ⅸ和Ⅹ所必需的辅助因子，并且可以维持骨质健康、有益于改善动脉硬化、糖尿病等。这种维生素在食物中有两种形式，分别是维生素K_1及维生素K_2。维生素K_1（也叫叶醌）主要存在于绿叶蔬菜和藻类食物当中，并且食物是其唯一来源。维生素K_2（甲喹酮）可以由某些肠道细菌合成。大量的证据表明，细菌合成的甲喹酮，特别是回肠中的甲喹酮，在满足人类维生素K需求方面发挥重要作用。乳酸菌和双歧杆菌可以合成维生素K，为人体提供约30%的摄入量；脆弱拟杆菌、肠球菌、迟缓真杆菌合成的甲喹酮，可降低患动脉粥样硬化和冠心病的风险。

曾经B族维生素被认为只能通过食物获得，而后通过研究数据，这一结论被推翻了。Thiele等人使用基因组注释，评估了256种常见的人类肠道细菌的基因组。其中40%~65%的人体肠道菌群都具有合成B族维生素的能力。合成的最常见的两种维生素为维生素B_2和维生素B_3，分别有166和162个细菌。例如，维生素B_2由拟杆菌门、梭杆菌门、变形菌门和厚壁菌门中的几种细菌合成，而维生素B_{12}的合成发生在梭杆菌门，但很少发生在放线菌门和变形菌门。

四、其他

由于宿主与肠道菌群之间存在有广泛的共代谢，所以对于一些代谢物质来说，目前的技术难以追踪其来源，但是其在人体中的功能仍不可小觑。

脂多糖（lipopolysaccharides，LPS）是革兰阴性细菌细胞壁的特有成分，可以帮助细菌维持细菌结构并抵抗抗生素、补体系统和其他环境压力。

它是一种类似洗涤剂的大分子，包括3个区域：高度酰化的di-GlcNAc主干（脂质A）与含有重复糖分子的多糖通过高度保守的寡糖Kdo/heptose核心连接。其糖部分是水溶性的，而其脂质部分是脂溶性，所以LPS是两亲性物质，可溶于水和脂。

LPS在小鼠体内能产生低级别慢性炎症，从而导致胰岛素抵抗，而胰岛素抵抗可能是通过宿主产生的内源性大麻素来发挥作用。LPS是微生物群和胰岛素抵抗之间最早被发现的联系之一。在人群中，肥胖人群的LPS水平高于健康人群，导致代谢性内毒素血症，这种代谢紊乱与胰岛素抵抗的发生和发展有关。通过瘦人的粪菌移植可以增强代谢综合征受试者对胰岛素的敏感性。这一结果可能与抑制由LPS易位引起的慢性低度炎症有关，随后刺激胰岛素产生信号级联。

此外，导致LPS水平升高原因还有酒精摄入、营养不良、免疫细胞被激活、感染、肠漏、凝集素、暴饮暴食、社会隔离、吸烟、压力等，LPS可以引起一些不好的后果。据报道，LPS输注不仅会引起胰岛素血症，还会引起肝脏和脂肪组织的大量增加。LPS暴露会增加单核细胞上促凝血组织因子的表达，从而导致冠状动脉疾病。并且其引起的慢性炎症可能使心脏病发作，这是因为LPS内毒素血症会使心脏不收缩并降低左心室压力，还可能会损害动脉并引起酸中毒。

健康人肠道菌群中的LPS主要由拟杆菌属成员分泌。最近有报道称，寻常普通拟杆菌和多氏拟杆菌可通过直接影响人体LPS的产生来改善肠道微环境。此外，肠杆菌科（属于变形菌门，通常是革兰阴性肠道菌群的二级门）提供了更多关于LPS产生的证据，包括埃希菌、沙门菌、肠杆菌、志贺菌、克雷伯菌、变形杆菌和沙雷菌属。

第三节 肠-肝轴

一、肠-肝轴概述

肠道菌群以多种不同的方式与宿主进行相互作用，肠道与其他器官（如大脑、肾脏和肝脏）之间通过“肠-X轴”相互联系，如前文已经提到的“肠-脑轴”。而“肠-肝轴”一词最早由Volta等人在1987年提出，当时这些研究人员报告了肝硬化患者产生了针对饮食抗原的免疫球蛋白A抗体，表明肠道和肝脏之间存在相互作用。该联系涉及的两个器官——肝脏和肠道，都是消化系统的重要组成部分，各自有着极其复杂的生理活动。

胃肠道是人体最大的黏膜表面，不断受到饮食中抗原和微生物的冲击。其黏膜与黏膜下层中的各种细胞，如杯状细胞、腺细胞、免疫细胞等，再加上定植于此的肠道菌群共同帮助我们的机体完成这一任务。肝脏是一个独特的器官，因为它有一个特殊的血液供应系统：两种血液来源流入肝脏（分别通过肝动脉和门静脉）。肝脏中70%~75%的血液供应来自门静脉，门静脉接收肠道的肠系膜静脉等中的血液，因此，它持续暴露在肠道菌群及其代谢产物中。像单糖和氨基酸这样的营养物质被肠细胞上的特殊转运体吸收，并可通过门静脉到达肝脏，其中许多被肝细胞吸收并代谢。从门静脉流向肝脏的血液还可传递由饮食、遗传和环境因素产生的各种信号。在胚胎期，肝和肠都起源于同一个前肠，其成熟后通过门静脉系统在解剖学上连接两个器官。这反映了肠-肝通信的解剖标志。此外，反过来，肝脏可以通过胆道将胆汁等分泌到肠道中，并在肠道中重新吸收摄取，这一过程使得物质可以沿着肝-肠轴进行双向串扰。例如，胆汁可以被肠道微生物利用，经过胆汁酸代谢形成次级胆汁酸，并且胆汁还含有抗菌肽，可以控制肠道微生物共生。肠道和肝脏之间的这种“对话”还包括一些更为复杂的解剖结构，如肠道和肝脏淋巴管、肠道来源的脂质信使（脂肪饱脂分子——油酰乙醇酰胺）和活体中的迷走神经传入神经。

总之，肝脏和肠道之间存在着的广泛而密切的相互交流，即为肠-肝轴（gut-liver axis，GBA）（图1-2）。作为虚拟代谢器官，肠-肝轴通过物质代谢、免疫调节以及与神经内分泌系统的相互作用，实现紧密的功能协作，形成复杂的网络结构，不仅控制着胃肠道健康和疾病，还影响着环境和宿主之间的相互作用。营养物质、微生物抗原、代谢物和胆汁酸，调节着肠道和肝脏中的代谢及免疫反应，并相互影响各自的微生物群落的结构与功能。

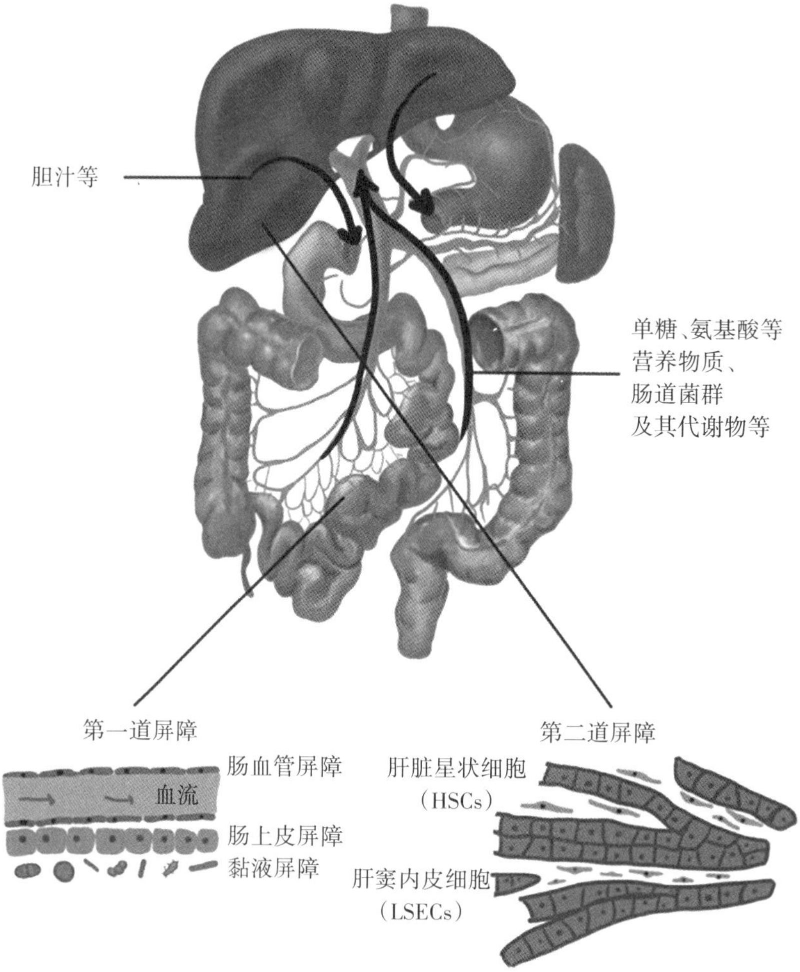

图1-2　肠-肝轴

二、第一道防线——肠道屏障

肝脏作为人体最大的消化腺，机体应该有相应的保护屏障，即肠道屏障。

肠道屏障包括物理屏障、生化屏障和免疫系统屏障。正常情况下，健康的肠道物理屏障由黏液屏障、肠上皮屏障和肠血管屏障（gut vascular barrier，GVB）组成，它们共同保护机体免受外界伤害。

（1）黏液屏障：黏液，由特殊的肠上皮细胞——杯状细胞分泌，是一种巨大且带高度负电荷的糖蛋白，被称为黏蛋白。在结肠中，黏液层通常由微生物定植的外层和几乎无菌的内层组成。这些内层和外层共同作用，为微生物的生存提供了所需的营养物质，并为微生物的生存提供了独特的生态位。

（2）上皮屏障：黏液屏障下面是上皮屏障，上皮屏障是由肠上皮细胞、杯状细胞、簇状细胞、肠嗜铬细胞等上皮细胞形成的单层屏障。肠上皮表面有绒毛和隐窝，并且位于隐窝基部的肠上皮多能干细胞可以不断更新。虽然大多数肠上皮细胞是吸收性细胞，但它们可以作为屏障将底层组织与肠腔内容物分开。这个防御屏障依赖于细胞间的链接复合物，包括缝隙连接、黏附连接、紧密连接和细胞桥粒。沿隐窝-绒毛轴上皮细胞间散布的是专门的肠上皮细胞（intestinal epithelial cell，IEC）谱系，主要是分泌型IEC，即杯状细胞、潘氏细胞和肠内分泌细胞，它们是构成肠道防御系统的结构之一。上皮屏障的主要功能是调节肠道菌群与宿主免疫系统的相互作用，选择性吸收水分、电解质和营养物质。

（3）肠血管屏障：2015年发现的肠血管屏障由血管内皮细胞、周细胞和胶质细胞组成，可防止微生物群的入侵。肠血管屏障一旦损伤，肠道病原体就会进入血流，到达其他器官。具有抗菌特性的分子，如胆汁酸和抗菌蛋白（包括α-防御素和β-防御素、c型凝集素、抗菌肽、溶菌酶和肠道碱性磷酸酶）支持和介导生化屏障。分泌性免疫球蛋白A和含有多种免疫细胞的淋巴滤泡（包括B细胞、T细胞、树突状细胞和中性粒细胞），是免疫系统屏障的组成部分。

因此，为了对抗肠腔内的外源性物质，上面总结的这三层构成了人体的第一道防线。

肠道屏障功能障碍将导致微生物及其分泌的代谢物和其他微生物产物从肠腔转位进入血液和淋巴系统，使它们能够到达包括肝脏在内的其他组织和器官。近年来，饮食已被认为是影响哺乳动物上皮肠道屏障完整性的关键。特别是高脂饮食（high-fat diet，HFD）是过去几年出现的最有效的触发因素之一，可损害健康志愿者的肠上皮屏障功能，产生内毒素血症。此外，过量的果糖摄入会导致十二指肠屏障功能受损，并伴产生有内毒素血症和NAFLD，这也是NAFLD发病机制中所说的

"其他膳食成分"。在西方饮食中丰富的膳食乳化剂会损害肠道屏障，并在小鼠中引起低度全身炎症和肠道生态失调，这为膳食成分如何影响人类微生物表型提供了另一个例子。

在过去几年的研究中，人类的肠道微生物逐渐被视为控制肠道屏障和代谢性疾病的关键因素之一。例如，共生菌通过多种机制（如黏液维持以及产生抗菌肽和短链脂肪酸）有助于维持健康的肠道屏障。其中，虽然厚壁菌门和拟杆菌门（占肠道微生物群的90%）被认为发挥有益作用，但在实验模型中，变形菌门在黏膜表面表现出相当强的炎症性，并损害上皮屏障。再如，补充普拉梭菌可影响小鼠的肠道微生物组，并改善改变的肠上皮屏障。在肥胖小鼠和人类中，嗜黏蛋白阿克曼菌可以增加黏液厚度，增加紧密连接数量，并改善代谢功能。

评估肠道屏障功能有多种方法，如评估非消化标记物从肠腔到肠外空间的流动，包括糖、放射性同位素（如铬51标记的乙二胺四乙酸）和聚乙二醇。易位的微生物病原体相关分子模式分子（pathogen-associated molecular pattern molecules，PAMPs），如LPS，可以在体循环中测量并可作为肠道通透性的替代标记物。尽管有这些不同的方法，评估人体肠道渗透性的技术仍然有一些局限性，理想的测试还没有建立起来。对同一患者进行直接和间接的肠通透性增加测量的组合可能是评估肠道屏障完整性的最准确方法，并提供屏障功能障碍的更确切答案。

三、第二道防线——肝脏屏障

一旦肠屏障崩溃，肝脏就会成为第一个遇到肠道产物的器官，这使得肝脏容易发生病理变化。

肝窦内皮细胞（liver sinusoidal endothelial cells，LSECs）是肝脏非实质细胞中数目最多的细胞，约占肝非实质细胞总数的70%，在表型、功能上与普通毛细血管内皮细胞有较大差异。肝窦内皮细胞是肝脏屏障的主要成员，为对抗肠道源性抗原和炎症因子提供了第二道防线。它们是高度开孔的细胞。其上的跨细胞孔直径为50~200nm，这些细胞在生理条件下通常起动态过滤器的作用。例如，乳糜微粒残余物、血浆蛋白和脂蛋白等小分子可以穿过窗孔到达窦周隙内，供肝细胞和造血干细胞摄取和利用。此外，肝窦内皮细胞可以去除回收的废物和毒物，包括肠道病毒、噬菌体、脂多糖和免疫复合物。它们还可以维持肝脏星状细胞（hepatic stellate cells，

HSCs）静止状态，诱导肝脏免疫耐受，发挥抗炎作用。

第二道防线的存在使单纯的肠屏障损伤不太可能导致明显的肝损伤，这在以往的研究中已经得到实验证实。然而，当肝窦内皮细胞受到肠道致病因素的损害时，上述功能均受到抑制。肝窦内皮细胞变得毛细血管化，其表型转变为促炎模式，基底膜形成，开孔显著减少，促炎介质如肿瘤坏死因子α（tumor necrosis factor alpha，TNF-α）、巨噬细胞炎症蛋白1α（macrophage inflammatory protein-1 alpha，MIP-1α）、单核细胞趋化蛋白-1（monocyte chemoattractant Protein-1，MCP-1）和趋化因子配体5（C-C motif chemokine ligand 5，CCL5）表达增加。同时，肝窦内皮细胞招募免疫细胞，激活肝脏星状细胞和Kupffer细胞（库普佛细胞，即肝巨噬细胞）诱导肝脏炎症。受损肝脏分泌的炎症因子和代谢产物会进一步加重肠屏障功能障碍，最终形成恶性循环。

未来，了解屏障损伤与修复的机制，找到易检测的损伤标志物，开发修复屏障的药物，是治疗肝肠相关疾病，实现从基础研究向临床应用转化的重要步骤。

四、肠-肝轴的临床意义

肠-肝轴有着重要的生理意义以及临床意义，在营养物质代谢、胆汁酸循环、毒素清除等方面扮演着重要的角色。肠道吸收的营养物质可以通过门静脉系统直接输送到肝脏，在肝脏内进行储存转化等。而肠道和肝脏之间还存在着免疫系统的交流，肠道菌群和肠道免疫细胞可以影响肝脏的免疫反应。

但是，当肠道中健康的环境被打破时，肝脏的健康也会受到影响，并且有证据证实肠肝-轴的失调与代谢综合征密切相关，所以肠-肝轴的异常是人类肝脏疾病的特征。非酒精性脂肪肝、肝癌、肝硬化等等肝病中都常见肠-肝轴的影响，其中的机制将在后文具体展开。

第二章　肠道微生态与非酒精性脂肪性肝病

第一节　非酒精性脂肪性肝病的概述

一、非酒精性脂肪性肝病的概念

非酒精性脂肪性肝病（non-alcoholic fatty liver disease，NAFLD）被定义为超过5%的肝细胞中存在脂肪变性，且排除其他导致继发性肝脏脂肪堆积的原因，例如过量饮酒、慢性病毒性肝炎、自身免疫性肝炎和先天性肝病等。NAFLD可能从单纯的脂肪变性进展为非酒精性脂肪性肝炎（non-alcoholic steatohepatitis，NASH），并伴有不同程度的肝纤维化，甚至可能进一步进展为肝硬化和与NASH相关的肝细胞癌（hepatocellular carcinoma，HCC）。

近年来，国际和国内专家不断地提出新的术语，以更好地反映NAFLD复杂的病理、生理机制。随着对NAFLD潜在病理机制的理解的进步，它显然是一种无法单纯通过“排除性”来定义的疾病，因为在很多遵从西方饮食的人群中，脂肪肝也可能与其他的肝脏疾病并存。此外，“酒精”一词似乎对于患者而言存在潜在的污名化，并且关于酒精摄入量的限制仍然存在争议。因此，2020年，国际脂肪肝专家组建议将NAFLD更名为更具有异质性的metabolic dysfunction-associated fatty liver disease（MAFLD）。随后，在2023年，包括美国肝病学会在内的多个学会发表声明，由于“fatty”一词存在潜在的污名化，进一步建议采用metabolic dysfunction-associated steatotic liver disease（MASLD）这一名词。诊断MASLD须符合以下标准：①影像学诊断脂肪肝和/或肝活检发现超过5%肝细胞大泡性脂肪变性；②存在1项及以上代谢综合征组分（包括超重或肥胖、血糖不佳或患2型糖尿病、甘油三酯、高密度脂蛋白胆固醇和血压）；③排除过量饮酒、营养不良、肝豆状核变性等可能导致脂肪肝的其他原因。中华医学会肝病学会分会在经过广泛讨论后建议将MAFLD和MASLD都翻译为“代谢相关脂肪性肝病”。为了保持一致性，本文在后面的叙述中将仍采用

“NAFLD”这一通用术语来描述该疾病。

二、NAFLD的流行病学

如今，NAFLD已经成为全球最常见的慢性肝病，全球患病率超过25%。有研究显示，2016年以后NAFLD的全球患病率达到37.8%。总体而言，NAFLD患病率最高的是拉丁美洲（44.4%），而后依次为中东、北非、南亚、东南亚、北美和东亚地区，最低的是西欧地区（25.1%）。在超重与肥胖的群体中，NAFLD的汇总患病率高达约70.0%。全球2型糖尿病患者NAFLD的患病率则达到约65.0%。

我国人口众多，且各城市人群的文化、地理、经济和生活方式等都存在明显的差异，这导致我国NAFLD的患病率也存在一定的地域差异。通过回顾性地分析2017—2022年，我国30个省份成年人的体检数据，肝脏脂肪变性和严重脂肪变性的发生率分别为44.4%和10.6%。过去20年内，我国成人NAFLD汇总患病率约为29.6%，其中男性（34.8%）高于女性（23.5%），肥胖和2型糖尿病患者NAFLD的患病率分别为66.2%和51.8%。

除了成人以外，NAFLD和NASH在儿童、青少年中的发病率也呈上升趋势，未来可能成为困扰后代的一大健康问题。总体而言，NAFLD的全球患病率在普通儿科人群中约为7.6%，而在肥胖儿童中则达到约34.2%。亚洲及中国儿童NAFLD的患病率分别为6.3%和3.4%。

三、NAFLD的危害

NAFLD与代谢综合征和2型糖尿病相互影响，共同促进全身多系统器官代谢相关疾病的发病。

（一）肝脏失代偿和HCC的风险增加

首先，NAFLD患者肝脏失代偿和HCC的风险增高。在对1773名经过肝活检确诊的NAFLD患者进行为期4年的中位随访期间，研究发现随着肝纤维化的加剧，全因病死率有所上升。具体来说，肝纤维化程度为F0~F2期的患者，其病死率为0.32/1000人年；F3期患者为0.89/1000人年；而F4期患者则达到1.76/1000人年。此外，肝脏失代偿事件的发生使得NAFLD患者的全因病死率增加了6.8倍。同时，随着肝纤维化的进展，NAFLD患者发生腹水、食管静脉曲张出血、肝性脑病以及HCC

的风险也随之增加。

（二）心血管-肾脏-代谢相关疾病风险增加

其次，NAFLD患者心血管-肾脏-代谢相关疾病风险增加。NAFLD作为心血管疾病的一个重要预测因素，其影响独立于代谢综合征，使个体患冠心病的风险增加1.33倍，并导致主要心血管事件发病的风险增加1.45倍。此外，NAFLD患者临床和亚临床冠状动脉疾病汇总患病率分别为38.7%和55.4%，且他们心力衰竭、心房颤动的发病风险也有显著增高。在肾脏相关疾病方面，NAFLD独立于传统危险因素使慢性肾脏病（chronic kidney disease，CKD）的风险增高1.43倍。与F0~F2期的患者相比，F4期NAFLD患者肾功能恶化的风险显著增高（29.8/1000人年比9.7/1000人年），且与2型糖尿病有协同作用。

（三）非肝脏恶性肿瘤风险增加

同时，NAFLD患者的非肝脏恶性肿瘤风险也增加。NAFLD与多种代谢性炎症、免疫监控异常和肠道微生态失衡共同作用，致使机体细胞癌变风险增加。据统计，全球范围内，NAFLD患者非肝脏恶性肿瘤汇总发病率为10.58/1000人年，是HCC的8倍，以子宫内膜癌、乳腺癌、前列腺癌、结直肠癌和肺癌最常见。这些非肝脏恶性肿瘤风险的增加与患者年龄、性别、吸烟、肥胖、糖尿病及纤维化分期没有显著关联。此外，有研究表明，NAFLD可能导致食管癌、胃癌、胰腺癌和结直肠癌的风险增加1.5~2.0倍，肺癌、乳腺癌、妇科或泌尿系统癌症的风险增加1.2~1.5倍。

四、NAFLD的病因和发病机制

NAFLD的发生与多种因素相关，饮食习惯、环境和遗传因素均可能导致胰岛素抵抗（insulin resistance，IR）、肥胖、肝脏脂肪细胞的增殖以及肠道微生物组的改变。描述NAFLD病理进展的流行理论是“多重打击”理论，根据这一理论，肝脏通过各种因素的相互作用形成“脂质积累/脂肪变性→肝脂毒性→代谢紊乱→炎症反应→胰岛素抵抗→代谢紊乱加重”的恶性循环。总的来说，脂肪组织功能障碍及其相关的胰岛素抵抗和低度炎症反应会引起肝脏甘油三酯合成增多，而其氧化利用和转运减少，导致肝脏中脂肪沉积。肠道菌群紊乱、糖脂毒性等附加打击则会通过诱发线粒体功能障碍、内质网应激、脂质过氧化损伤等机制，导致肝脏炎症损伤和星状细胞活化，由此引起NASH、肝纤维化和HCC。

IR是肝脂肪变性和后续NASH发展的关键因素之一，会导致肝脏自发脂肪生成增加和抑制脂肪组织分解，从而导致脂肪酸向肝脏的通量增加。同时，IR还会促进脂肪组织的功能障碍，从而改变脂肪因子和炎症细胞因子的产生和分泌。脂肪以甘油三酯的形式在肝脏中积聚，同时伴随着由高水平游离脂肪酸、游离胆固醇和其他脂质代谢产物引起的脂毒性增加。由此，线粒体功能障碍、氧化应激和产生活性氧（reactive oxygen species，ROS）以及内质网压力相关的机制被激活。此外，肠道菌群紊乱导致肠道中产生更多的脂肪酸，增加小肠通透性，从而增加脂肪酸的吸收，并使得参与炎症途径激活和释放促炎细胞因子如白介素-6（interleukin-6，IL-6）和肿瘤坏死因子-α（tumor necrosis factor-α，TNF-α）的分子水平在循环中升高。乙醇也作为诱因、危险因素或共同病因参与NAFLD的发病，过量饮酒或能量过剩都可以诱发代谢紊乱并会协同损伤肝脏。因此，基因、外部环境和细胞内事件的时机和组合整体导致了肝脏脂肪变性和NASH的不同途径。

五、NAFLD的临床表现、诊断和治疗原则

（一）临床表现

NAFLD患者通常没有特异性的症状，疲劳、乏力是常见的表现。然而有研究说明，在临床实践中，可能遇到许多有广泛临床症状的患者。因此，考虑到患者的检查结果，出现了一些临床表现。例如，焦虑、口渴、感觉温度变化和腹胀是最常见的症状。上腹部疼痛（可能有尖锐或钝痛的性质），尤其是左上腹部疼痛，也是常见的症状。频繁的腹胀、隐痛、口渴和头痛症状也在NAFLD患者中出现，这些患者在就医前通常被诊断为消化不良和反流性疾病。此外，睡眠障碍和晚睡现象也较为普遍。

（二）诊断

在NAFLD的诊断中，肝活检仍然是鉴别单纯性肝脂肪变性与NASH以及纤维化分期的金标准，但由于其有创性等原因，肝活检的大规模应用受到限制。目前临床上最常用的诊断方法是超声造影，尽管其易于执行，但仍然存在敏感性较低的缺点。当脂肪变性的程度很低时，超声可能无法敏锐地检测到脂肪变性，且操作依赖性较高。在新定义的MASLD的概念中，如前文所述，诊断需要排除过量饮酒（每周男性乙醇摄入量≥210g，女性乙醇摄入量≥140g）和可能导致脂肪肝的其他原因，并

且患者至少存在1项代谢综合征组分（表2-1）。疑似MASLD的患者应常规进行血液生化指标检测，并采用无创方法评估肝脏的脂肪沉积和纤维化程度。此外，还应全面筛查代谢综合征的各个组分，并评估患者心血管疾病的风险。同时，应进行常见恶性肿瘤和食管静脉曲张的筛查。对于某些特殊情况，肝活检的组织学检查将发挥关键作用。在现有的诊断策略中，迫切需要新的基于生物学的、易于获得的、具有高度敏感和特异性的诊断和预后生物标志物。

表2-1 诊断MASLD时代谢综合征组分的定义

术语	定义
超重/肥胖	BMI≥24.0kg/m^2，或者腰围≥90cm（男性）和85cm（女性），或者体脂肪含量和体脂百分比超标
动脉血压增高/高血压病	动脉血压≥130/85mmHg，或者正在接受降血压药物治疗
糖尿病前期或2型糖尿病	空腹血糖≥6.1mmol/L，或者糖负荷后2小时血糖≥7.8mmol/L或HbA1c≥5.7%，或者2型糖尿病史，或者HOMA-IR≥2.5
血液TG增高	空腹血清TG≥1.70mmol/L，或者正在接受降血脂药物治疗
血液高密度脂蛋白胆固醇下降	血清高密度脂蛋白≤1.0mmol/L（男性）和1.3mmol/L（女性），或者正在接受降血脂药物治疗

注：BMI为体质量指数；HOMA-IR为胰岛素计算稳态模型IR指数；HbA1c为糖化血红蛋白；TG为甘油三酯；1mmHg=0.133kPa。

（三）治疗原则

NAFLD治疗的核心目标在于通过综合的措施来控制病情，总体对策为减少体质量和腰围、改善胰岛素抵抗、防治2型糖尿病、缓解和逆转肝纤维化。目前主要的治疗方式仍然是通过健康宣教调整饮食结构和增加运动，这也是治疗NAFLD的基石。对于超重/肥胖的NAFLD患者而言，体质量的下降可以显著改善他们的代谢心血管健康以及肝脏功能。在饮食方面，考虑到高能量密度或可能引发炎症的食物，如富含饱和脂肪和胆固醇的食物、精制碳水化合物、含糖饮料和深度加工食品，与NAFLD的发生有关，而那些遵循健康饮食指数、降压饮食评分、地中海饮食评分以及具有高抗氧化能力的食物（如新鲜水果、绿色蔬菜、全谷物和富含ω-3不饱和脂肪酸的食物）则有助于降低NAFLD的风险。因此，建议超重或肥胖的NAFLD患者既要限制总能量摄入，也要优化其饮食结构；在运动方面，通过逐步增加运动量可以增强骨骼肌的质量和功能，并且这种改善不依赖于体质量的变化，而能够独立地减少肝脏中的脂肪含量。

此外，当患者并存代谢心血管危险因素和肝损伤时则需要应用相关的药物进行干预。符合相关手术指征的NAFLD患者可以考虑代谢手术和肝移植手术。对于NASH患者，2024年3月，美国食品和药品监督管理局（Food and Drug Administration，FDA）批准了小分子药物Rezdiffra（活性成分为Resmetirom）用于治疗伴有中度至晚期肝纤维化的NASH。

第二节　肠道微生态与非酒精性脂肪性肝病的关系

一、细菌

由于肠-肝轴的作用，肠道微生态的改变可能在NAFLD的发生和发展中起到独特的病理、生理作用。因此，探究与肠道微生态相关的非侵入性生物标志物是当前研究的重要方向之一。这些生物标志物不仅能够提供NAFLD的早期诊断信息，还可以帮助评估疾病的严重程度和进展情况，同时有望成为治疗的重要手段，为NAFLD患者提供更加精准化和个体化的治疗。随着组学相关技术的飞速发展，人们对肠道微生物的认识不断加深，大量研究试图阐明肠道微生物组，尤其是细菌在NAFLD进展中的重要作用。

1.整体变化

研究表明，NAFLD患者的肠道菌群多样性低于健康人群。我国台湾的一项研究发现，从等级-丰度曲线而言，健康对照组的肠道菌群丰富度显著高于NAFL和NASH的患者，而三组间的α多样性指数没有显著差异。美国一项针对儿童NAFLD患者的研究则发现，与健康对照组相比，儿童NAFLD患者的肠道菌群α多样性显著下降。值得注意的是，研究还发现NASH患者的α多样性最低，这也许提示在NAFLD发展的过程中，菌群多样性下降的程度可能与肝损伤的严重程度有关。这些研究结果证实了NAFLD的发生伴随着肠道菌群多样性的下降，而这一变化可能在NAFLD的发生和发展过程中起到重要的作用。

2. 菌群成分变化

现有研究已经证实与健康对照组相比，NAFLD患者的肠道菌群会发生改变，包括潜在有益细菌的相对丰度降低以及潜在有害细菌的相对过度生长。肥胖和NAFLD都已经被证明与肠道中更高比例的革兰阴性菌有关。根据Judith Aron-Wisnewsky等人的综述总结，与健康个体进行比较，NAFLD患者的肠道菌群在门、属和种水平上的主要变化如表2-2所示。

表2-2 NAFLD患者肠道菌群的改变

水平	菌群名称	改变情况
门水平	Fusobacteria, Proteobacteria, Verrucomicrobia	↑
	Actinobacteria, Bacteroidetes, Firmicutes	↑↓
属水平	*Acidaminococcus, Akkermansia, Allisonella, Anaerococcus, Bradyrhizobium, Dorea, Eggerthella, Escherichia, Parabacteroides, Peptoniphilus, Porphyromonas, Robinsonella, Ruminococcus, Shigella*	↑
	Alistipes, Anaerosporobacter, Coprobacter, Coprococcus, Eubacterium, Faecalibacterium, Haemophilus, Lactobacillus, Moryella, Oscillospira, Pseudobutyrivibrio, Subdoligranulum	↓
	Anaerofilum, Blautia, Parabacteroides, Suterella, Roseburia	↑↓
种水平	*E. coli, P. acnes*	↑
	C. coccoides, B. fragilis	↓

注：“↑”表示这些微生物在NAFLD患者中比健康个体丰富，反之“↓”则表示这些微生物在NAFLD患者中比健康个体减少；而“↑↓”表示与健康个体相比，这些微生物在NAFLD患者体内的数量增多或减少取决于不同的研究结果，但一些研究结果是相互矛盾的。

3. 菌群与NAFLD进展的关系

研究发现，NAFLD患者中的肠道微生物组以厚壁菌门（Firmicutes）和拟杆菌门（Bacteroidetes）为主，其次是变形菌门（Proteobacteria）和放线菌门（Actinobacteria），但相对而言丰度要低得多。然而，随着疾病从轻度/中度NAFLD发展为晚期的NASH和肝纤维化，变形菌门（Proteobacteria）的丰度显著增加，而厚壁菌门（Firmicutes）的丰度则显著下降。这表明了肠道菌群的失调在NAFLD的进展过程中可能并不是稳定不变的。此外，有趣的是，某些菌群或许能够预测NAFLD的发生和发展。一项利用两样本孟德尔随机化分析方法的研究发现，红蝽菌纲（Coriobacteriia）（OR=1.22，95%CI=1.01–1.42，*P*=0.038）、放线菌（*Actinomycetales*）（OR=1.25，95%CI=1.02–1.53，*P*=0.031）、草酸杆菌科（Oxalobacteraceae）（OR=1.10，95%CI=1.01–1.21，*P*=0.036）和瘤胃球菌科（Ruminococcaceae_UCG005）（OR=1.18，95%CI=1.01–1.38，*P*=0.033）均与NAFLD的发生呈正相关，提供了从遗传变异角度分析特定肠道菌群与NAFLD进展之间因果关系的证据。

二、真菌

如前所述，大量关于肠道微生态的研究主要集中在肠道的细菌组上，而肠道微生物群中还存在有共生真菌，统称为真菌微生物组（mycobiome）。尽管肠道微生物群落中的细菌数量远超于真菌，但真菌细胞通常更大，这就增加了它们在生物量中的相对比例，说明探究真菌微生物组的改变是有意义的。当由于疾病等原因造成机体肠道屏障受损时，肠道就可能成为真菌感染的来源。

大多数关于NAFLD患者肠道真菌微生物组的研究都是对不同地区患者粪便真菌群的描述性研究。我国研究通过ITS2测序评估发现，NAFLD患者的真菌多样性显著高于匹配的健康受试者，但当使用宏基因组测序时结果却相反。而在德国队列中则没有发现显著差异。根据Zeng等人的综述总结，与健康个体相比，NAFLD患者肠道真菌组的主要改变如表2-3所示。

表2-3　NAFLD患者肠道真菌组的改变

真菌名称	改变情况
Curvularia，*Cladophialophora*，*Lycoperdon*，*Mucor ambiguus*，*Paraboeremia*，*Paraphaeosphaeria*，*Phialemoniopsis*，*Sarcinomyces*，*Sordaria*，*Talaromyces*	↑
Fusicolla，*Leptosphaeria*，*Pseudopithomyces*	↓

注：“↑”表示这些微生物在NAFLD患者中比健康个体丰富，反之“↓”则表示这些微生物在NAFLD患者中比健康个体减少。

在特定的真菌群探究上，研究发现刚毛藻（*Cladophialophora*）和粪壳菌（*Sordaria*）与NAFLD关联指标相关，如肝脏损伤指标如谷丙转氨酶（alanine transaminase，ALT）、谷草转氨酶（aspartate transaminase，AST）和谷氨酸转移酶（gamma-glutamyl transaminase，GGT）和脂质代谢（如总胆固醇和总甘油三酯）。同时，NAFLD患者的肠道真菌组变化还可能与纤维化程度相关。此外，一项研究在分别表征了NAFLD患者和健康对照组的肠道真菌微生物组后发现，非肥胖的NAFLD患者和经肝活检证实疾病严重程度高的患者粪便真菌微生物组与轻度患者有显著不同。NASH患者的毛霉菌属（*Mucor* sp.）/酿酒酵母菌（*Saccharomyces cerevisiae*）对数比值显著高于NAFL患者和对照组，而根据是否肥胖进行亚组分析后，差异仅在非肥胖的NAFLD患者中显著。此外，伴有严重肝纤维化的NAFLD患者血清中抗白假丝酵母菌（*anti-C. albicans*）的免疫球蛋白G（immunoglobulin G，IgG）水平明显升高。这些结果说明，肠道真菌微生物组的改变可能是NAFLD发展的重要影响因素，尤其是在非肥胖患者中。

三、病毒

人体肠道微生态的复杂性不仅限于细菌和真菌，还有大量的病毒与之共存，并与其他的微生物和宿主相互作用。大多数存在于机体肠道中的病毒是噬菌体，它们在肠道微生态中扮演着关键的角色。它们可以特异地感染细菌，通过在细菌之间横向地传递致病性、抗生素耐药性和代谢决定因子，从而成为微生物群落中重要的遗传多样性储存库。当细菌获得噬菌体基因时，就可能改变微生物群的功能特性，从而对宿主的代谢和免疫系统产生影响。除了噬菌体以外，哺乳动物病毒和感染其他微生物（如真菌）或植物的病毒也少量地存在于肠道中。因此，肠道微生物群中病毒组的改变可能与很多重要的健康问题都密切相关，例如炎症性肠病、结直肠癌和1型糖尿病。

研究发现，相比于疾病严重程度较轻的NAFLD患者和健康对照组，疾病严重程度更高的患者的肠道病毒多样性显著下降，且其中噬菌体的比例显著减少。进一步探究发现，在疾病严重程度更高的NAFLD患者中，特定的病毒类群，例如几种乳球菌（*Lactococcus*）噬菌体的比例显著减少。我们可以推测，NAFLD患者中肠道病毒多样性的减少可能会导致某些有害细菌的数量增加，并进一步调控疾病的发展。当然，在复杂的人体中，目前其因果关系仍然是难以说明清楚的。与细菌微生物组类似，环境、饮食、遗传和药物等因素都可能在肠道病毒组的改变中发挥作用，因此需要进一步的研究来验证。

第三节　肠道微生态调控非酒精性脂肪性肝病进展的机制

一、肠道屏障功能破坏

肠道屏障功能障碍会导致微生物及其分泌的代谢物和其他微生物产物从肠腔进入血液和淋巴管，进而扩散到包括肝脏在内的其他组织和器官。肠道通透性增加的主要驱动因素包括肠道炎症和微生态失调，这与高脂饮食、西方饮食、长期饮酒、长期使用抗生素和免疫介导的炎症性疾病（如炎症性肠病）密切相关。嗜黏蛋白阿克曼菌（*Akkermansia muciniphila*）是一种定植于肠道黏液层的革兰阴性厌氧菌。研究表明，*A. muciniphila* 丰度的减少与黏液层变薄和炎症水平增加有关，从而促进酒精性和非酒精性肝损伤。评估肠道屏障功能的方法多种多样，如可以通过评估不可消化的标记物从肠腔到肠外的流动，包括糖、放射性同位素（如铬51标记的乙二胺四乙酸）和聚乙二醇。转移的病原相关分子模式（pathogen-associated molecular patterns，PAMPs），如脂多糖（lipopolysaccharide，LPS），可以在全身循环中测量，作为反应肠道通透性的替代标志物。尽管有各种不同的方法，但评估人类肠道通透性的技术仍有许多局限性，理想的测试方法尚未确立。在同一患者中结合直接和间接的肠道通透性测量可以为评估肠道屏障完整性提供更准确的结果。

肠道微生物的主要作用之一是为肠道细胞提供营养，并分解未消化的膳食成分，如纤维和蛋白质。具体来说，厌氧发酵未消化的复杂碳水化合物可以被肠道微生物分解，产生短链脂肪酸（short-chain fatty acids，SCFAs），如乙酸、丙酸和丁酸。这些SCFAs不仅作为肠道上皮细胞（intestinal epithelial cells，IECs）的能量来源，还可以影响细胞增殖，减少中性粒细胞和巨噬细胞产生的细胞因子，从而导致免疫耐受。此外，SCFAs通过上调杯状细胞中黏蛋白基因的表达促进强黏液层的产生，并且促进紧密连接的重新组装，从而加强肠上皮屏障。

二、免疫途径

免疫失调是许多非传染性人类疾病的原因，例如自身免疫性疾病和过敏等。胃肠道是宿主免疫系统与微生物（包括共生和致病性微生物）相互作用的主要场所。肠道微生物群通过产生代谢物、PAMPs和抗原来促进宿主免疫系统的发育。细菌易位指细菌（抗原、内毒素和细菌mRNA）从肠腔内穿过肠黏膜屏障进入固有层，侵入肠道外的其他组织和器官，如肠系膜淋巴结、肝、脾及血液等，从而引起疾病的过程。共生细菌和宿主免疫系统之间的这种共生相互作用在维持肠道稳态方面发挥着保护作用。

肠道微生物群对宿主的免疫发展至关重要，其缺失可能导致免疫功能障碍。通过对无菌动物的研究发现，它们的肠道相关淋巴组织（gut-associated lymphoid tissues，GALT）存在发展缺陷，影响免疫细胞的成熟和分布；同时，在无菌动物中，IECs的形态和功能发生改变，主要体现在微绒毛形成模式的改变和细胞更新率的降低。IECs具有许多免疫学功能，它们可以分泌和响应各种细胞因子，并表达与淋巴细胞直接相互作用的分子（如主要组织相容性分子）。肠道上皮细胞存在的模式识别受体的表达和定位也受到肠道微生物群定植的影响。此外，调节性T细胞（regulatory T cells，Treg）在维持肠道稳态中也至关重要，其通过分泌白介素-10（interleukin-10，IL-10），转化生长因子-β（transforming growth factor-β，TGF-β）和白介素-35（interleukin-35，IL-35）等抑制性细胞因子来平衡免疫反应。由于肠-肝轴的作用，肠道和肝脏通过胆道、门静脉和体循环进行双向联系。肝脏通过将胆汁酸和许多生物活性的介质释放到胆道和体循环中与肠道沟通。而在肠道中，由宿主和微生物通过代谢内源性（胆汁酸、氨基酸）和外源性底物（来自饮食和环境暴露）而生成的产物通过门静脉转移到肝脏并影响肝功能。

三、受体途径

肠道微生物群不仅参与营养吸收和能量储存，它们还能产生Toll样受体的配体。TLRs是一种存在于先天免疫系统细胞上的模式识别受体（pattern recognition receptors，PRRs），这种受体通常存在于肠道细胞和跨膜蛋白的表面，能够识别细菌、病毒或寄生配体。在特定条件下，这些TLRs的配体可以通过激活核因子κB（nuclear factor κappa-B，NFκB）从而诱导炎症反应。尽管肠道细菌群是TLRs配体的强大来源，但在正常情况下，肝细胞表达的TLRs数量很少，因此肝脏通常对这些配体有很强的耐受性。然而，在NAFLD患者中，肠道微生物群改变和肠道通透性增加等潜在原因，导致耐受性被破坏，TLR信号被激活，其下游分子的表达增加。TLRs信号是抵御入侵病原体的第一道防线，能够产生抗细菌和抗病毒细胞因子，如TNF-α、IL-1β和干扰素。然而，这些细胞因子的持续升高会对宿主造成损害，研究已证实TLRs信号在NASH、酒精性肝病和慢性病毒性肝炎中增强了肝脏损伤。

在哺乳动物已被识别的13种TLRs中，NAFLD的发病机制可能主要与TLR2、TLR4、TLR5和TLR9有关。其中，TLR4是LPS的受体，而LPS是革兰阴性细菌的细胞成分。研究发现，在NAFLD小鼠模型中，循环LPS水平提升，TLR4的表达增加，且与促炎细胞因子的表达增加有关。同时，即使在对照组中，低剂量LPS的持续灌注也会导致小鼠肝脏脂肪变性、肝脏胰岛素抵抗和肝脏重量增加。TLR4突变的小鼠则可能对NAFLD有抵抗力，即使它们的LPS水平与野生型小鼠相当。在人群研究中也发现，与健康人群相比，NAFLD患者的血浆LPS水平显著升高，而抗生素治疗能够杀死革兰阴性细菌从而降低血浆LPS水平，并减轻NAFLD患者的脂肪肝。

四、代谢物途径

近年来，随着代谢组学技术的不断进步，越来越多的研究表明，肠道菌群代谢谱的改变与NAFLD及相关肝纤维化的发展密切相关。Loomba等人研究发现，肌苷和次黄嘌呤（与核苷代谢相关）在轻度或中度NAFLD（0~2期纤维化）患者的血清样本中含量丰富，而琥珀酸、苹果酸、α-酮戊二酸、谷氨酰胺、丝氨酸、富马酸、α-酮丁酸、谷氨酸和乳酸（与氨基酸和碳代谢相关）在晚期纤维化（3~4期）患者的血清中富集。最近的一项研究还表明，肝脏脂肪变性的严重程度与苯乙酸水平相关。一些代谢物的水平，如3-（4-羟苯基）乳酸、N-甲酰甲硫氨酸、苯基乳酸、甘露醇、尿囊素和N-（2-糠酰基）甘氨酸，具有遗传性，并且与肝脂肪变性和纤维化具有共享基因效应。上述研究报道的代谢物都不是由微生物专门合成的，因为这些代谢物也可以由宿主合成或来自饮食。然而，有的代谢物如果没有细菌发酵就无法产生，例如胆碱代谢物三甲胺（trimethylamine，TMA）、次级胆汁酸脱氧胆酸（deoxycholic acid，DCA）、石胆酸（lithocholic acid，LCA）以及SCFAs。

（一）胆汁酸

胆汁酸（bile acids，BA）组成的变化与NAFLD发展的关系一直是临床前和临床研究的重点。临床研究表明，NAFLD患者的胆汁酸合成增加，胆酸（cholic acid，CA）和鹅去氧胆酸（chenodeoxycholic acid，CDCA）水平升高，且初级胆汁酸与次级胆汁酸的比率增加。与健康个体（对照组）相比，NASH患者的血清和尿液样本中胆汁酸（如CDCA和DCA）的浓度升高。NASH患者肝组织中CA的水平也有所增加。有趣的是，另一项研究发现NASH患者肝脏中的CA和DCA水平显著降低。此外，与NAFL患者相比，NASH患者的血浆甘胆酸盐、牛磺胆酸盐、甘鹅脱氧胆酸盐、牛磺鹅脱氧胆酸盐和熊去氧胆酸水平升高。牛磺石胆酸、甘氨胆酸盐和牛磺胆酸盐的水平分别与门脉炎症、小叶炎症、脂肪变性和肝细胞膨胀的严重程度相关。与健康儿童相比，NASH儿童的DCA与CDCA的比率显著增加，而NAFLD儿童肝组织中类法尼醇X受体（farnesoid X receptor，FXR）的水平较低。虽然目前研究对于血清胆汁酸水平升高与NASH进展的因果关系尚不清楚，在动物模型中的研究发现，肝细胞中有毒胆汁酸的积累可以激活内质网应激、脂肪从头生成以及肝脂肪变性向NASH进展。

胆汁酸合成受负反馈机制调节，其中主要涉及FXR在肝脏和肠道中的激活。FXR高表达于肝脏、肠道、肾脏及肾上腺，而在心脏和脂肪组织表达很少。胆汁酸水平升高时，FXR主要通过两种机制减少胆汁酸合成。在肝脏中，胆汁酸激活FXR会诱导小异源二聚体伴侣（small heterodimer partner，SHP）的转录，通过抑制肝受体类似物（liver receptor homolog-1，LRH-1）和肝细胞核因子4α（hepatocyte nuclear factor-4α，HNF-4α）负反馈调节胆汁酸合成限速酶CYP7A1的活性，从而抑制胆汁酸的合成。在肠道中，FXR激活诱导成纤维生长因子19（fibroblast growth factor-19，FGF-19）/FGF15（小鼠）的表达，经由门静脉到达肝脏，与成纤维细胞生长因子受体-4（fibroblast growth factor receptor 4，FGFR-4）/β-Klotho复合物结合，通过激活JNK信号通路抑制CYP7A1的表达及胆汁酸的合成。除了调节胆汁酸合成，FXR还通过不同的机制调节葡萄糖和脂质代谢，例如增加胰岛素敏感性、抑制肝糖异生基因和增加肝糖原合成。

除了FXR，胆汁酸还可以与武田G蛋白偶联受体5（takeda G protein-coupled receptor 5，TGR5）结合调节宿主代谢活动。TGR5广泛表达于肠、胆囊和肝窦的上皮细胞以及Kupffer细胞中，但不表达于肝细胞中。由于TGR5主要被次级胆汁酸LCA和DCA激活，因此它也成为肠道微生物与胆汁酸相互作用中的重要靶点。研究表明，在小鼠中敲除TGR5（Gpbar1-/-）会导致总胆汁酸水平降低，表明TGR5或在维持胆汁酸稳态中发挥作用，而发生机制是TGR5缺乏产生的直接作用还是通过FXR间接调节有待进一步研究。胆汁酸可以通过TGR5-cAMP依赖性途径抑制LPS诱导的Kupffer细胞产生白细胞介素-1α（interleukin 1 alpha；IL1A）、IL1B、IL6和肿瘤坏死因子（tumor necrosis factor，TNF）等细胞因子，进而调节肝脏炎症。TGR5还通过诱导胰高血糖素样肽-1（glucagon-like peptide 1，GLP-1）的表达并抑制NLRP3炎性体的激活来调节葡萄糖稳态。TGR5的激活会导致更多的能量消耗和更少的体重增加。给小鼠施用TGR5或FXR激动剂可通过抑制脂肪生成、改善高胆固醇血症、诱导能量消耗和减少肝脏炎症来改善NAFLD。

FXR激动剂一直以来都是NASH治疗的热门靶点。奥贝胆酸（obeticholic acid，OCA）是天然胆汁酸鹅去氧胆酸的合成变体，其与FXR结合的能力强于CDCA 100倍。尽管OCA是首个进入临床Ⅲ期的NASH新药，并在FLINT实验中展示了对NAS和纤维化方面的改善，但由于其产生的副作用（如瘙痒），OCA尚未以现有形式获批。

（二）短链脂肪酸

1.影响短链脂肪酸水平的因素

研究表明，短链脂肪酸（short-chain fatty acids，SCFAs）在肠道中的产生受环境因素和宿主基因调节。环境因素影响肠道菌群组成及其在黏膜层产生的SCFAs，主要包括出生时的胎龄、生产方式、喂养方式、饮食、使用抗生素和感染等。微生物群在生命早期形成，新生儿的胃肠道在分娩过程中，通过母体接触和母乳喂养，最终被母体微生物群定植。新生儿肠道菌群的定植依赖于阴道分娩后母体阴道微生物群，主要为产丁酸细菌乳杆菌属，而皮肤微生物群，特别是葡萄球菌属，有助于剖宫产后的定植。母乳喂养是决定新生儿微生物群组成的另一个关键因素，因为细菌会从母亲垂直转移到婴儿。母乳喂养的婴儿肠道中双歧杆菌和乳酸菌的含量高于配方奶喂养的婴儿。肠道代谢物谱同时变化，出生时乙酸和琥珀酸水平较低，出生后第一年左右乙酸和甲酸水平较高，而在接近2岁时丙酸和丁酸水平较高。成年期间肠道微生物群相对稳定，但衰老与支持SCFAs产生的细菌种类（例如双歧杆菌属）

丰度的减少以及粪便SCFAs水平的下降有关。

关于宿主遗传因素如何影响SCFAs代谢知之甚少。生物性别已被证明会影响肠道微生物群，例如性激素睾酮和雌激素直接影响微生物群组成和多样性。此外，经抗生素处理的小鼠肠道中SCFAs的水平在雌性小鼠中比雄性小鼠有更大程度的降低，表明在决定SCFAs代谢方面存在复杂的宿主-环境相互作用。最近的一项基因微生物组关联研究表明，宿主基因组可以影响肠道微生物构成，促进微生物产生丁酸，并与2型糖尿病的胰岛素反应增强相关。此外，一项基于罕见的孟德尔疾病的研究表明，宿主遗传背景可以影响产丁酸菌的生态位。编码GUCY2C、SLC9A3或SLC26A3的基因缺陷会导致先天性腹泻，且对自发性肠炎的易感性增加。先天性腹泻的特点是粪便中钠浓度高、肠杆菌科丰度增加及产丁酸菌水平降低，而这些变化发生在肠道炎症形成之前。以上研究表明，高盐饮食和遗传缺陷导致的钠吸收缺陷可能对菌群的组成和SCFAs的代谢产生类似的影响。

2.短链脂肪酸与NAFLD

SCFAs不仅可以为肠上皮细胞提供营养和能量，还是脂肪生成和糖异生的前体。营养物质通过门静脉吸收并输送至肝脏后，促进糖异生及脂肪肝的发展。临床前研究表明，SCFAs可以激活G蛋白偶联受体（G protein-coupled receptors，GPCRs）GPR41和GPR43，这些受体在脂肪细胞和肠道内分泌L细胞上表达。研究表明，传统方式饲养的Gpr41-/-小鼠的体重低于其野生型同窝小鼠。与这些结果一致的是，Gpr43-/-小鼠接受高脂饮食（high-fat diet，HFD）后并没有出现肥胖、血清甘油三酯水平升高或胰岛素抵抗等症状。因此，现有研究表明，GPR41和GPR43激活可能导致肥胖和代谢疾病的发生，并通过多种机制参与NAFLD的发生发展。

GPR41和GPR43的激活刺激肠道L细胞分泌肽YY（peptide-YY，PYY），抑制肠道蠕动并减慢肠道运输，从而增强营养吸收，增加饮食中的能量收获并促进肝脏脂肪生成。此外，GPR41和GPR43的激活还能促进胰高血糖素样肽-1（glucagon-like peptide-1，GLP-1）的分泌。GLP-1不仅抑制胃排空和食物摄入，还激活肝细胞中调节脂肪酸β-氧化和胰岛素敏感性的基因。SCFAs通过门静脉进入肝脏后可以为肝细胞提供能量底物。例如，肝脏中乙酸增加会促进胆固醇和脂肪酸合成，导致甘油三酯积聚。丙酸是葡萄糖在肝脏中合成的前体，其水平增加促进肝脏中的糖异生。而甘油三酯积累和糖异生均与NAFLD的发生有关。有趣的是，SCFAs还能通过其他途径改善NAFLD。例如，丁酸可以通过激活LKB1-AMPK-Insig（insulin-induced gene）信号通路，改善高脂饮食诱导的小鼠肝脏脂肪变性和肝功能受损。体外实验表明，丁酸可增加腺苷酸活化蛋白激酶（adenosine 5-monophosphate-cutived protein kinase，AMPK）活性，并加速结肠上皮细胞系Caco-2中紧密连接蛋白的组装，最终增强肠道屏障。此外，SCFAs似乎可以在表观遗传水平上抑制NAFLD的发展。异常的组蛋白修饰，尤其是组蛋白乙酰化，在NAFLD中发挥着关键作用。组蛋白脱乙酰酶（histone deacetylases，HDAC）通过去除组蛋白结合的乙酰基来阻止基因转录。丁酸、丙酸和乙酸是HDAC的抑制剂，通过调节染色质状态来调节基因表达。例如，Sirtuin 3（Ⅲ类HDAC家族中研究最多的成员之一）缺失可以加重HFD诱导的肝脏脂肪变和炎症，而补充丁酸钠可以起到改善的作用。以上研究表明，SCFAs在NAFLD中的作用是复杂的，取决于其浓度、类型以及宿主的代谢状态，最终促进或抑制NAFLD进展。

临床研究表明，晚期纤维化NAFLD患者粪便样本中富含甲酸和乙酸，而轻度或中度纤维化的患者的粪便样本中富含丁酸和丙酸。因此，SCFAs的水平和亚型与脂肪肝的严重程度相关。然而，另一项研究报告称，NAFLD儿童的粪便样本中某些SCFAs，尤其是甲酸、乙酸和戊酸的含量较低。SCFAs水平的差异可能与患者年龄、饮食、环境因素和实验技术差异有关。总而言之，SCFAs在调节炎症、葡萄糖代谢和脂质代谢中发挥着重要作用，已被证明是管理NAFLD的关键治疗靶点之一。直接或间接利用SCFAs可能为改善NAFLD提供新方法，而通过益生元或临床药物增加SCFAs的含量，也可能对提高临床疗效具有重要价值。

（三）胆碱和胆碱相关代谢物

胆碱曾经被认为是一种可有可无的营养素，因为存在磷脂酰乙醇胺N甲基转移酶（phosphatidylethanolamine N-methyltransferase，PEMT）催化的内源性磷脂酰胆碱形成途径。然而，对照临床喂养研究明确表明，胆碱是一种必需营养素。胆碱缺乏可能导致脂肪肝和肝损伤。几十年来，胆碱缺乏饲料一直被用来诱发啮齿类动物的脂肪性肝炎。

三甲胺（trimethylamine，TMA）是肠道微生物群代谢胆碱的产物，它通过门静脉到达肝脏，在肝脏中被黄素单加氧酶（flavin-containing monooxygenases，FMOs）氧化生成氧化三甲胺（trimethylamine N-oxide，TMAO）并被释放到循环中。尽管存在直接证据表明TMA具有肝毒性，但其促进NAFLD进展的直接证据尚且不足。TMAO具有疏水和亲水双重基团，可调节蛋白质活性和稳定性，增加泡沫细胞生成和抑制胆固醇逆向转运。TMAO可能通过不同机制促进NAFLD的发展。在接受HFD的小鼠中，TMAO调节小鼠的葡萄糖代谢并增加胰岛素抵抗。此外，TMAO促进脂肪组织炎症，通过增加炎症细胞因子（C-C motif 2，CCL2）的血清水平来促进胰岛素抵抗。TMAO还影响脂质吸收和胆固醇稳态，通过减少胆固醇向胆汁酸的转化。在接受含TMAO饮食的小鼠中，肝脏中胆汁酸合成酶CYP7A1和CYP27A1的水平降低。

临床研究表明，携带PEMT（rs12325817）启动子区域单核苷酸多态性的受试者在接受胆碱缺乏饮食后，容易患上脂肪肝。这种多态性影响磷脂酰胆碱的从头合成。此外，NAFLD患者的血清TMAO水平显著高于健康人群，且与脂肪变性的严重程度相关〔中度或重度NAFLD患者的平均水平为（0.434+0.073）μM；轻度NAFLD患者的平均水平为（0.160+0.038）μM；健康人的平均水平为（0.104+0.040）μM〕。除了NAFLD，其他代谢性疾病也受TMAO水平的影响。大量研究表明，TMAO会促进动脉粥样硬化，增加心血管疾病的风险，并与2型糖尿病有关。由于动脉粥样硬化、心血管疾病和2型糖尿病与NAFLD的进展密切相关，因此TMAO可能通过增加患者发生这些疾病的风险来间接影响NAFLD。

综上所述，临床前和临床证据表明，肠道胆碱代谢产生的TMA和TMAO可能在NAFLD发生发展中扮演重要角色，靶向TMA/TMAO合成的途径可能有助于治疗或预防NAFLD。例如，3，3-二甲基-1-丁醇（3，3-Dimethyl-1-butanol，DMB）作为胆碱的结构类似物，可通过抑制菌群产生的三甲胺裂解酶来减少TMA的产生，从而降低TMAO水平，在接受高胆碱或左旋肉碱饮食小鼠模型中改善动脉粥样硬化[102]。然而，由于每个人的微生物特征各不相同，DMB可能仅对一小部分患者的脂肪肝具有改善作用，其效果或取决于肠道胆碱代谢的遗传、环境和生活方式因素。因此，需要对NAFLD患者群体进行进一步研究，以确定是否所有或仅部分NAFLD患者的全身TMAO水平升高。

（四）酒精

酒精是首个被发现的肠道菌群代谢物，也是最重要的代谢物之一。近年来的研究表明，细菌和真菌在健康人体中能够产生酒精，而在代谢性疾病患者体内，其水平显著升高，包括2型糖尿病和NAFLD。乙醇是一种有毒物质，内源性产生的乙醇在肠道中部分被分解代谢为其他化合物，其中一些化合物也可能对宿主产生毒性作用。肠道、肝脏和其他器官之间的乙醇分解代谢存在差异，这些差异是内源性乙醇与宿主健康之间复杂相互作用的基础。例如，乙醇及其代谢产物可以诱发肝脏脂肪变性和炎症，并影响大脑炎症及神经变性。诊断内源性乙醇产生过多的患者仍然具有挑战性，且目前没有既定的治疗或诊断指南。临床前研究已经证实，乙醇通过明确的机制增加肠道通透性，例如增加肠道炎症细胞因子的表达。乙醇代谢物乙醛似乎也会影响紧密连接蛋白的功能。未来需要进一步研究以探讨肠道通透性增加的NAFLD患者亚组是否存在微生物群乙醇产量的增加。微生物的PAMPs通过受损的紧密连接转移到肝脏，增加TNF以及脂肪合成相关基因的表达。此外，内源性乙醇抑制三羧酸循环，进而增加乙酸水平，促进肝细胞中甘油三酯的积累。乙醇还可增加CYP2E1的活性，从而催化乙醇氧化产生自由基，最终促进肝脏炎症发展。此外，乙醛具有氧化依赖性代谢和细胞毒性作用，可进一步加剧肝损伤。综上所述，内源性乙醇可能通过多种途径促进NAFLD发展，包括增加肠道通透性，上调乙酸和乙醛水平。

临床研究表明，在患有代谢性疾病（包括2型糖尿病、NAFLD/NASH）的个体中，观察到循环乙醇显著升高。多项研究发现，与健康个体相比，患有这些疾病者血浆内源性乙醇水平显著增高，水平范围为0~15mg/dl。最近的数据表明，与没有脂肪肝的人相比，NAFLD患者的门静脉血液中的乙醇浓度较高，患NAFLD的儿童外周血中的乙醇水平也呈现出相同的趋势。最近对MASLD患者的研究表明，在混合膳食测试中，这些患者的外周血中乙醇浓度高于健康对照者，并且在输注乙醇脱氢酶抑制剂4-甲基吡唑（4-methylpyrazole，4-MP）后，乙醇水平增加了15倍。有趣的是，经过1周口服广谱抗生素治疗后，即使在混合餐测试中，外周乙醇浓度几乎完全消失，表明测得的乙醇是由肠道细菌产生的。

综上所述，内源乙醇的产生曾被认为是罕见现象，最近却引起了科学界的广泛关注。这一现象的出现主要是因为观察到常见微生物菌株能够在肠道内产生高水平的乙醇，尤其是在肠道稳态被破坏和受西方饮食中富含脂肪及单糖的影响下。其中最突出的是克雷伯菌菌株、乳酸菌以及梭状芽孢杆菌属的某些物种。这些微生物通过发酵膳食糖在肠道内产生副产品乙醇。内源性乙醇水平的升高对人体会产生多种影响；短期内，过量的内源性乙醇可能导致酒精中毒的症状，包括头晕、恶心和运动功能受损。长期暴露于内源性乙醇水平会引起肝损伤，这与长期摄入乙醇的影响相似，可能表现为NAFLD，严重时甚至可能导致肝硬化。

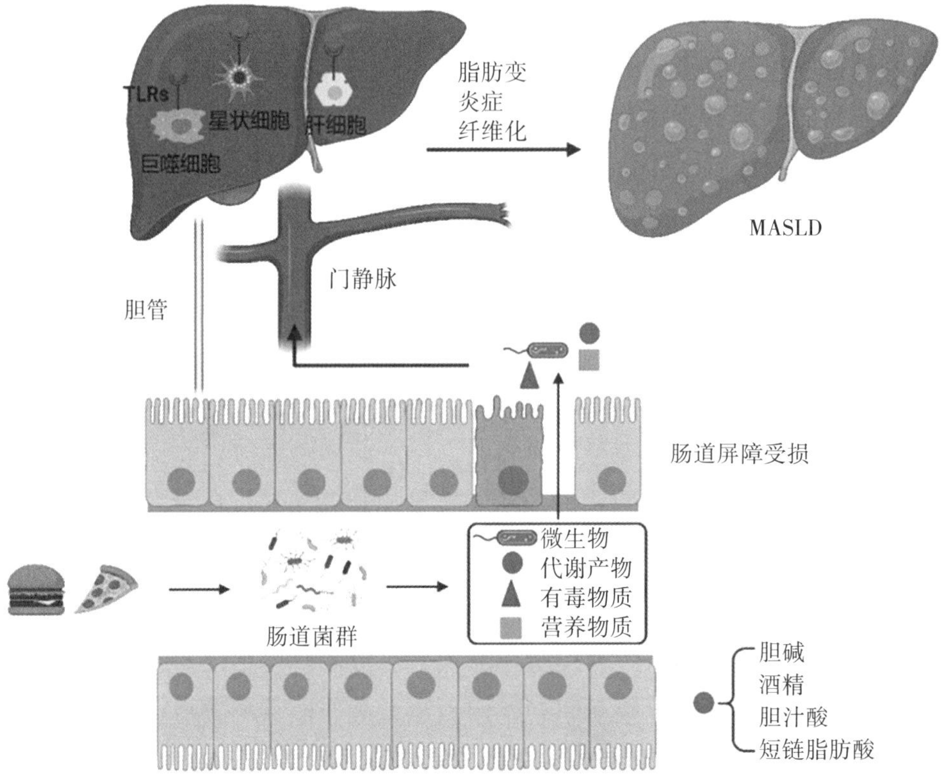

图2-1　肠道菌群及代谢产物促进儿童代谢性肝病发展的机制

注：MASLD，metabolic dysfunction-associated steatotic liver disease；TLRs，Toll-like receptors。

第四节　肠道益生菌群对非酒精性脂肪性肝病的改善作用

一、细菌

稳定的肠道微生物群可以保护宿主免受有害微生物的侵害，并有助于维持机体内环境的平衡。目前，大量研究已经发现多种策略可以调节肠道微生物群的组成和功能，从而改善NAFLD的进展，其中就包括应用益生菌（probiotics）和其他活的微生物，以及使用不易消化的膳食底物，比如益生元（prebiotics）。

（一）益生菌

1.概念及临床应用

2013年，国际益生菌和益生元科学协会（International Scientific Association for Probiotics and Prebiotics，ISAPP）组织了会议，重新审视益生菌的概念，基本保留了过往的定义，即“在适量摄入时，能够给宿主带来健康益处的活的微生物”，并强调将用作加工助剂或化合物来源的活的微生物与主要为宿主健康益处而施用的活的微生物区分开来。同时，共生微生物和益生菌之间的区别也可以从该定义中推断：尽管肠道中的共生微生物通常是益生菌菌株的来源，但在这些菌株被分离、鉴定并提出其有益影响的可靠案例之前，它们还不能被称为“益生菌”。

根据现有的研究，专家组一致认为益生菌的一般益处主要包括支持健康的消化道系统和免疫系统，其中支持健康的消化道系统是益生菌的“通用”或“核心”作用。目前最常用的益生菌，也称为传统益生菌，主要包括双歧杆菌属（*Bifidobacterium*）和乳杆菌属（*Lactobacillus*）。已经进行了许多临床试验以评估益生菌对NAFLD的治疗效果。对30名NAFLD患者进行的一项随机对照试验结果显示，在口服嗜酸乳杆菌（*L. acidophilus*）1个月后，患者ALT和AST的指标均显著降低，在部分患者中还观察到消化不良的症状有所缓解。而大部分研究应用含有两种或两种以上益生菌菌株的试剂，以此获得协同效应。一项研究将68例NAFLD患者随机分为益生菌组和安慰剂组，其中益生菌组接受的包括6种细菌的混合物：嗜酸乳杆菌（*L. acidophilus*）、鼠李糖乳杆菌（*L. rhamnosus*）、副干酪乳杆菌（*L. paracasei*）、戊糖片球菌（*Pediococcus pentosaceus*）、乳酸双歧杆菌（*B. lactis*）和短双歧杆菌（*B. breve*）。在治疗12周以后，与安慰剂组相比，施用益生菌组患者的体重、体脂肪、肝内脂肪和血清总甘油三酯水平均有显著下降，但ALT、AST、葡萄糖和胰岛素水平没有显著改变。

此外，在评估益生菌对儿童NAFLD患者的潜在益处方面，研究也已经取得了一定的进展。在64名患有NAFLD的肥胖儿童和青少年中进行的一项随机对照试验发现，通过补充含有嗜酸乳杆菌（*L. acidophilus*）、乳酸双歧杆菌（*B. lactis*）、鼠李糖乳杆菌（*L. rhamnosus*）和两歧双歧杆菌（*B. bifidum*）的益生菌胶囊12周后，患者

ALT、AST、血清总胆固醇和总甘油三酯的水平均显著下降。

随着体外培养方式的改良和高通量测序技术以及生物信息学方法的发展，涌现出了更多的新型的潜在益生菌，如嗜黏蛋白阿克曼菌（*Akkermansia muciniphila*）、普氏粪杆菌（*Faecalibacterium prausnitzii*）和脆弱拟杆菌（*Bacteroides fragilis*）等。虽然这些新型益生菌对NAFLD的改善作用已经在一些基础研究中被证实，但仍然需要进一步的临床试验来验证。

2.作用机制

益生菌可能通过多种特定的机制对NAFLD造成影响。2型糖尿病、胰岛素抵抗和NAFLD之间通过分子生化和复杂的免疫机制相互关联。胰岛素抑制肝脏葡萄糖的产生并刺激外周葡萄糖摄取，GLP-1等激素的分泌则会刺激糖异生、糖原分解和肝脏葡萄糖的产生。而通过益生菌给药能够促进GLP-1的产生，从而抑制胰高血糖素的分泌，产生降血糖的作用，同时延迟胃排空。胰岛素抵抗这一概念通常被用来描述骨骼肌中胰岛素介导的葡萄糖摄取情况，指在各种组织中细胞对生理水平的胰岛素反应不理想。研究发现，无论是肥胖还是非肥胖的受试者，胰岛素抵抗都是NAFLD最重要的预测因素之一。当存在胰岛素抵抗时，胰岛素对脂肪分解的抑制作用降低，使脂肪分解所得的游离脂肪酸增多，这些游离脂肪酸可经门静脉直接运输到肝脏，堆积在肝细胞内。一项随机对照试验表明，补充益生菌可以改善机体胰岛素抵抗，并降低空腹血糖和糖化血红蛋白的浓度。

益生菌对NAFLD的作用机制还包括改善肠道生态失调并诱导SCFAs的产生，以及改善肠道上皮屏障功能等。如前所述，肠道微生物群的组成或结构的改变可能对NAFLD的发生和发展具有潜在的治病或治疗作用。研究表明，通过施用含有多种益生菌菌株的胶囊治疗12周后的NAFLD患者，他们的粪便微生物组成发生了显著的改变。具体而言，在所有情况下，均检测到受试组的粪便微生物组成向正常结构转变，而致病性肠杆菌没有明显的改变。

此外，研究表明，益生菌可以增加紧密连接信号相关基因和蛋白的表达，从而调节肠上皮细胞的凋亡，诱导它们的增殖，恢复肠道机械屏障。同时，多项研究表明，益生菌可以调节黏蛋白的表达，影响黏液层的形成，从而维持肠道化学屏障的功能。此外，肠道益生菌本身就是肠道微生物屏障的重要组成部分，有助于调节肠道微生物群数量和结构的平衡。益生菌可以与病原体竞争营养物质，并通过空间屏障，竞争性地抑制靶细胞的附着位点或微菌落的扩散，以抵抗病原体的入侵。然而，益生菌对肠道屏障的这种保护作用还需要进一步在临床试验中证实。

（二）益生元

1.概念及临床应用

益生元这类化合物因其能够操纵宿主微生物群从而造福宿主得到广泛的认可。在1995年，益生元的概念首次被提出："通过选择性地刺激已经存在于肠道中的一种或有限数量的细菌的生长和/或活性的一种不被消化的食物成分，从而给宿主带来健康益处。"2004年，益生元的概念经过了更新，被定义为"一种选择性发酵的原料，它们可以引起肠道微生物群组成和/或活性的特定改变，从而对宿主的健康产生有益影响"。根据该定义，益生元需要满足3个条件：抵抗宿主消化（例如胃酸、哺乳动物酶的水解和胃肠道吸收）的能力；由肠道微生物发酵；选择性地刺激与健康益处相关的肠道细菌的生长和/或活性。

近年来，人们进一步意识到益生元会影响更广泛的有益微生物，且它们可能直接或间接地作用于宿主的肠外部位。2017年，ISAPP进一步将益生元的概念更新为"一种被宿主微生物选择性利用的底物，且具有健康益处"。目前，益生元对健康的有益影响包括对胃肠道的益处、心脏代谢、促进心理健康和骨骼健康等。菊粉型果聚糖（inulin-type fructans，ITFs）被认为是一种优质益生元，可以改变肠道微生物群，促进双歧杆菌的生长。之前的动物实验证明，ITFs通过调节肠道微生物群组成，减轻了肝脂肪变性，并维持肠道屏障功能。然而最近的一项临床试验表明，施用ITFs治疗12周后，NAFLD患者粪便双歧杆菌的丰度显著增加，但肝脏相关参数（例如内毒素水平和FGF-19水平）并没有显著改变，说明不同益生元对NAFLD的改善作用还需要进一步的临床试验来验证。

2.作用机制

通俗地说，益生元可以作为肠道有益细菌的"食物"，促进这些有益菌的生长，而它们有助于维持或恢复NAFLD患者失调的肠道微生物组的平衡。此外，肠道菌群发酵益生元时会产生SCFAs，包括乙酸、丙酸和丁酸，这些SCFAs对NAFLD有改善作用，具体机制如前文所述。一项研究探究了从黄芪中提取的黄芪多糖（astragalus polysaccharides，APS）对NAFLD的影响以及潜在的作用机制，发现在补充了APS的NAFLD小鼠模型中，乙酸的含量显著增加。同时，通过体外实验的验证，研究发现普通脱硫弧菌（*Desulfovibrio vulgaris*）是通过APS诱导产生乙酸的主要细菌。*D. vulgaris*不仅能够产生乙酸，还能减轻高脂饮食诱导的体重增加和肝脏脂肪变性，从而改善NAFLD。探究其具体作用机制，*D. vulgaris*通过产生乙酸来调节肝脏基因表达模式，特别是抑制肝脏脂肪酸合成酶（fatty acid synthase， FASN）和CD36蛋白的表达，从而减轻肝脏脂肪变性。

（三）合生元

1. 概念及临床应用

在合生元（synbiotics）的概念首次被提及时，其被简单地定义为“有益于宿主的益生菌和益生元的混合物”。然而，该笼统的概念缺乏精确性。2019年5月，ISAPP将合生元的定义更新为“包含活的微生物以及宿主微生物选择性利用的底物的一种混合物，并且对宿主有益”。在该定义的范畴中，宿主微生物包括本身定植于宿主的微生物和外部应用的微生物（例如益生菌），其中任何一种都可以成为合生元中底物的靶点。由此，合生元包括“协同合生元（synergistic synbiotics）”和“互补合生元（complementary synbiotics）”。“协同合生元”中的底物被设计为被共同施用的微生物选择性利用，而“互补合生元”则是由益生菌和益生元组合而成的，旨在靶向作用于宿主本身的微生物。互补合生元中的两种成分必须满足现有的益生菌和益生元的最低标准。

研究表明，合生元的健康益处涉及从健康个体到患有各类急性或慢性疾病的人群，包括超重/肥胖、2型糖尿病和非酒精性脂肪性肝病等。赋予健康益处所需要的合生元的剂量、持续时间和组成可能因具体情况而异，包括基线时的宿主微生物群、共存的环境因素（例如药物和饮食），以及尚未确定的遗传相关因素等。一些研究证实了合生元制剂对NAFLD患者的积极作用，展现了缓解NAFLD发展的新希望。研究发现，50例诊断为NASH的患者在同时服用罗伊乳杆菌（*L. reuteri*）、瓜尔胶和低聚果糖治疗3个月后，肝脏脂肪变性的程度下降，并且一些代谢指标得到了显著改善，如体重、体质指数（body mass index， BMI）和血清尿酸水平下降。

2. 作用机制

合生元主要通过其中的益生菌和益生元协同作用改善NAFLD。在NAFLD的发病机制中，某些内源性或外源性毒素（如乙醇和LPS）可能会刺激肝脏中的促炎细胞因子，如TNF-α的产生，并增加氧化应激反应。这加剧了胰岛素抵抗，并会导致肝细胞内进一步的氧化应激和细胞器功能障碍，进而促进肝内炎症细胞的积累，推动NAFLD的发展。内毒素诱导的巨噬细胞活化在NAFLD患者TNF-α过量产生和相关肝损伤的发病机制中起关键作用。而施用合生元制剂可能降低机体内TNF-α和内毒素的水平，从而改善NAFLD。一项研究将66名NAFLD患者随机分为两组，一组在改变生活方式的基础上接受长双歧杆菌（*B. longum*）联合低聚糖的治疗，另一组仅改变生活方式，在24周后，干预组（接受长双歧杆菌联合低聚糖治疗）的血清总胆固醇水平、TNF-α和内毒素均显著下降，且肝脏脂肪变性程度也得到了明显的改善。

二、真菌

1.临床前应用

随着对肠道菌群与肝脏疾病之间联系的深入了解，除了有益细菌以外，真菌作为一种调节肠道微生物平衡的天然资源，其对于NAFLD的积极作用也受到了重视，为传统治疗方法提供了补充和替代。在对有益真菌作用的探索上，布拉酵母菌（*Saccharomyces boulardii*）是一个研究热点，其在临床前和临床研究中已被证明可有效对抗各种胃肠道疾病。Everard等人研究了*S. boulardii*对肥胖和代谢参数的治疗影响，包括脂肪质量、肝脏脂肪变性和炎症，最终在2型糖尿病模型的小鼠中发现，四周的*S. boulardii*口服灌胃显著降低了它们的肝脏重量和肝脏脂质含量。然而另一项研究表明，尽管*S. boulardii*治疗降低了小鼠肝脏重量和肝脏甘油三酯水平，但在组织学水平上没有观察到明显的肝脏脂肪变性改善。此外，作为真菌的次级代谢产物，一些食药用真菌多糖的潜在益处也很重要。研究发现，从牛樟芝*Antrodia cinnamomea*（一种真菌）中提取的b-葡聚糖Antrodan（Ant）能够缓解高脂高糖饮食诱导的NAFLD小鼠的肝脏疾病表现。类似的，最近我国一项研究也揭示了乙酰化修饰后的赤松茸（*Stropharia rugosoannulata*）多糖（ASRP）能够缓解高脂饮食诱导的NAFLD小鼠的肝损伤。

2.作用机制

有益真菌，如*S. boulardii*，也作为益生菌通过改善肠道屏障功能、调节免疫系统和影响代谢产物等方式对机体产生积极的影响。*S. boulardii*能够：①通过定殖逆转肠道菌群失调；②分泌不同分子量的蛋白质，这些蛋白质能够裂解微生物毒素，直接抑制病原体生长，减少cAMP的产生，并刺激宿主黏膜二糖酶活性；③具有自聚集能力和细胞表面亲水性，这对于它黏附到肠道上皮并随后通过结合竞争消除病原细菌至关重要；④通过抑制促炎级联反应稳定机体的免疫系统；⑤通过刺激刷状缘膜消化酶和营养物质转运蛋白的活性，对肠道上皮细胞造成刺激，表现出营养效应。

一些食药用真菌多糖还可能通过激活特定的分子通路促进肝脏健康和功能。研究表明，Ant有效地抑制NAFLD小鼠血浆中的丙二醛（一种氧化应激标志物）、总胆固醇、甘油三酯、谷草转氨酶、谷丙转氨酶、尿酸、血糖和胰岛素水平；同时上调了瘦素、脂联素、磷酸化AMPK（pAMPK）、组蛋白脱乙酰酶（sirtuin1，Sirt1）的表达，并下调了过氧化物酶体增殖物激活受体γ（PPARγ）和固醇调节元件结合蛋白（sterd regulatory element binding proteins，SREBP-1c）的表达，即通过AMPK/Sirt1/CREBP-1c/PPARγ途径有效缓解了NAFLD的发展。乙酰化赤松茸多糖（acetylated stropharia rugoso annulate polysaccharide，ASRP）则通过调控Nrf2/JNK1/AMPK信号通路发挥对NAFLD的预防和治疗功效。具体而言，ASRP能够促进核因子E2相关因子2（NF E2 related factor 2，Nrf2）与氧化应激相关蛋白（kelch -like EH-associated related protein1，Keap1）解耦联，解离后的Keap1发生自噬降解，而Nrf2转位入核后可与抗氧化反应元件结合，激活下游抗氧化基因的表达，增加抗氧化酶的活性，最终抑制氧化应激损伤。

三、噬菌体

1.临床前应用

肠道微生物群通过肠-肝轴在肝脏疾病和脂质代谢中发挥着重要的作用。抗生素治疗引起的肠道菌群失衡可能会导致未知的和意想不到的副作用。因此近年来，噬菌体治疗作为一种新型的抗菌治疗方式备受关注。噬菌体治疗已应用于一些常见的感染类型，包括中耳炎、呼吸道感染、尿路感染、皮肤和软组织感染以及胃肠道感染等。了解内源性噬菌体-肠道微生物群在NAFLD中的相互作用，可能使噬菌体在精确的肠道微生物群编辑中得到利用，从而治疗NAFLD和其他与肥胖相关的代谢疾病。先前的一项研究表明，肺炎克雷伯菌（*Klebsiella pneumoniae*）中的一种高酒精产生菌株（HiAlc Kpn）可能与NAFLD的发生有很强的关联性，而施用噬菌体能够靶向根除HiAlc Kpn，从而有效缓解NAFLD模型小鼠的NASH表现。最近的一项研究也发现，使用HiAlc Kpn特异性噬菌体治疗能够减轻由HiAlc Kpn引起的脂肪性肝炎，包括肝功能障碍、细胞因子和脂肪生成基因的表达。同时在这种治疗下，无论是肝脏和肾脏的功能，还是肠道微生物群的成分，都没有明显的病理改变。这些研究提供了一种可能的治疗策略，即使用噬菌体特异性地消除与NAFLD相关的有害细菌，而不影响其他的肠道微生物，这可能为NAFLD的治疗提供了一种新的非抗生素方法。

2.作用机制

不同于应用抗生素治疗在临床上所面临的主要障碍（细菌高度耐药性），噬菌体治疗为精确编辑肠道菌群，彻底解决细菌耐药，从而进一步治疗肝脏疾病提供了新的治疗途径。原则上，噬菌体是普遍存在的，且具有高度的菌株特异性，因此有可能被用于编辑肠道微生物群。同时，噬菌体可能不仅靶向有害细菌，还能够通过调节炎症、脂质代谢和碳水化合物代谢从而改善NAFLD的发展。研究发现，噬菌体治疗后的HiAlc Kpn诱导脂肪性肝炎小鼠的肌肉合成相关通路上调，而炎症或凋亡通路，如Wnt信号通路和细胞外信号调节蛋白激酶1级联通路下调。此外，研究还发现在用噬菌体处理的小鼠肝组织中，IL-10的表达上调，其具有抗炎作用，对肝细胞凋亡、坏死和纤维化均具有保护作用。另一项研究也表明，特异性金黄色葡萄球菌和铜绿假单胞菌的噬菌体能够通过人单核细胞调节IL-10的产生，这说明通过调节IL-10改善疾病可能是噬菌体治疗的另一作用通路。尽管噬菌体治疗在各种细菌感染方面取得了很大的进展，但由于肠道微生物组的多样性和复杂性，还需要更多的临床试验和更大的队列来验证研究结果在NAFLD患者中的相关性。

3.总结

在当今全球的健康图景中，NAFLD已经成为了世界范围内最流行的慢性肝病，是非常值得关注的公共卫生问题。随着NAFLD的发病率持续攀升，当前的诊断手段和治疗措施仍然面临诸多局限。近年来，大量研究表明肠道微生物通过肠-肝轴影响NAFLD的发生和发展。这些发现不仅为阐明NAFLD的发病机制开辟了全新的视角，也预示着未来的诊断和治疗策略可能的变革。然而，在现有的肠道微生态与NAFLD关联性的基础研究与临床实践中，还表现出明显的个体差异性。

随着技术的不断进步，大量研究通过高通量测序揭示了肠道微生物组的变化与

NAFLD的发生发展密切相关。未来的研究需要进一步探索关键致病菌/益生菌在NAFLD发展中的分子机制，以期发现新的非侵入性生物标志物，进而实现个性化的评估和管理NAFLD，同时推动新型诊断策略和靶向肠道微生态治疗方法的研发，为改善患者预后提供更为精准的医疗实践指南。

第三章　肠道微生态与酒精相关肝病

第一节　酒精相关肝病概述

一、概念

酒精相关肝病（alcohol liver disease，ALD）是一种长期过量饮酒导致的肝脏损伤，其病理过程可以分为几个阶段。最初阶段为酒精相关脂肪肝，表现为肝细胞内脂肪堆积。随着病情进展，可发展为酒精相关肝炎（alcohol hepatitis，AH），此时肝脏出现炎症、坏死和纤维化。最终，长期的肝脏损伤可能导致不可逆的肝硬化和潜在的肝细胞癌（hepatocellular carcinoma，HCC）。

二、流行病学

酒精相关肝病在全球范围内广泛存在，我国是全球第二大饮酒国家。我国虽然缺乏全国性流行病学调查数据，但已有调查显示，我国西部地区饮酒人群高达30%~66%，东北地区高达27%。据统计，酒精相关肝病是导致肝病相关死亡的主要原因之一。其发病率受多种因素影响，如饮酒习惯、个体遗传易感性、营养状况及其他生活方式因素。男性通常比女性有更高的发病率，这部分原因是由于男性更高的酒精消费量和可能的生物学差异。此外，中老年人群（通常指40~60岁）是酒精相关肝病的一个高发群体。社会经济因素也在酒精相关肝病的流行中扮演重要角色。低收入群体可能因为缺乏健康保健资源和较高的社会压力而更易受到这种疾病的影响。此外，心理健康问题和其他物质滥用问题也与酒精相关肝病的高发病率相关。

三、危害

酒精相关肝病对健康的威胁是多方面的。初始阶段可能无明显症状，但随着病情的发展，可能会出现如疲劳、食欲不振等症状。在疾病进一步发展时，患者可能出现肝硬化的并发症，如门脉高血压、腹水、黄疸，甚至肝功能衰竭。长期酒精相关肝病患者的肝癌风险也显著增加。

在全球范围内，每年约有200万人死于肝病。在西欧，约1/3的肝硬化是由酒精引起的。此外，据统计，60%~80%的肝脏相关死亡可归因于饮酒，在由于肝硬化死亡的患者中，罹患酒精相关肝病的占47.9%。值得注意的是，晚期的酒精相关肝炎的死亡率甚至超过了肝硬化，其30天死亡率在20%~50%。

四、酒精相关肝病常见病因及发病机制

1. 饮酒

酒精相关肝病是由长期过量饮酒引起的，其病理变化涉及多个生物化学过程。酒精首先在肝脏中被酒精脱氢酶转化为乙醛，这一步骤会释放大量的活性氧（reactive oxygen species，ROS），从而引发氧化应激。此外，微粒体乙醇氧化系统（microsomal ethanol oxidizing system，MEOS）在酒精代谢中也起着重要作用。酒精代谢过程中的乙醛、ROS等化学物质的积累会导致细胞损伤和炎症反应。

2. 脂肪代谢紊乱

此外，长期大量饮酒导致的脂肪代谢的紊乱也是常见病因。酒精的代谢影响脂质的正常代谢过程，导致肝细胞内脂肪积聚，形成脂肪肝。乙醛和ROS的积累则进一步加剧了脂肪代谢的紊乱，因此早期的ALD常表现为酒精相关脂肪肝。

3. 免疫反应失调

免疫反应的失调也是导致酒精相关肝病的关键因素。酒精摄入会改变肠道微生物群落结构，导致肠道通透性增加，使细菌和毒素进入肝脏，引发免疫系统的过度活跃和炎症反应。

4. 肝脏再生障碍

此外，酒精还干扰了肝脏的自然再生过程。长期饮酒导致的氧化应激和炎症反应会损害肝细胞，影响其正常的修复和再生能力。

5. 肠道菌群紊乱

值得关注的是，除了酒精代谢过程中氧化应激引起的肝细胞凋亡和肝脏炎症外，长期饮酒还会改变肠道微生物群落的平衡，从而影响整个肠肝轴的功能。此

外，乙醇及其氧化和非氧化代谢物，连同失调引起的炎症，会破坏肠道屏障。而肠道菌群紊乱也对ALD的发生和发展有着巨大的影响。

酒精的摄入会导致肠道微生物失衡，具体表现为有益菌的减少和有害菌的增多，以及肠道通透性的增加。肠道细菌和肠道上皮细胞产生的乙醇的氧化和非氧化代谢产物通过降解紧密连接蛋白或破坏紧密连接蛋白（claudin-1和ZO-1)的相互作用来破坏肠道屏障，这允许细菌和其毒素，如内毒素，通过肠壁进入血液循环，并最终通过门静脉到达肝脏。这种增加的内毒素负荷触发肝脏中的免疫细胞，尤其是库普弗（Kupffer）细胞，产生炎症反应，进而导致肝脏损伤。

因此，肠道菌群失衡和随之而来的肠道屏障功能障碍在酒精相关肝病的发展中起着关键作用。这一发现为治疗酒精相关肝病提供了新的视角，即通过调节肠道微生物群落和增强肠道屏障功能来减轻肝脏的炎症和损伤。

五、临床表现、诊断和治疗原则

1.临床表现

（1）早期。酒精相关肝病的临床表现和诊断标准是多样的，它随着疾病的发生发展而不断变化。肝脏作为一个“沉默的器官”，在病程的早期，大部分患者并没有明显的症状或者症状非常轻微，例如轻度的乏力或食欲不振。因此在这一阶段，即使发生了肝脏损伤，也可能被患者忽视，从而耽误早期治疗。

（2）酒精相关肝炎。随着疾病的进展，患者可能会出现更明显的症状，这通常与肝脏的病理改变有关。这些症状可能包括右上腹部的不适或疼痛，肝脏肿大等。在酒精相关肝炎阶段，症状可能会加剧，患者会出现黄疸、腹水和发热等症状。

（3）酒精相关肝纤维化、肝硬化。随着ALD的进一步发展，肝脏的纤维化程度不断加剧，在疾病的晚期，肝硬化的症状开始显现，患者可能会遭受更为严重的并发症，如肝性脑病、出血倾向、脾大等。

2.诊断标准

在诊断酒精相关肝病时，医生需要综合考虑患者的病史、临床表现和实验室检查结果。

（1）病史。详细的病史评估，尤其是关于饮酒习惯的询问，对于确诊至关重要。

（2）体格检查。体格检查可能显示肝大、腹水或黄疸、蜘蛛痣、肝掌等与肝脏疾病相关的体征。

（3）检查。实验室检查则更加多样化。血液检测通常包括肝功能测试，如谷丙转氨酶（alanine aminotransaminase，ALT）、谷草转氨酶（aspartate aminotransforase，AST）、碱性磷酸酶（alkaline phosphatase，ALP）和胆红素水平。在酒精相关肝病中，AST和ALT的比值通常高于1，这是一个重要的诊断线索。另外，反映肝脏的合成功能白蛋白水平和凝血功能的检测也是必要的。

此外，影像学检查，如超声波、CT或MRI扫描，可以提供肝脏结构的详细信息，帮助医生评估肝脏的大小、形态和血管情况。在某些情况下，这些检查还可以帮助识别肝硬化或其他结构异常。最后，为了确诊酒精相关肝病，医生还需要排除其他可能导致类似症状的肝脏疾病，如病毒性肝炎或药物性肝损伤。在某些情况下，还可能需要进行肝脏活检以进一步确认诊断。

总的来说，酒精相关肝病的诊断是一个综合性的过程，涉及病史的详细收集、临床评估和必要的实验室及影像学检查。通过这一系列步骤，医生可以准确地诊断出酒精相关肝病，并为患者提供适当的治疗方案。

3. 治疗原则

酒精相关肝病的治疗方法取决于患者的临床病理类型，主要原则包括减少饮酒或戒酒以减轻酒精相关肝病的严重程度，改善已存在的营养不良，清除肝脏脂肪的浸润，对症治疗肝炎、肝硬化及其并发症，戒酒半年后的终末期肝病患者可考虑肝移植治疗。

第二节　肠道微生态与酒精相关肝病的关系

一、肠道细菌与酒精相关肝病

（一）ALD患者体内菌群变化

近年来，越来越多的研究者将目光聚焦于肠道细菌与ALD的关系。我们发现，饮酒会导致肠道细菌多样性减少和微生物群组成的变化。酒精对于肠道菌群的影响是动态改变的，随着酒精摄入时间的延长，肠道菌群在丰度和种类上会不断变化，这在ALD患者和实验动物上均有体现，特别是有益菌的减少和有害菌的增加。

具体来说，在门水平上，与对照饮食喂养的小鼠相比，酒精饮食喂养的小鼠具有相对较高的拟杆菌门（Bacteroidetes）和疣微菌门（Verrucomicrobia）丰度，而对照饮食喂养的小鼠具有相对优势的厚壁菌门（Firmicutes）。然而，与健康受试者相比，酗酒者结肠中微生物网络的交流减少，拟杆菌门的中位数丰度较低，变形菌门的中位数丰度较高。在伴有和不伴有肝硬化的ALD患者中，并未发现共生菌群。在物种水平上，与健康组相比，酗酒组的双歧杆菌（*Bifidobacteria*）、乳酸杆菌（*lactobacillus*）和肠球菌（*Enterococci*）含量显著减少。酒精性肝硬化患者粪便中的肠杆菌是健康志愿者的27倍，肠杆菌是肝硬化患者中最常见的肝易位细菌。ALD的严重程度与肠道菌群改变的程度密切相关。酒精依赖与产丁酸梭状芽孢杆菌的水平呈负相关。与健康对照组相比，重度酒精相关肝炎患者粪便中的杆菌（*bacillus*）、*lactobacillus*、韦荣球菌属（*Veillonella*）含量增加，真杆菌_g23（*Eubacterium_g23*）、颤杆菌（*Oscillibacter*）和梭菌目（Clostridiales）含量减少。另外，Bajaj等对代偿门诊患者（无当前或既往腹水、HE或静脉曲张出血）、失代偿门诊患者（HE，腹水伴/不伴收缩压预防，静脉曲张出血史）和既往定义为肝硬化和感染的住院患者等不同程度的肝硬化患者进行了横断面研究，研究发现，尽管酒精性与非酒精性肝硬化的MELD评分和BMI指数在统计学上无显著性差异，酒精性肝硬化患者表现为明显的肠杆菌科（Enterobacteriaceae）和盐单胞菌科（Halomonadaceae）的升高和降低的毛螺菌科（Lachnospiraceae）、瘤胃球菌科（Ruminococcaceae）和梭状芽（Clostridialis XIV），更高的内毒素以及更低的CDR。

（二）某些菌群/菌株与ALD进展相关

值得一提的是，尽管有些菌群在不同的患者肠道中的丰度与变化趋势有所不同，一些典型的变化为我们的诊断提供了指导作用。研究ALD患者肠道内特定菌群及丰度的改变，可以帮助我们在诊断中鉴别酒精相关肝病与其他症状类似的疾病，如病毒性肝病，非酒精相关肝病等，从而提高诊断的准确率，为患者及时提供有效的干预手段以延缓病情的恶化。例如，黏蛋白阿克曼菌（*Akkermansia*）减少和脆弱拟杆菌（*Bacteroides*）增加用于识别酒精使用障碍患者，准确率为93.4%。研究发现，约30%的酒精相关肝炎患者的粪便中检测到产生溶细胞素的粪肠球菌，而在非酒精相关肝病患者中这种细菌的检出率较低。有趣的是，溶细胞素阳性与患者的死亡率呈现强相关性。此外，实验表明，溶细胞素阳性的粪肠球菌可以加剧酒精诱导的肝病模型中的肝脏疾病。这表明，特定的肠道菌群，如粪肠球菌，可能与酒精相关肝病的发展和严重程度有直接关联。

在酒精依赖性和肝硬化的情况下，研究人员发现了协同的变化，如，两种病理都表现为氨基酸球菌 *Acidaminococcus* sp. D21 数量的减少。此外，酒精依赖性与多种乳杆菌和双歧杆菌成员的比例增加有关，尤其是长双歧杆菌（*B. longum*）以及嘉氏乳杆菌（*L. gasseri*）和唾液乳杆菌（*L. salivarius*），这表明这些特定菌种的变化可能与酒精相关肝病的发展有一定的相关性，为诊断指明了方向。然而，Arun J Sanyal 等指出与重度饮酒者相比，酒精相关肝炎具有更明显的微生物群特征，而中度和重度酒精相关肝炎之间的细菌特征没有差异。

二、肠道真菌与酒精相关肝病

（一）ALD 患者体内菌群变化

肠道中的真菌丰度远低于细菌丰度，近年来随着测序等技术的不断发展，真菌作为肠道微生态中的基本组成部分引起了人们的重视。尽管目前关于肠道真菌菌群与 ALD 相关性的研究有限，但毋庸置疑酒精性肝硬化患者存在明显的真菌菌群失调，这种失调会随着抗生素和质子泵抑制剂的使用而发生变化，但在其他方面随着时间的推移是稳定的。从现有的研究中我们可以发现，与对照组相比，酒精使用障碍者（AUD）和 ALD 患者的粪便中真菌的组成均显示出物种多样性的下降和丰度的减少，同时伴随着各种菌群组分的失衡。

具体来看，先前的研究报告了酒精消费者粪便中真菌菌群的多样性下降，而念珠菌（Candida）、德巴利酵母（Debaryomyces）、毕赤酵母（Pichia）、克鲁维酵母（Kluyveromyces）、伊萨酵母（Issatchenkia）等显著性增加，而在戒酒 2 周后这些菌群的丰度明显回落，肝脏健康程度也随之上升。相反，研究人员发现饮酒者的表皮菌群、未分类真菌、半乳菌群和脱胎菌群较对照组明显减少。此外，有研究表明拟杆菌门/子囊菌门比值是一种细菌-真菌共生失调的联合指标，可以独立预测肝硬化患者 90 天的住院时间。但与肠道细菌的组成会随 ALD 严重程度的变化而改变不同，非进展性酒精相关肝病、酒精相关肝炎和酒精性肝硬化患者的肠道真菌菌群无显著差异，这为使用真菌的变化独立判断 ALD 的发展程度带来了困难，当前该领域仍需要进一步的发展。

（二）某些菌群/菌株与ALD进展相关

与细菌类似，某些菌群在数量上的变化或许揭示了ALD的进展。白色念珠菌作为肠道内的一种条件致病菌，因其在ALD患者中的过度生长而引起了广泛的关注。临床研究表明，念珠菌素与酒精相关性肝炎（alcohol- associated hepatitis，AH）的严重程度和死亡率呈正相关。此外，最近的一项研究揭示了一项新的发现，与酒精使用障碍和非酒精对照相比，AH患者血清抗酿酒酵母抗体（anti-Saccharomyces cerevisiae antibodies，ASCA）水平显著升高。ASCA作为宿主对真菌和真菌产物免疫应答的标志，与AH患者的死亡率呈正相关。

综上所述，我们不难发现，血清ASCA水平、血清念珠菌素水平、血清1，3-β-葡聚糖水平、粪便中ECE1表达等几个潜在的无创指标可以帮助我们判断ALD的进展或预后。

三、肠道病毒与酒精相关肝病

病毒在肠道中扮演着重要的角色。病毒是自然界数量最多的生物实体，由内源性逆转录病毒、真核病毒和噬菌体组成。人体内的大多数病毒都存在于胃肠道。

（一）ALD患者体内病毒变化

肠道病毒体在ALD病因学中的确切作用尚不清楚，不仅ALD发病机制复杂，而且我们对肠道病毒的认识也不完整，相关研究有限。但不可否认的是，长期饮酒会显著改变肠道病毒群的组成，尤其是噬菌体的种类和数量。这些变化对肠道微生物群的平衡产生深远影响，进而影响整个肠肝轴的健康状态。在酒精相关肝病患者中，某些特定的噬菌体种类，如与大肠杆菌、肠杆菌和粪肠球菌相关的噬菌体，呈现出明显的过度增长。这种过度增长可能导致肠道菌群失衡，增加肠道通透性，使病原体和毒素更容易进入血液循环，并最终到达肝脏，引发炎症和其他损伤。除了噬菌体外，某些哺乳动物病毒，如副病毒科和疱疹病毒科的病毒，在酒精相关肝病患者中也有所增加。这些病毒的增加不仅改变了肠道的微生物环境，还可能直接参与肝脏的病理过程。

2020年，科学家首次系统地描述了AH患者的肠道病毒特征。他们观察到ALD患者粪便中的病毒多样性增加。在AH患者中，大肠杆菌（Escherichia）、肠杆菌和肠球菌（Enterobacteria）噬菌体过多，哺乳动物病毒如细小病毒科和疱疹病毒科明显增加。

（二）某些病毒与ALD进展相关

噬菌体葡萄球菌和疱疹病毒科与ALD的严重程度和死亡率相关。上述发现与以往的研究一致。在粪便样本中，大多数检测到的疱疹病毒科如疱疹病毒-6和疱疹病毒-8与ALD的严重程度相关，可分为EB病毒（Epstein- Barr virus， EBV）。EBV感染常引起肝脏炎症，但发病机制尚不清楚。一项对肝硬化患者的回顾性研究发现，EBV阳性患者有较高的Child-Pugh评分，更严重的肝损伤和更高的慢性急性肝衰竭发生率。这些发现对于诊断和治疗酒精相关肝病具有重要意义。肠道病毒群的变化可能作为酒精相关肝病发展的生物标记，帮助医生更早识别疾病和监测疾病进展。此外，通过调节肠道病毒群，如使用抗病毒药物或通过粪便微生物移植来恢复健康的肠道微生物群，可能为治疗酒精相关肝病提供新的策略。

然而，我们对肠道病毒群的了解仍然有限，许多肠道病毒尚未被培养和分类。未来的研究需要继续探索肠道病毒群的作用机制以及它们如何与宿主的健康状况和肝脏疾病相互作用。通过这些研究，我们可以期待更全面地了解肠道病毒在酒精相关肝病中的角色，并开发出更有效的诊断和治疗方法。

四、肠道古生菌与酒精相关肝病的关系

古生菌最初是在极端条件下的生态系统中发现和分离出来的，包括高温、强酸或强碱以及高离子浓度的环境。然而，随着检测技术的不断进步，在海洋生态系统等温和环境中也发现了古生菌。古生菌在形状、大小和包括DNA复制、RNA转录和蛋白质合成在内的遗传信息表达方面与细菌相似。除了这些相似之处，古生菌和细菌之间也有一些明显的区别。例如，古生菌细胞壁不含肽聚糖，其细胞膜由l-甘油醚/类异戊二烯脂类组成，比细菌细胞膜更稳定和坚固。此外，由于其特殊的代谢模式，古生菌可以利用阳光、无机物质或有机物质作为能量来源。

（一）肠道古生菌的组成

人类胃肠道中最丰富的古生菌是甲烷杆菌目（Methanobacteriales）和甲烷球菌目（Methanomassiliicoccales）。前者主要由史密斯甲烷短杆菌（*Methanobrevibacter smithii*）和斯塔特甲烷球菌（*Methanosphaera stadtmanae*）组成，并被确定为对其他

肠道微生物组的组成和功能有显著影响的关键物种。古生菌的种类通常受饮食、环境、年龄、遗传等多种因素的影响，也与宿主菌群中的非古生菌成员有关。有趣的是，最近有研究发现，即使在饮食发生重大变化之后，*M. smithii* 的丰度随着时间的推移保持稳定。此外，古生菌在胃肠道中具有高度特异性的适应性，它们经常进化出在宽古菌中没有的独特特征，如细胞表面的修饰（黏附素样蛋白、聚糖、胆盐水解酶和生物膜的形成），以逃避宿主防御机制。总的来说，古生菌作为人类和动物胃肠道微生物群的重要组成部分，由于方法上的缺陷，其作用可能被远远低估。例如，大多数所谓的“通用”16S rRNA 引物无法描绘出古生菌特征的多样性，因此无法在特定的样本类型中检测出某些古菌谱系。古生菌的研究仍处于起步阶段，微生物学界也缺乏相关知识。

值得注意的是，尽管甲烷在多种疾病中有着重要的诊断价值，负责甲烷产生的古细菌在人类微生物组研究中在很大程度上被忽视了，因为它们具有非细菌生物学特性和由此产生的检测问题。因此，迄今为止，它们对健康和疾病的重要性在很大程度上仍不清楚，需要特别提出的是，目前尚无古生菌被认为是致病性的。

（二）ALD 中古生菌丰度的变化

ALD 对古生菌组成的影响很少有报道。根据最近的一项研究，古生菌在健康对照组、酒精使用障碍组和酒精相关肝炎组中的比例分别为 0.6%，0.3% 和 0.0%，这表明古生菌丰度随着疾病的发展而降低。然而，尚不清楚哪些古生菌发生了变化，也不清楚这些变化是这种疾病的结果还是原因。但考虑到其促炎能力，古生菌与其他肠道微生物的种间通信、古生菌代谢物的潜在作用以及古生菌与慢性肝病的关系都值得研究。

第三节　肠道微生态调控酒精相关肝病进展的机制

一、肠道细菌调控酒精相关肝病进展的机制

1. 肠道屏障功能

肠道屏障作为人体最重要的防御系统之一，其主要功能在于保持肠道内外环境的稳态，同时兼顾营养物质吸收与病原体及有害物质的排除。在酒精相关肝病的发

展过程中，肠道屏障的损伤是一个关键因素。长期过量饮酒导致肠道上皮细胞层、黏液层受损，从而增加肠道通透性，使得肠道中的微生物及其产生的毒素更容易进入血液循环。这种情况通常被称为肠道渗漏或肠道屏障泄漏。当肠道屏障受损，肠道内的细菌及其产物（如内毒素）可以穿过肠道壁，进入血液循环，最终到达肝脏。这不仅增加了肝脏负担，还可能导致炎症反应和肝脏损伤。

此外，长期饮酒会改变肠道内微生物群的组成，导致肠道菌群失衡。这种失衡不仅影响肠道屏障的功能，还可能通过影响肠道免疫反应，进一步加剧肝脏的炎症和损伤。

除了酒精的直接作用外，一些分子已被确定为导致酒精相关肠屏障功能障碍的重要因素。肠道微生物群产生的代谢产物，如短链脂肪酸（short chain fatty acids，SCFAs）和胆汁酸，也在肠肝轴的免疫调节中发挥作用。在酒精的影响下，这些代谢产物可以直接作用于肝脏的免疫细胞，或通过影响肠道屏障的完整性间接影响肝脏的免疫反应。

研究还发现，在小鼠肠上皮细胞中敲除Hif1a会导致厚壁菌门/拟杆菌门和乳酸杆菌水平显著降低，加剧肠道渗漏。几项人类和小鼠研究表明，*A. muciniphila*可以显著改善肠屏障功能，并且有益宿主健康。与PBS处理的对照小鼠相比，经*A. muciniphila*灌胃的NLRP6缺失的NEMOΔhepa小鼠（即NEMOΔhepa/Nlrp6$^{-/-}$小鼠）的结肠黏液层明显增厚且ZO-1表达增加，肝损伤标志物［即ALT、AST、乳酸脱氨酶（lactate dehydrogenase，LDH）和谷氨酸脱氨酶（glutamate dehydrogenase，GLDH）］的血清水平明显降低。由杯状细胞分泌的黏液蛋白2可防止病原体穿透黏液内层。然而，Muc2敲除可以保护小鼠免受酒精诱导的肝损伤，防止肠道细菌过度生长，并增强Reg3b和Reg3g的表达和活性。Mmp7$^{-/-}$小鼠肠盘细胞缺乏活性α-防御素可促进PAMP易位，并加重酒精暴露小鼠的肝损伤。

针对肠道屏障的损伤和肠道菌群的失衡，研究者们已经探索了多种干预措施。例如，使用抗炎药物、抗生素、临床试验中的新药物，以及针对特定病理机制的治疗策略，如口服补充碱性磷酸酶可使LPS脱磷灭活，从而减轻酒精引起的小鼠内毒素血症、肠屏障功能障碍和肝脏损伤，这在一定程度上表现出改善肠道屏障功能和减轻酒精相关肝病症状的潜力。

综上所述，肠道屏障的损伤是酒精相关肝病发展的一个重要环节。酒精的摄入不仅直接损伤肠道上皮细胞，还会通过改变肠道微生物群的平衡，影响肠道免疫系统的正常功能，最终导致肠道屏障功能的下降。因此，了解和保护肠道屏障的完整性对于预防和治疗酒精相关肝病具有重要意义。

2.免疫途径

（1）肠道免疫系统的基础作用。肠道免疫系统，特别是肠道相关的淋巴组织（gut-associated lymphoid tissue，GALT），在识别和反应肠道内的病原体以及维持肠-肝轴的免疫稳态中发挥着至关重要的作用。一方面，先天免疫系统和适应性免疫系统影响肠道微生物的组成和多样性。另一方面，肠道菌群有可能在健康和疾病状态下模拟肠道免疫反应。

（2）肠道菌群对肠道免疫的影响。“肠-肝轴”并非一个静态的物理屏障，而是肠道菌群和免疫细胞相互作用的结果，包括抗原的特异性免疫反应、免疫平衡耐受和免疫效应功能应答等方面。肠道菌群内环境的稳定需要特殊的黏膜免疫系统维持，而这种免疫系统的稳态同时又依赖于某些肠道菌群的存在。例如，肠道树突状细胞通过识别来自肠道的微生物相关抗原，有效地将其提呈至初始T细胞，从而激活适应性免疫系统并产生免疫应答。

酒精诱导的胃肠道菌群组成和代谢功能的改变，使潜在致病菌和其他共生菌的生态结构失衡，可能促进酒精诱导的氧化应激性及炎症损伤，导致免疫细胞活化异常，加剧肠道炎症。与对照组相比，长期喂食乙醇饮食的小鼠放线菌门和厚壁菌门比例升高，多样性降低，且粪便免疫球蛋白a（immunoglobulin A，IgA）的水平降低，但IgA的全身水平增加，这可能与肠道通透性增加有关。在ALD患者中，肠道高渗透性和生态失调导致黏膜相关不变T细胞的抗菌防御高度受损。肠道菌群的生态失调降低了3型先天淋巴样细胞白细胞介素-22（interleukin-22，IL-22）的产生，但当恢复肠道中工程细菌产生的IL-22时，乙醇诱导的脂肪性肝炎缓解。此外，IL-22激活肝脏信号换能器和转录激活因子3（signal transducer and activator of transcription，STAT3），降低脂肪酸转运蛋白在肝脏的表达，并改善酒精相关的肝脏炎症损伤和肝脏氧化应激。

3.受体通路

除上述途径外，肠道菌群还通过受体通路影响ALD的进展。关键的受体通路有Toll样受体（toll like receptors，TLRs）途径、核因子κB（nedear factor κappa-B，

NF-κB）途径和（SCFAs）信号途径等。

（1）Toll样受体（TLRs）途径。TLRs是一类模式识别受体，能够识别肠道细菌产生的分子模式。在ALD的背景下，肠道屏障的损伤使得肠道细菌及其产物，如脂多糖（lipopolysaccharides，LPS），更易进入血液循环。这些分子通过激活TLRs，特别是（TLR4），触发肝脏中的免疫反应。这导致促炎细胞因子的产生，加剧肝脏炎症和损伤。TLR4的激活是通过与其共受体Lipopolysaccharide受体（CD14）和髓样分化蛋白-2（myeloid differentiation protein-2，MD-2）的相互作用来实现的。CD14作为一种锚定在细胞表面的蛋白质，有助于将LPS转移至TLR4/MD-2复合体，从而促进LPS的识别。MD-2则是一种与TLR4非共价结合的可溶性蛋白，能够直接与LPS形成复合体。LPS与CD14之间的结合是由LPS结合蛋白（haride binding protein，LBP）促进的。TLR4、CD14和LBP在酒精引起的肝损伤中起着关键作用。例如，在C3H/HeJ小鼠中，由于TLR4基因的功能性突变，对细菌内毒素的反应受损，从而防止了酒精引起的肝炎和肝损伤。

除了TLR4，TLR9的表达也在酒精相关肝病的发展中扮演着重要角色。实验表明，酒精摄入导致TLR9的上调，增强了对其配体CpG的敏感性，进一步激活了肝脏中的免疫反应。在酒精性肝硬化患者中，TLR9的激活与免疫球蛋白A的上调相关，表明TLR途径在酒精引起的高免疫球蛋白血症中发挥作用。

值得注意的是，TLRs通路在酒精相关肝病的发展中起着多层面的作用，包括直接依赖于肠道细菌组分和TLR信号的机制，以及其他机制，如肝细胞中脂质积累、酒精暴露的巨噬细胞中的组蛋白乙酰化，或通过补体途径的C3和C5组分激活Kupffer细胞。这些机制的综合作用最终导致肝脏的免疫反应和炎症。TLRs途径的激活是连接肠道微生物群改变和肝脏免疫反应的关键桥梁，对于理解和治疗ALD至关重要。

（2）NF-κB途径。除了TLRs途径外，NF-κB途径也在（ALD）的发展中扮演着关键角色。NF-κB是一种重要的信号级联调节因子，控制先天和适应性免疫反应的基因。它是许多交联信号通路的中心调节因子，是机体对环境变化、细胞应激和病原体表现的最终响应者，并具有控制细胞增殖或凋亡过程的能力。

肠道菌群失衡导致的肝损伤和肠道屏障功能受损释放出ROS，ROS作为一把双刃剑对肠细胞与肠道菌群的氧化还原动态平衡产生影响。一方面，ROS作为体内高效的抗菌介质和信号传导因子，在正常机体的肠道内处于动态平衡状态。但过高浓度的ROS则会改变肠道菌群及引起胃肠道代谢紊乱，进而影响ALD的发生和发展。通过触发NF-κB途径，ROS会促进炎症反应。而肠道菌群失衡以及随之而来的肠道渗透性增加会导致内毒素（如LPS）进入血液循环，并刺激肝脏中的Kupffer细胞，进一步激活NF-κB途径。NF-κB途径的激活涉及多种蛋白质相互作用，包括激酶复合体IKK的激活、NF-κB抑制蛋白IκBα的磷酸化和降解。这些反应导致NF-κB转录因子被释放到细胞核，激活炎症相关基因的表达，包括肿瘤坏死因子α（tumor necrosis factor -α，TNF-α）等。这一系列反应最终导致肝脏炎症和损伤的加剧。

NF-κB诱导的主要效应器是中性粒细胞，中性粒细胞是在肝脏中化学信号后第一个在持续的炎症过程中发生反应的粒细胞，它们主要负责实质细胞的损伤。另一方面，NF-κB驱动的PRR激活巨噬细胞极化至M1状态，导致促炎细胞因子（主要是IL-6和TNFα）的过度表达增加。巨噬细胞帮助中性粒细胞消除病原体、死亡或濒死的细胞和细胞碎片，在肝脏的酒精相关炎症中，NF-κB驱动的Kupffer细胞M1状态极化导致肝脏中性粒细胞浸润和肝细胞的进行性死亡，最终导致肝损伤，加剧了ALD的进展。

4.通过代谢物途径

肠道细菌分泌的代谢物，如LPS和其他毒素，对肠道屏障的完整性和肝脏健康状态产生深远影响。

（1）LPS。革兰阴性细菌在胃肠道产生内毒素。在生理条件下，内毒素随粪便排出体外，由于肠道屏障的作用，只有微量的内毒素能通过上皮进入体循环。但饮酒会增加血清内毒素水平，即内毒素血症。内毒素血症的发生主要是由于细菌过度生长和肠道通透性增加。在血液中，LPS通过激活TLR4复合体，引发免疫细胞，特别是肝脏的Kupffer细胞的细胞内激活途径，从而在肝脏中引起炎症反应，这种炎症反应是酒精相关肝病进展的关键驱动因素之一。研究发现，长期饮酒导致的肠道渗漏使LPS水平显著升高，这不仅与酒精性肝脂肪变性相关，还可能增加肝细胞癌的风险。当肝脏中的中性粒细胞外陷网（neutrophil extracellular traps，NETs）形成增加时，与肝脂肪变性和肝细胞癌的发展相关。在实验中，使用抗生素去除肠道细菌导致NETs形成标记和炎症因子的下降，同时减轻酒精性肝脂肪变性和肝细胞癌的发展。实验表明，ALD患者常伴内毒素血症，且血液内毒素水平与TNF-α水平和ALD

的严重程度密切相关。

（2）SCFAs。除了LPS外，肠道细菌还能产生其他多种毒素和代谢产物，如胆盐、短链脂肪酸（SCFAs）、酒精代谢产物等也可从肠腔转移到肠外间隙和器官，并在ALD进展中发挥关键作用。有报道酒精性肝硬化患者血浆中细菌DNA水平升高，细菌DNA被TLR9识别，使肝脏对内毒素诱导的损伤敏感。酒精暴露增加了肽聚糖水平，注射肽聚糖加重了酒精喂养小鼠的肝脏损伤和炎症。

SCFAs是肠道微生物通过发酵不易消化的食物成分（如膳食纤维）产生的代谢物。它们包括乙酸、丙酸、丁酸等。这些SCFAs能够通过血液循环传输到肝脏，影响肝脏的代谢和免疫反应。

在酒精相关肝病中，SCFAs能够通过抑制M1型巨噬细胞并促进M2型巨噬细胞的转换来减轻炎症。研究表明，丁酸和其他SCFAs能够减轻酒精诱导的肝脏炎症，这是通过调节巨噬细胞的极化实现的。例如，丁酸能够通过影响巨噬细胞的活性，降低炎症因子的表达，减轻肝脏损伤。

研究表明，与健康对照组相比，酒精相关肝病患者的血浆中SCFAs水平有显著差异。例如，乙酸水平在酒精相关肝病患者中较低，而丙酸、甲基丁酸等其他SCFAs的水平则较高。这些变化与肝脏的病理状态有关，如肝纤维化的严重程度。

SCFAs对肝脏的影响是多方面的。它们可以作为能量源，同时调节免疫反应和抗炎症路径。SCFAs也能通过调节肝脏细胞的基因表达来影响肝脏的代谢功能。

（3）BAs。除了细菌本身的代谢产物外，酒精导致的肠道菌群的异常活动对人体内其他的代谢产物的数量和组成也有着深远的影响，其中，胆汁酸（bile acid，BAs）在酒精相关肝病的发展中起着关键作用。

胆汁酸是肝脏合成的重要化合物，它们在消化吸收脂肪和脂溶性维生素中发挥关键作用。在肠道中，胆汁酸经过肠道菌群的作用发生变化，产生次级胆汁酸。这些胆汁酸不仅影响肠道微环境，还通过肠肝轴影响肝脏的健康。

酒精相关肝病患者的肠道菌群发生显著变化，这可能导致胆汁酸的代谢发生改变。特别是，酒精摄入增加了次级胆汁酸的产生。这些次级胆汁酸可能对肠道屏障造成损害，增加肠道通透性，导致炎症物质和内毒素进入血液循环，并最终影响肝脏。

此外，胆汁酸还能通过肝脏中的Farnesoid X受体（FXR）发挥调节作用。FXR

是一种核受体，主要表达在肝脏和肠道中，对胆汁酸的代谢具有调节作用。FXR通过调控胆汁酸的合成和排泄，维持胆汁酸的稳态。

在酒精相关肝病的情况下，胆汁酸代谢发生变化，可能影响FXR的活性。胆汁酸的紊乱代谢不仅加剧肠道屏障的损伤，增加炎症反应，还可能通过影响FXR的功能，进一步加剧肝脏的损伤。

除了FXR外，其他调节途径也在胆汁酸代谢和酒精相关肝病中发挥作用。这些途径包括肝脏中的其他核受体、肠道微生物群的变化以及肠道屏障的完整性等。这些因素共同作用，影响胆汁酸的产生和排泄，从而在酒精相关肝病的发展中发挥重要作用。

（4）胆碱。胆碱作为肝脏功能和脂质代谢的关键因素，也对ALD的发展起着重要作用。肠道菌群通过代谢胆碱，可以产生多种影响肝脏健康的代谢产物。酒精的摄入改变肠道菌群的组成，可能会影响这些微生物如何处理胆碱，从而影响肝脏健康。例如，某些肠道细菌可以将胆碱转化为甲胺，这种代谢过程可能与肝脏疾病的发展相关。

因此，肠道微生态不仅通过直接的炎症反应和免疫调节作用影响酒精相关肝病的进展，还通过其代谢产物的作用机制间接影响肝脏的健康。这一领域的研究对于深入理解酒精相关肝病的发病机制、发展新的治疗方法具有重要意义。

二、肠道真菌调控酒精相关肝病进展的机制

关于肠道真菌在ALD发病中的作用，目前报道的主要有受体途径、免疫途径和代谢物途径。（图3-1）

1.受体途径

CLEC7A（也称为dectin-1）是一种模式识别受体，主要位于肝脏中的Kupffer细胞和巨噬细胞表面。CLEC7A能够识别广泛存在于真菌细胞壁中的1，3-β-葡聚糖，在抗真菌及真菌产物中发挥重要作用。在配体结合后，dectin-1的酪氨酸残基被Src激酶磷酸化，这为脾酪氨酸激酶（spleen tyrosine kinase，Syk）创造了一个停靠位点，然后Syk激活caspase募集结构域9（CARD9）/ b细胞淋巴瘤10（BCL10）/黏膜相关淋巴组织淋巴瘤易位基因1（mucosa-associated lymphoid tissue，MALT1）复合体，这导致NF-κB的激活，并促进包括白细胞介素-1β（pro-IL-1β）在内的细胞因

子的表达。此外，Syk可以激活含有nod样受体家族pyrin结构域的（NLRP3）炎症小体，通常与含有CARD（ASC）和pro-caspase-1的凋亡相关斑点样蛋白形成复合物。ASC可以将pro-caspase-1激活为caspase-1，caspase-1裂解pro-IL-1β生成成熟的IL-1β，通过激活下游级联导致肝损伤。一项动物研究报告，IL-1β信号通路对于酒精诱导的炎症、脂肪变性、肝损伤和纤维化至关重要，真菌的1，3-β-葡聚糖，可通过本已功能失调的肠道紧密连接转运至肝脏，与Kupffer细胞的Dectin-1结合，最终导致IL-1β的分泌促进肝脏炎症。

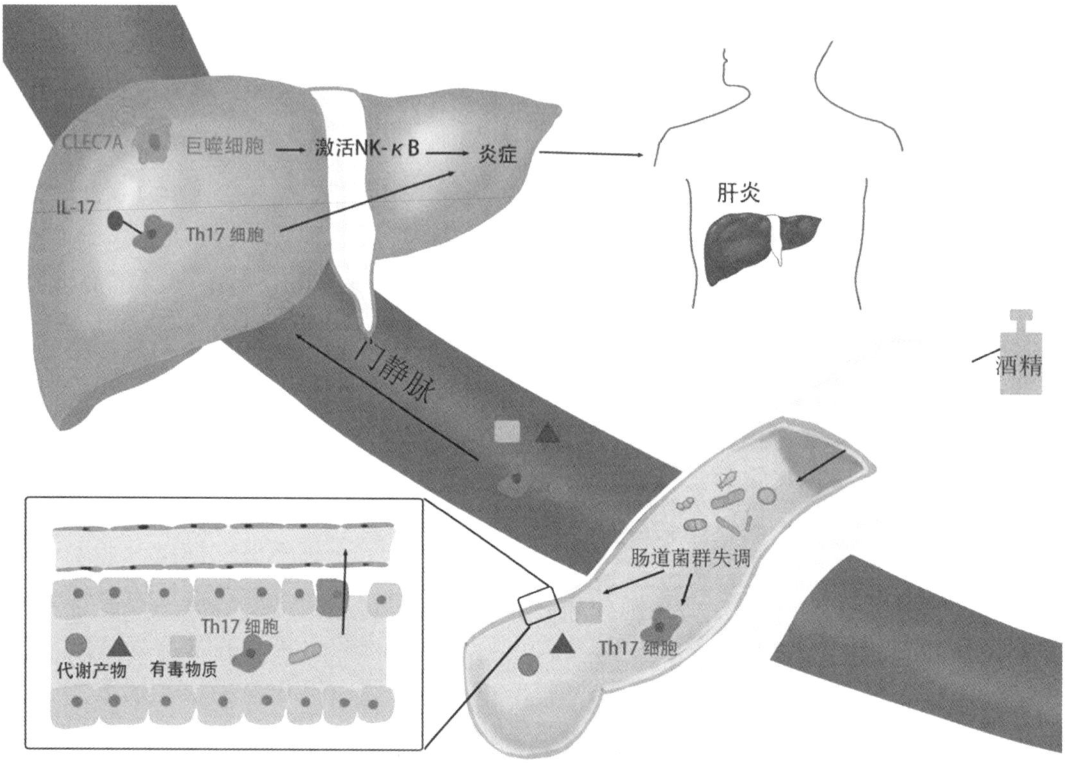

图3-1　真菌致病机制

2.免疫途径

白色念珠菌通过辅助性T细胞（T helper cell 17，Th17）介导的免疫反应影响ALD的机制具有重要的病理学意义。Th17细胞是一类抵抗屏障部位（如肠道和皮肤）细菌和真菌感染的效应T细胞。在小鼠模型中，Th17细胞的诱导依赖于胃肠道中的某些微生物种类，其中白色念珠菌已被确定为主要的Th17反应驱动因素。这些Th17细胞不仅在肠道内发挥作用，还可以迁移到外周器官，如肝脏。

在酒精使用障碍和肝脏疾病患者中，白色念珠菌特异性Th17反应在外周血和肝脏中显著增强。乙醇处理小鼠可增加白色念珠菌特异性Th17细胞的数量，并促进其向肝脏的迁移。研究表明，减少肠道真菌负荷可以减少肝脏中白色念珠菌特异性Th17细胞的数量，并减轻酒精诱导的肝损伤。IL-17受体A（IL17ra）是Th17细胞分泌的IL-17细胞因子的主要受体，通过该受体的信号通路，白色念珠菌特异性Th17细胞可以加重酒精性肝病。

此外，真菌表面成分如β-葡聚糖可以转移到肝脏，并与肝巨噬细胞上的CLEC7A受体结合，触发IL-1β的释放，进一步加重乙醇诱导的肝脏炎症。Th17细胞介导的IL-17信号与肝脏中的多种细胞类型，如Kupffer细胞和肝星状细胞，协同作用，通过释放促炎细胞因子（如TNF、IL-6）和促进纤维化的因子（如TGFβ1），形成一种恶性循环，导致慢性炎症和肝纤维化。

综上所述，白色念珠菌通过Th17细胞的过度激活和迁移，加剧了乙醇诱导的肝脏损伤，这表明真菌与宿主免疫系统的相互作用在酒精性肝病的进展中起着至关重要的作用。

3.代谢物途径

（1）念珠菌溶素。另一种与真菌相关的机制主要与其代谢产物有关。最近的研究证明，白色念珠菌可以分泌一种叫作念珠菌素的肽毒素，它直接破坏上皮膜并激活宿主的免疫反应。如前所述，白色念珠菌作为肠道内的一种条件致病菌，在AH患者中可以检测到念珠菌阳性的白色念珠菌数量增加，编码念珠菌素的细胞延伸度1基因的表达也显著增加。此外，临床研究表明念珠菌素与酒精相关性肝炎的严重程度和死亡率呈正相关。值得注意的是，念珠菌素不影响肠道通透性，也不与葡聚糖受体CLEC7A相互作用，但它可增加小鼠肝脏中IL-1β、趋化因子（CX-C motif chemokine cigand）CXCL1和CXCL2的表达，有助于招募免疫细胞，诱导肝细胞死亡。总之，念珠菌素的潜在致病机制有待进一步研究。

（2）前列腺素E2。最近的一项研究还发现了真菌诱导的代谢物——前列腺素E2（prostaglandin E2，PGE2）对ALD的发展的贡献。有学者观察到，在酒精性肝脂肪变性小鼠中，共生真菌季也蒙乳酸菌*Meyerozyma guilliermondii*和肝脏PGE2显著增加。通过引入抗真菌药物，肝脏PGE2水平显著降低。有趣的是，目前还不清楚PGE2是由肠道真菌直接产生，还是由真菌刺激的肝脏间接产生。综上所述，肠道真菌诱导的PGE2在ALD发生发展中的具体机制有待进一步研究。

此外，宿主免疫反应在ALD的发生过程中也起着关键作用，如在AH患者血清中水平显著升高的ASCA，作为宿主对真菌和真菌产物免疫应答的标志，其变化揭示了ALD患者免疫反应的上调。

综上所述，我们不难发现，抑制酒精相关肠道真菌的增加，特别是一些针对有害真菌菌群的特异性抗真菌药物，可能是一种很有前景的ALD治疗方法，但其临床应用尚有待大规模队列研究的证实。因此，进一步的研究应该致力于探索从肠道分离出的特定真菌菌株与ALD发病机制之间的因果关系。

三、肠道病毒调控酒精相关肝病进展的机制

1.噬菌体与细菌相互作用

病毒体可能通过与共生细菌的多种相互作用调节ALD的发病机制。噬菌体作为肠道病毒体的主要组成部分，能够介导细菌细胞裂解，调节细菌丰度。最近的一项研究证实，在肝硬化和肝性脑病患者中，细菌和噬菌体之间的相互作用以链球菌菌种为中心。此外，肠道细菌可以获得噬菌体转移的额外基因组（如耐药基因或细菌毒力因子），从而调整细菌的毒力和适应性，并改变肠道菌群的组成。

2.肠道病毒与宿主免疫系统

肠道病毒可以直接与宿主免疫系统相互作用。肠道免疫系统主要由肠上皮内淋巴细胞、固有层淋巴细胞和Peyer patches组成，这可能在ALD的发病机制中起重要作用。其中，共生病毒可被视黄酸诱导基因1（retinoic acid inducible gene，RIG-1）信号在抗原呈递细胞中识别，RIG-1信号可促进IL-15的产生，预防炎症和组织损伤，维持IL-15的稳态。此外，科学家发现噬菌体处理无菌小鼠的免疫细胞包括CD4+和CD8+ T细胞增加，噬菌体丰度的增加可通过TLR9和干扰素γ（interferon IFN-γ）加重肠道结肠炎，表明噬菌体可以改变黏膜免疫从而影响哺乳动物健康。但是，黏膜免疫系统识别噬菌体的机制还需要更多的动物模型研究。此外，一些致病性肠道病毒的研究，如诺如病毒和轮状病毒，揭示了几种肠道识别病毒核酸的信号通路。因此，肠道病毒群（无论是共生病毒还是致病病毒）是宿主免疫应答中的

一个热门话题。

3.肠道病毒在ALD中的角色

综上所述，肠道病毒组可能通过对共生细菌和免疫系统的干预促进ALD的进展。然而，对于ALD患者来说，目前尚不清楚肠道病毒增加对其他微生物或宿主的具体影响。我们还不知道肝脏炎症或损伤是由病毒本身或其代谢物引起的，还是由改变的肠道病毒群引起的其他微生物的变化引起的。关于肠道病毒的研究仍处于初步阶段，需要更多的研究来帮助我们了解肠道病毒、宿主健康和肝脏疾病之间的相关性。

第四节　肠道益生菌群对酒精相关肝病的改善作用

一、细菌

（一）益生菌

1.临床应用

从维护肠道屏障的完整性到调节炎症反应，再到影响肝脏的代谢途径，益生菌的使用在临床应用中为ALD治疗提供了新的视角。在动物实验中，益生菌早已被证实可以改善酒精相关肝病的炎症反应和脂肪变性。一项对于大鼠的实验表明，乳酸菌 *Lactobacillus rhamnosus* Gorbach-Goldin（LGG）（ATCC 531030）灌胃可显著改善酒精相关脂肪性肝炎的严重程度，此外，改善了酒精诱导的肠道渗漏，并显著减弱了酒精诱导的肠道和肝脏氧化应激和炎症。此外，Kirpich等展开的一项前瞻性随机临床试验第一次对酒精相关肝病患者进行短期的益生菌辅助治疗，结果表明额外补充益生菌（两歧双歧杆菌和植物乳杆菌8PA3）的患者，其粪便中乳杆菌和双歧杆菌的数量明显增加，血清转氨酶的水平、低密度脂蛋白和总胆红素的含量均显著下降，从临床上更加有力地证明，通过补充益生菌可使肠道微生态恢复平衡，缓解病情，具有一定的治疗效果。

除了直接使用菌株极其衍生物进行灌胃外，近年来，粪便菌群移植（fecal microbiota transplantation，FMT）也因其在治疗各类消化系统疾病中的良好表现而广受关注。粪便菌群移植，顾名思义，就是将健康人粪便中的功能菌群，移植到患者胃肠道内，重建具有正常功能的肠道菌群，实现肠道及肠道外疾病的治疗。一项对195例酒精性肝病患者进行1年生存率随访的研究发现，与对照相比，患者在接受FMT后第一周内肝病严重程度指标显著改善，且这种效果持续存在，FMT患者的1年生存率高达87.5%，而对照组患者的1年生存率为33.5%。

综上所述，肠道益生细菌在调节肠道环境和改善酒精相关肝病中起着重要作用，未来的研究应当集中于如何优化益生菌的种类和剂量，以及如何更好地将益生菌治疗与其他ALD治疗策略整合。在此基础上，可以探讨在临床治疗中如何有效利用益生菌群来改善ALD患者的状况。

2.作用机制

（1）改善肠道环境。在深入探究酒精相关肝病的治疗策略时，肠道益生菌群的作用引人关注。益生细菌，特别是乳酸菌和双歧杆菌等，最近的研究表明，益生菌可以通过恢复肠道微生物组成来逆转酒精引起的微生物群的变化，并阻止ALD的进展。事实上，益生细菌不仅能改善肠道环境，还能通过多种机制直接或间接影响肝脏健康。

（2）对肠道屏障的影响。首先，益生菌群在维护肠道屏障的完整性方面发挥着重要作用。长期饮酒导致的肠道通透性增加，使得肠道细菌及其产生的毒素，如脂多糖（LPS），更易进入血液循环，引发肝脏炎症。益生菌群通过增强肠道上皮细胞的紧密连接，降低肠道通透性，减少这些有害物质对肝脏的损害。此外，益生菌群还能竞争性地抑制有害菌的生长，保持肠道微生物群的平衡。这种平衡对于抑制ALD的发展至关重要。

（3）抗炎作用。益生菌群还通过其抗炎作用减轻肝脏的炎症损伤。肠道微生物群的变化能够影响炎症因子的释放，益生菌群通过减少这些炎症因子的产生，帮助减轻肝脏的炎症。例如，某些益生菌能够减少肠道中的TNF-α和白细胞介素（IL）等炎症因子的释放。

研究发现，酒精相关肝炎患者接受7天的枯草乳杆菌/粪链球菌治疗后，肠道来源的微生物LPS和TNF-α水平降低。不同种类的乳酸菌，如植物乳杆菌、嗜酸乳杆菌、发酵乳杆菌和鼠李糖乳杆菌*L. rhamnosus* GG都被报道通过改善肠道屏障功能、调节肠道细菌、平衡小鼠外周血中的调节性T细胞（regulatory T cells，Treg）和TH17细胞来保护酒精诱导的肝损伤。补充嗜黏蛋白阿克曼菌*Akkermansia muciniphila*

可减少乙醇诱导的肠渗漏和肝损伤。乳酸杆菌LC27（*L. plantarum* LC27）和长双歧杆菌LC67（*Bifidobacterium longum* LC67）抑制LPS介导的NF-κB激活，恢复紊乱的肠道菌群，最终减少小鼠酒精性脂肪变性。枯草芽孢杆菌通过减少细菌内毒素易位和肝脏炎症来缓解酒精诱导的肝损伤。戊糖片球菌（Pentosaceus）的一种新菌株通过增加产生SCFAs的细菌丰度和加强肠上皮细胞的紧密连接来缓解乙醇诱导的肝损伤。普拉斯尼茨粪杆菌*Faecalibacterium prausnitzii*和马铃薯淀粉的补充通过增加小鼠盲肠中的丙酸丰度和减轻近端结肠中SCFA转运体的损失来减轻慢性暴食乙醇诱导的肝损伤。VSL#3治疗可防止肠道细菌及其产物扩散到门静脉循环，并下调TNF-α介导的肝脏炎症。

（4）调节代谢途径。除了上述作用，益生菌群还通过调节代谢途径来影响肝脏健康。它们能够调节肠道中的代谢途径，如SCFAs的生产，这些代谢产物对肝脏具有积极影响。SCFAs不仅有助于维持肠道环境的稳定，还能够直接或间接影响肝脏的功能，减少酒精造成的肝损伤，从而有助于防治ALD。

此外，益生菌还能够减少肠道中有害细菌的数量，从而减少有害代谢产物的生成。例如，有害菌产生的氨和硫化氢若进入血液循环，可能会对肝脏造成损伤。通过减少这些有害代谢产物，益生菌能够降低这些物质对肝脏的损害。

益生菌还能够通过改变胆汁酸的代谢来影响肝脏功能。胆汁酸是肝脏产生的重要消化液，对于脂肪的消化和吸收至关重要。双歧杆菌和乳杆菌作为具有胆盐水解酶（bile salt hydrolase，BSH）活性的益生菌，其中短双歧杆菌和植物乳杆菌LA3菌株的BSH活性最高，可以催化共轭初级胆汁酸转化为非共轭胆汁酸的第一步，并进一步将非共轭胆汁酸转化为次级胆汁酸。次级胆汁酸吸收性差从而导致肠肝循环中胆汁酸的重吸收减少。某些次级胆汁酸可能更容易从体内排出，胆汁酸新合成和低密度脂蛋白清除率可能会增强。

（5）控制酒精成瘾。肠道微生物群对认知功能的调节至关重要，大量的人体和动物试验表明，肠道微生物群在认知功能的发展、情绪调节以及通过促进神经元免疫系统实现人与人之间的交流方面发挥着关键作用，这有助于神经元细胞分化、突触可塑性和轴突发育。益生菌早已被证实可通过改变肠道菌群的组成来改善中枢神经系统的炎症，还有望成为治疗阿尔兹海默病、自闭症等疾病的手段之一。因此，不难想象，益生细菌也可能通过改变人的饮酒行为达到控制酒精相关肝病的效果。

研究发现，某些特定神经免疫基因，例如β-2微球蛋白和组织蛋白酶S的表达变化与酒精摄入行为有关，而中枢杏仁核TLR4的靶向干预能够显著减少酒精摄入。此外，药物抑制神经免疫信号通路，尤其是Toll样受体信号通路，已被证实可以降低酒精摄入行为。这与酗酒者中观察到的酒精渴求与血清中炎症细胞因子和内毒素水平升高之间的正相关性相符。动物实验表明，注射LPS会增加酒精摄入，但在免疫相关基因被删除的情况下，这种效应会逆转。因此，通过调节微生物群和减少全身炎症的方式，益生菌可能成为控制酒精成瘾的有效治疗选择。不过我们仍需要更多的研究来探索益生菌对酒精成瘾的影响及其在大脑神经免疫变化中的作用。

（二）益生元

1.临床应用

作为益生菌的食物，益生元也因其可以改善肠道环境以及促进肠道健康而应用于实验，以期找到更多有效的治疗方法。根据定义“一种选择性发酵的原料，它们可以引起肠道微生物群组成和/或活性的特定改变，从而对宿主的健康产生有益影响”，菊粉、低聚果糖、低聚半乳糖等寡糖和多糖，植物提取物，多不饱和脂肪酸，酚类等均可作为益生元使用。例如，低聚半乳糖能促进双歧杆菌的生长，并能被肠道菌群发酵成短链脂肪酸，从而有助于改善肠道生理功能。此外，一些研究表明，在小鼠模型中，益生元可以通过减少细菌过度生长来修复酒精引起的肝损伤。

但值得注意的是，最近的一项随机、双盲、安慰剂对照研究发现，在酒精戒断期间，虽然酒精使用障碍患者补充菊粉可以引起肠道微生物群的特定变化，但并不会减轻AUD患者的肝脏损伤，这为探索使用益生元治疗ALD的治疗方法带来了新的挑战。

2.作用机制

（1）促进肠道健康。在肠道中，益生元作为益生菌的食物源，促进这些有益微生物的生长和活性。益生菌通过代谢这些益生元，产生了对宿主有益的代谢产物，如SCFAs。这些SCFAs对肠道环境有正面影响，如降低肠道pH，抑制有害细菌的生长，增强肠道屏障功能，以及提供肠道细胞的能量来源。益生元的摄入还与改善免疫功能、降低炎症水平和增强肠道健康相关。因此，在饮食中增加益生元的摄入，如通过摄入富含益生元的食物或补充剂，可能有助于改善肠道健康和减轻肝脏疾病的症状。

（2）改善肠道微生物群。益生元能够改善肠道微生物群的组成，增加益生菌（如双歧杆菌和乳酸菌）的比例，同时减少有害细菌。这种改变对于维护肠道和全身健康非常重要，尤其是在酒精相关肝病等疾病的背景下。研究指出，益生元可以通过调节肠道微生物群降低肠道通透性，减少内毒素的泄漏，从而减轻了酒精相关肝病患者的肠道炎症反应。

（3）改善酒精相关肝病。综上所述，益生元通过调节肠道微生物群来改善酒精相关肝病。具体包括减轻酒精相关肝病大鼠的肝脏损伤、肝脏炎症反应和肝脏脂肪变性，同时减轻酒精相关肝病患者的肠道炎症反应和内毒素泄漏。这些研究结果表明，益生元可以增强肠道屏障，以及提供有益微生物所需的营养，从而对人体健康产生积极的影响，可作为一种辅助治疗方法来改善酒精相关肝病。

（三）合生元

1.临床应用

合生元，简单来说，类似于前两者的混合物，但这并不准确。根据定义，“包含活的微生物以及宿主微生物选择性利用的底物的一种混合物，并且对宿主有益”，我们会发现已有许多研究试图将它应用于临床治疗酒精相关肝病。一项关于ALD模型大鼠的实验表明，与对照组相比，在乙醇液体饲粮中添加合生元的大鼠在粪便中显示出更高的双歧杆菌和乳酸杆菌丰度，且其肠道通透性有显著改善。此外，研究指出，补充合生元对ALD的改善作用可能是由于其降低了大鼠肌肉蛋白降解生物标志物如beclin-1的蛋白表达，推测这与改善肠道紧密连接和减少肝损伤有关，这为在临床上更精准地应用合生元提供了一定的方向。必须指出的是，目前的研究仍停留在动物实验阶段，这些制剂能否为ALD患者带来益处仍需要更为深入的研究。

2.作用机制

（1）改善肠道微生物群。在合生元的作用机制中，通过供应益生菌，增强肠道屏障功能，抑制有害细菌的生长，同时通过产生短链脂肪酸等有益代谢产物来调节肠道环境和免疫反应。防止有毒物质和内毒素进入血液循环，这些物质最终到达肝脏，加剧肝脏的炎症和损伤。与此同时，益生元为益生菌提供必要的营养，帮助它们在肠道中稳定生长。这种双重作用使得合生元在促进肠道健康方面更加有效，特别是在改善肠道微生物群的平衡方面。

（2）促进肠道健康。合生元在治疗和预防各种肠道疾病中显示出极大的潜力。

例如，对于炎症性肠病、肠易激综合征等与肠道微生物群失衡相关的疾病，合生元能够通过改善肠道微生物环境，减少炎症反应，从而帮助缓解症状和改善病情。此外，合生元在提高肠道健康和增强免疫系统方面也发挥重要作用，这对于维护整体健康状态至关重要。

总体而言，合生元通过整合益生菌和益生元的功能，提供了一种全面而有效的方式来改善肠道健康。为酒精相关肝病的治疗提供了有效的辅助手段。它不仅直接影响肠道环境，还间接改善肝脏健康，显示出在ALD治疗中的巨大潜力。随着对肠肝轴以及肠道微生物群在肝脏疾病中作用的进一步研究，合生元无疑将成为改善酒精相关肝病患者健康状况的重要策略之一。

二、益生真菌

正如益生菌的定义，“当给予足量益生菌时，对宿主的健康有益的活微生物”，除了常常听到的双歧杆菌、乳酸杆菌等益生细菌外，布拉酵母菌等益生菌真菌也是其中的一员。动物研究已经证实，布拉酵母菌可以改变肠道菌群，减轻肝损伤、炎症和纤维化，这可能表明它在肝脏疾病中的保护和治疗作用。最近的一项研究表明，在他们的工作中评估的大多数酵母菌和非酵母菌菌株都是安全的微生物，它们可以被视为广泛可用的益生菌酵母的有效替代品。

然而，在临床应用中，布拉酵母菌的一些副作用被报道，主要表现为真菌血症，通常见于老年人、免疫抑制者和使用广谱抗生素的患者。此外，具有大孢子粒或子实体的大型真菌，也被称为蘑菇，特别显示出它们的药用特性。某些类型的大型真菌包括双孢蘑菇和平菇也具有保肝活性。综上所述，补充益生菌真菌预防或治疗肝脏疾病在未来是可以预期的。

三、噬菌体

1.噬菌体治疗ALD的潜力

长期以来，噬菌体被用作抗菌药物，但随着抗生素使用的增加，其重要性迅速下降。但随着多种耐药细菌的出现，基于噬菌体的疗法及其在临床试验中的应用又显示出某种程度的复苏。粪肠球菌（enterococcus faecalis）中存在的毒力因子和分泌的毒素溶细胞素与酒精相关性肝炎患者的肝病严重程度和死亡率相关。无菌小鼠研究证实了溶细胞素对促进乙醇诱导的小鼠肝病的重要性。为了证明溶细胞性粪肠球菌对于乙醇诱导的脂肪性肝炎的发展是必要的，研究人员筛选出了能够溶解粪肠杆菌的噬菌体来治疗移植了AH患者肠道微生物群的小鼠，这显著降低了小鼠肝脏中的溶细胞素水平，并减弱了酒精诱导的肝脏炎症。因此，使用噬菌体清除诱导ALD的细菌可以改善肝脏的损伤程度。当然，在临床应用噬菌体疗法仍面临着许多挑战，如一些噬菌体的宿主范围较窄、给药途径、细菌宿主耐药性的发展和胃肠道动力学等。

2.个性化噬菌体疗法

编辑肠道微生物以治疗或改善与微生物失调相关的疾病似乎是一个很有前景的方向。毕竟，抗生素由于其广谱性而不适合精确编辑，相反，一些噬菌体对细菌具有高度特异性，这表明在操纵菌群方面具有独特的优势。当然，噬菌体疗法的临床应用还需要大规模人体数据的支持。此外，噬菌体治疗的局限性可能是由于其高特异性。不同的患者需要应用不同的噬菌体才能获得更好的疗效，因此它不太可能像抗生素那样大量使用。未来，有必要构建一个巨大的噬菌体库，它将有效地帮助我们筛选具体的噬菌体，并在短时间内进行个性化治疗。

综上所述，肠道益生菌群可能在改善肠道环境、调节代谢途径、促进肠道健康甚至控制酒精成瘾等诸多方面对酒精相关肝病有着改善作用，目前已有大量研究证实了可以通过改变肠道菌群的组成来延缓ALD的进展，但具体机制仍有待进一步的探索。此外，仍然需要大规模的临床研究证实编辑肠道菌群在治疗ALD上的可行性，更多的个性化疗法也等待着进一步的了解。

第四章　肠道微生态与自身免疫性肝病

第一节　肠道微生态与自身免疫性肝炎

一、自身免疫性肝炎的概述

（一）自身免疫性肝炎的概念

自身免疫性肝炎（autoimmune hepatitis，AIH）是一种由针对肝细胞的自身免疫反应所介导的进行性肝脏实质炎症，如不治疗常可导致肝硬化、肝衰竭。大多数AIH患者血清中存在一种或多种高滴度的自身抗体，但这些自身抗体大多缺乏疾病特异性。AIH可根据自身抗体类型分为1型和2型，1型AIH约占90%；1型（AIH-1）以抗核抗体（antinuclear Antibodies，ANA）和/或平滑肌抗体（smooth muscle antibodies，SMA）为特征，而2型（AIH-2）则以抗肝肾微粒体抗体1型（antibodies to liver kidney microsomes Type1，LKM1）或肝胞浆抗原1型抗体（antibodies to liver cytosol Antigen Type 1，LC1）为特征。

（二）AIH的流行病学

（1）种群发病率。AIH在任何年龄和种族人群中发病。然而由于诊断常常被忽视，流行病学数据也各不相同。欧洲与亚洲人群中发病率和疾病状态存在种族差异。在欧洲国家，AIH的时点发病率为（10～25）/10万人。同样，日本的两次流行病学调查发现2004年AIH的时点发病率为8.7/10万人，2016年时点发病率已经增长至23.9/10万人。最近，我国开展的一项包含1020例AIH患者的单中心回顾性观察研究显示，AIH患者的峰值年龄为55岁，在20岁出现小的波峰。

（2）性别差异。AIH女性发病率高于男性。最近我国研究统计的AIH发病率的男女比例为1∶5。近年来观察到性别比例较过去有明显改变，日本的男女比例由1∶6.9（2004）变为1∶4.3（2016）。

（三）危害

AIH的临床表现多样，一般表现为慢性、隐匿起病，但也可表现为急性发作，甚至引起急性肝衰竭。近年来AIH在全球范围内发病率不断上升，瑞典的队列研究报道AIH患者的死亡风险相比健康人增加2倍，进展为肝硬化、门静脉高压和胆汁淤积性肝病重叠患者的风险尤其高。

（四）病因和发病机制

1.病因

AIH的确切病因尚不清楚，但过去研究表明，遗传因素与环境因素之间的相互作用在其发病机制中起着中心作用。AIH-1患者在各年龄组均表现出人类白细胞抗原（human leukocyte antigen，HLA）II类DRB103等位基因易感性，DRB104与迟发疾病易感性相关；AIH-2与DRB107和DRB103相关。病毒、异种生物、药物等在内的多种环境因素也与AIH的发生有关。

2.发病机制

（1）分子模拟。AIH遗传易感的患者体内，可能由于分子模拟机制，T细胞靶向外来抗原的免疫反应转变为靶向结构相似的肝脏自身抗原，T细胞被激活，使自身免疫介导的肝损伤发生并持续。

AIH-2发生发展过程体现了分子模拟机制。细胞色素P4502D6193-212（CYP2D6）是AIH-2患者抗肝/肾微粒体抗体（anti-liver/kidny microsomal Type 1 Antibody，抗LKM1抗体）的表位，但是CYP2D6的氨基酸序列与丙型肝炎病毒（hepatitis C virus，HCV）和疱疹病毒家族成员（如巨细胞病毒cytomegalovirus，CMV）、EB病毒（epstein-Barr virus，EBV）和单纯疱疹病毒（herpes simplex virus，HSV）编码的蛋白具有很高的同源性，研究发现抗LKM1抗体也会与丙型肝炎病毒（HCV）发生交叉反应；同时，HCV感染与自身免疫性肝炎-2之间存在流行病学联系，50% AIH-2患者也被发现具有HCV抗体。另外，在AIH-2小鼠模型中发现，自反应性反应（autoreactive response，ARR）还可以通过分子模拟机制，从优势表位扩散到同一抗原（CYP2D6）中的不太占主导地位的同源序列表位；在AIH-2患者中，分子模拟也被认为是自身免疫通过免疫交叉反应扩散到远离解剖学位置组织的原因，例如内分泌胰腺（导致1型糖尿病）和肾上腺（导致Addison病）。

由于AIH-1的自身抗原尚不确定，故目前AIH-1具体的分子模拟机制未被阐明。

（2）自身抗原呈递诱导免疫活化。抗原提呈细胞（antigen-presenting cell，APC）参与加工和呈递自身抗原，使未分化、无应答的CD4+辅助T细胞（T helper O cell，THO）上的T细胞受体（T cell receptol，TCR）能识别这些抗原，被激活，根据它们所接触的细胞因子微环境成熟为不同的辅助T细胞亚群，分泌细胞因子，引起、延长肝损伤并促进产生自身抗体等免疫反应。

（3）自我免疫耐受性丧失。健康个体中存在具有自身反应性的T细胞，但固有和外周耐受机制限制了它们对组织的损伤能力。这一稳态过程的关键是调节性T细胞对CD4+T细胞等细胞发挥的调控作用。而在AIH患者中，Tregs细胞存在数量减少、功能缺陷以及向效应细胞转变的现象，并且与疾病活动呈显著相关，提示AIH发生发展过程中存在免疫耐受丧失。

除了上述提到的发病机制外，由于对肠道微生物的认识拓宽加深，肠道微生物群与自身免疫性肝炎之间的关系也日益受到研究者关注。肠道微生物群是抗原和活化免疫细胞的储存库，肠道菌群组成的变化及其对肠道屏障和微生物转运的影响，通过多种方式参与免疫稳态失衡和炎症反应的破坏，从而影响AIH的发展。多项围绕AIH患者以及AIH模型动物的研究均观察到肠道菌群失调的现象；与未接受硫唑嘌呤治疗的患者相比，接受硫唑嘌呤治疗的AIH患者具有更高的微生物多样性，这可能提示AIH发展与肠道微生物群之间存在联系。将三氯乙烯（trichloroethene，TCE）暴露小鼠的粪便微生物群移植到抗生素治疗小鼠中（TCE与AIH相关），诱导了相关AIH表型并且增加了自身抗体和肝免疫细胞活化。另外，伴刀豆球蛋白A（concanavalinA，Con A）诱导的肝损伤极大地模拟了人类AIH的免疫和炎症反应，在AIH研究中广泛应用。无特殊病原体正常小鼠相比无菌小鼠对由Con A诱导的暴发性肝炎抵抗力差；庆大霉素可以通过杀死肠道的革兰阴性细菌来减轻Con A引起的肝损伤，同时出现肝脏免疫细胞浸润减少现象，而给予外源性致病菌则会加重Con A引起的急性肝炎。此外，预防性给予实验AIH小鼠小檗碱（一种传统抗菌药），可以减少肝细胞的坏死和凋亡，缓解AIH发展。在AIH动物模型中给予3种在AIH中特异性减少的双歧杆菌（bifidobacterium），通过调节肠道稳态和肠道微生物群减轻了免疫性肝损伤。这些研究结果均提示着在AIH发病机制中肠道菌群失调发挥关键作用的可能性，为认识AIH的发病机制提供了新的视角。

（五）临床表现、诊断和治疗原则

1.临床表现

多数AIH患者无明显症状或仅出现乏力等非特异性症状。大部分AIH患者隐匿起病，少部分患者为急性发作，其中部分为慢性AIH的急性加重，甚至发展为急性肝功能衰竭。约1/3的患者初诊即为肝硬化表现。

2.诊断

AIH的诊断主要是基于临床表现、实验室检查和肝组织学特征性表现，并排除其他肝病病因。

实验室检查　血清氨基转移酶水平升高、自身抗体阳性、IgG和（或）γ球蛋白水平升高是AIH的重要实验室特征。

肝组织学检查　肝组织学检查对AIH的诊断和治疗非常重要。AIH特征性肝组织学表现包括界面性肝炎、淋巴浆细胞浸润、肝细胞玫瑰花环样改变、淋巴细胞穿入现象和小叶中央坏死等。

AIH简化诊断积分系统　临床上如遇到不明原因肝功能异常和（或）肝硬化的任何年龄、性别患者，均应考虑AIH的可能。2008年，国际自身免疫性肝炎小组（International Autoimmune Hepatitis Group，IAIHG）提出了AIH简化诊断积分系统，该系统分为自身抗体、血清IgG水平、肝组织学改变和排除病毒性肝炎等4个部分。针对我国患者的研究显示，简化积分系统确诊AIH的敏感度为90%，特异度为95%，可较好地应用于临床诊断。（表4–1）

表4–1　自身免疫性肝炎简化诊断标准评分表

变量	标准	分值	备注
ANA或SMA	1∶40	1	相当于我国常用的ANA　1∶100的最低滴度
ANA或SMA	1∶80	2	多项同时出现时最多2分
LKM–1	1∶40	2	
SLA	阳性	2	
IgG	>正常值上限	1	
	>1.1倍正常值上限	2	

续表

变量	标准	分值	备注
肝组织学	符合AIH	1	界限型肝炎、汇管区和小叶内淋巴-浆细胞浸润、肝细胞玫瑰花环样改变以及穿入现象被认为是特征
	典型AIH表现	2	性肝组织学改变，4项中具备3项为典型表现
排除病毒性肝炎	是	2	

注：分值=6分：AIH可能；分值≥7分：确诊AIH。

3. 治疗原则

AIH的总体治疗目标是获得并维持肝组织学缓解、防止进展为肝硬化和/或肝功能衰竭，进而提高患者的生存期和生活质量。目前主要采取非特异性免疫抑制：泼尼松联合硫唑嘌呤治疗或者泼尼松单药治疗作为AIH的标准治疗方案。

二、肠道微生态与AIH的关系

有许多研究都观察到AIH患者以及动物模型的肠道细菌的改变，但对于非细菌群落的研究仍然十分有限。本节主要阐述肠道细菌与AIH的关系。

（一）整体变化

不同地区AIH患者总体呈现出肠道细菌多样性下降、组成改变、微生物群落朝着更耐受氧的方向转变的特征。生物多样性降低可能与有益功能的缺失和生态系统的稳定性降低有关；而厌氧菌/兼性厌氧菌类别组成的失衡则可能会损害肠道屏障并促进细菌转运。

（二）特定菌群的变化

我国东部研究发现AIH患者肠道细胞运动性显著降低，不同物种间的数量差异增大即均匀度降低；专性厌氧菌减少，兼性厌氧菌〔包括链球菌（*Streptococcus*）、克雷伯菌（*Klebsiella*）和乳酸杆菌（*Lactobacillus*）〕增多，微生物群落更耐受氧气；在门水平，主要门类——类杆菌科和真菌门没有观察到明显变化；梭状芽孢杆菌（*Clostridiales*）、肠球菌科（Enterococcaceae）细菌RF39、瘤胃球菌科（Ruminococcaceae）、理研菌科（Rikenellaceae）、颤螺菌属（*Oscillospira*）、副拟杆菌属（*Parabacte-*

roides）和粪球菌属（*Coprococcus*）等细菌的相对含量降低，而韦洛菌属（*Veillonella*）、*Klebsiella*、*Streptococcus* 和 *Lactobacillus* 的相对含量升高；多个预测功能模块也发生了变化，包括脂多糖生物合成、色氨酸精氨酸等氨基酸代谢改变。针对我国中部地区患者的研究观察到，与健康对照组相比，AIH 患者疣微菌门（Verrucomicrobia）的丰度明显增加，而黏球菌门（Myxococcota）和互养菌门（Synergistetes）则明显减少；韦永球菌属（*Veillonella*）、粪杆菌属（*Faecalibacterium*）、克雷伯菌（*Klebsiella*）等十五个属细菌丰度显著增加。我国华北地区的研究观察到未经治疗的 AIH 患者肠道厌氧菌〔双歧杆菌（*Bifidobacterium*）和乳酸杆菌（*Lactobacillus*）〕数量减少，大肠杆菌（*Escherichia coli*）和肠球菌（*Enterococcus*）则没有变化。德国的研究观察到厚壁菌门（Firmicutes）丰度降低，而包含多种病原体的变形菌门增加；厌氧菌属，如 *Faecalibacterium*〔唯一已知的物种是普拉梭菌（*Faecalibacterium prausnitzii*）〕的相对丰度下降，而 *Veillonella* 和兼性厌氧菌属（*Streptococcus* 和 *Lactobacillus*）的相对丰度上升，青春双歧杆菌（*Bifidobacterium adolescentis*）、长双歧杆菌（*Bifidobacterium longum*）、假小链双歧杆菌（*Bifidobacterium pseudocatenulatum*）这三种 *Bifidobacterium* 数量减少。在实验性自身免疫性肝炎（EAH）小鼠模型中，观察到 firmicutes 门减少，*Lactobacillus*、乳球菌属（*Lactococcus*）、苏黎世杆菌属（*Turicibacter*）增加，异杆菌属（*Allobaculum*）属减少。

宿主的地区差异（如饮食）对肠道微生物群组成有很大影响，这也是为什么不同地区观察到的肠道菌群失调现象不完全相同；另外这个现象也可能与扩增序列的固有偏差、测序方案的不一致、病程的差异以及治疗等有关，需要对更大规模的国际队列进行直接比较，以验证独立于饮食和地理环境的 AIH 疾病特异性微生物特征。

（三）菌群丰度与 AIH 发生发展相关性

Veillonella 菌属与 AIH 关联最明显，殊异韦荣菌（*Veillonella dispar*）是与 AIH 关系最密切的种属，且丰度随 AIH 疾病发展显著升高。AIH 患者的 *Veillonella* 丰度与血清天冬氨酸转氨酶水平和肝脏炎症程度呈正相关；同时，*Veillonella* 在肠道的富集与丙氨酸氨基转移酶（ALT）水平呈正相关，但这与疾病缓解状态无关。通过双样本孟德尔分析法，*Clostridiales*、瘤胃梭菌属（*Ruminiclostridium*）、霍尔德曼菌属（*Holdemania*）、厌氧棍状菌属（*Anaerostipes*）对 AIH 有显著的保护作用，食物谷菌科

(*Victivallaceae*)、瘤胃球菌科NK4A21A群（*Ruminococcaceae* NK4A21A group）是AIH的风险因素。

与溃疡性结肠炎和原发性胆汁性胆管炎患者相比，AIH患者Bifidobacterium相对丰度下降，且与疾病活动增加有关，这可能提示着菌群丰度改变的疾病特异性。

此外，有多项研究都指出肠道微生物群具有协助AIH疾病诊断和分层的潜在能力。

（四）肠道微生态调控自身免疫性肝炎进展的机制

1.肠道细菌群落调控AIH进展的机制

肠道屏障功能被破坏。肠道微生物群的失调通过多种机制导致肠道绒毛或紧密连接的不足和完整性受损，进而促进细菌移位并影响肝脏的正常生理功能。肝脏是暴露于肠道来源物质的第一个器官，包括营养成分、微生物及其产物。肠道屏障结构和功能的受损可能影响肝脏的免疫、炎症应答。

AIH患者的十二指肠肠绒毛细小、稀少且排列不规则，紧密连接完整性受损，固有层中可见炎性细胞，且随AIH疾病发展呈现形态学改变；ZO-1（一种紧密连接蛋白）和闭塞素表达水平明显下降，且下降程度与疾病晚期有明显关联；患者血浆内毒素脂多糖（lipopolysaccharides，LPS）水平较健康对照组明显升高，且升高程度与疾病严重性显著相关，LPS水平改变可能是肠道屏障被破坏的原因；在AIH模型小鼠上，也发现相似的肠道形态学改变，以及ZO-1、Occludin和Claudin-1表达明显减少，肠道屏障被破坏。

肠道菌群的改变和肠道屏障受损，诱导细菌易位和门静脉内毒素血症，并增加肝脏对肠道衍生细菌产物的暴露。这些产物可能会破坏肝脏的免疫耐受性，进而导致肝脏炎症和组织破坏。因此，肠道屏障功能受损被推测可能是AIH自身免疫攻击开始的一部分。

2.免疫途径

肠道菌群的失调会导致肠道代谢物（后述）以及肠道免疫的改变，通过与机体相互作用参与AIH的发生发展。免疫球蛋白（immunoglobulin A，IgA）IgA是肠黏膜的重要组成部分，具有抑制或杀灭细菌、调节肠道菌群定植和生长以及中和毒素等作用，在肠道黏膜免疫和维持肠道内环境稳定中发挥关键作用。聚合免疫球蛋白受体（pohymeric immunoglobulin receptor，PlgR）介导的IgA转运与黏膜免疫有关，并在调节AIH的发展中起重要作用，PlgR缺乏会降低肠道分泌型免疫球蛋白A（secretory immunoglobulin A，SIgA）水平，使肠道屏障功能障碍增加，进而加重肝损伤。

肠道菌群配体与肝脏细胞上的受体结合，影响肝脏的免疫稳态。各种免疫细胞之间的相互作用对于维持肝脏的免疫稳态很重要。Treg和辅助性T细胞17（T helper 17 cell，Th17）之间的不平衡、滤泡调节性T细胞（follicular regulatory T cell，TFR）和滤泡辅助T细胞（follicular T helper cells，TFH）之间的失衡以及自然杀伤细胞（natural killer T cell，NKT）的激活等免疫细胞的改变在AIH发生发展的复杂免疫机制中发挥重要作用。

（1）Treg/Th 17细胞失衡。免疫耐受丧失是AIH患者免疫稳态被破坏的关键因素。Th17细胞和Treg细胞是淋巴细胞中功能相反的两个亚群，其比例的动态平衡对维持机体的正常免疫反应至关重要：Treg细胞数量的减少和功能缺陷，以及Th17细胞极化的增加，都可能导致免疫耐受的丧失。Treg和Th17细胞之间的不平衡可能是由肠道微生物群与黏膜免疫系统之间的相互作用引起的。

Treg细胞通过分泌转化生长因子β（transforming growth factor beta，TGF-β）和白介素-10（interleukin-10，IL-10）等抗炎因子抑制效应细胞的激活，并且通过与树突状细胞（dendritic cells，DCs）相互作用抑制效应细胞的功能，从而发挥免疫抑制功能，调节免疫稳态。AIH患者的Treg细胞对CD4和CD8效应细胞增殖的控制能力低于疾病治疗组和健康对照组分离的Treg。在AIH患者中，Treg细胞出现了数量减少、功能缺陷以及向Th17细胞转变的现象，并且与AIH疾病活动呈显著相关。

相反，肝脏和外周血中的Th17细胞及其相关细胞因子和促炎因子（IL-17、TGF-α、IL-22等）表达在AIH患者中显著升高，且Th 17细胞浸润数量与肝炎症程度密切相关，调节Treg/Th 17比值也与AIH的严重程度有关。Th17细胞的异常反应与芳香烃受体（aryl hydrocarbon receptor，AHR）的激活有关，这可能是由肠道菌群失调引起。

（2）TFR/TFH细胞的失衡。肠道微生物还通过影响TFR/TFH细胞的失衡在AIH的发生发展过程中发挥作用。在AIH动物模型中发现，肠道微生物及其代谢产物转运（包括LPS和细菌DNA），输入肝脏后激活了Toll样受体4（Toll-like receptor 4，TLR4）/髓样初级反应蛋白88（myeloid differentiation primary response 88，MyD88）（TLR4/ MyD88）信号通路，进而抑制TFR细胞的活化、激活TFH细胞。过度活化的

TFH 细胞与高γ球蛋白血症有密切的联系，而γ球蛋白血症会加速 AIH 的免疫病理过程；TFR 细胞则通过识别共受体细胞毒性 T 淋巴相关蛋白 4（cytotoxic t-lymphocyte-associated protein 4，CLTA4）间接抑制 TFH 细胞的活化，从而减少自身抗体的分泌。AIH 患者血浆中 LPS 水平的升高程度与 AIH 的严重程度显著相关，这可能与 TFR/TFH 细胞的失衡有关。TFR/TFH 细胞的失衡导致了自身抗体过量产生和免疫稳态的破坏，进而促进 AIH 的发展。

（3）NKT 细胞活化。在 ConA 诱导的 AIH 模型动物中发现，肠道微生物可能通过下列两条途径激活肝脏中的 NKT 细胞，进而参与 AIH 的发生发展。一条途径是肠道菌群启动肠道 DCs 的活化，然后通过 Peyer 斑迁移至肝脏，促进肝内 NKT 细胞的活化；另一条途径是大量肠源性抗原进入肝脏后，激活肝内 DCs，并随后激活 NKT 细胞。NKT 细胞的活化进一步激活 Kupffer 细胞并招募巨噬细胞分泌大量促炎症细胞因子，从而引发修复反应，包括肝细胞再生以及通过激活的肝星状细胞进行纤维化，它们共同导致肝炎和纤维化的加重。

3.受体通路

肠道微生物群及其代谢产物还通过与分布在肝脏和肠道的不同受体结合，激活多种信号通路。围绕肠道微生物群通过受体通路影响 AIH 的直接机制研究较为有限，但仍有许多研究提供了相关证据。

（1）肠道。TLR4 是一种重要的模式识别受体，能够感知多种外源性和内源性配体，如 LPS、透明质酸和脂肪酸。近年来，TLR4 在肝脏疾病中的重要性逐渐被认识。在 AIH 患者中，肠道菌群失调导致血浆 LPS 水平升高。LPS 通过肠道上皮细胞（intestinal epithelial cells，IECs）中的 TLR4 激活信号通路，进而导致 FAK（焦亡激酶）磷酸化，并激活下游信号分子 MyD88 和 IRAK4，最终损害肠道屏障功能并增加肠道通透性。肠道屏障的破坏使肠源性细菌和代谢产物影响肝脏，诱发炎症反应并激活免疫系统，促进 AIH 的发生和发展。

G 蛋白偶联受体（G protein-coupled Receptor，GPR）是最大的膜蛋白家族。短链脂肪酸（short-chain Fatty Acids，SCFAs）通过激活肠道上皮细胞上的 GPR（如 GPR41、GPR43 和 GPR109a）维持肠道屏障的完整性并调节免疫反应。SCFAs 可激活 IECs 中的 GPR41/GPR43，进而激活 p38 丝裂原活化蛋白激酶（mitogen-activated protein kinase，MAPK）和细胞外信号相关激酶（extracellular signal-regulated kinase，

ERK）1/2信号通路，促进细胞因子和趋化因子的产生，从而在小鼠的保护性免疫中发挥重要作用。丁酸盐通过GPR43激活信号转导及转录激活因子3（signal transducer and activator of transcription 3，STAT3）和哺乳动物雷帕霉素靶蛋白（Mammalian Target of Rapamycin，mTOR）途径，促进抗菌肽的分泌。此外，丁酸还抑制LPS诱导的NF-κB激活，并通过激活GPR109a诱导IECs中白介素18（interleukin-18，IL-18）的分泌，从而减轻炎症反应，保护肠道免受进一步损伤。

芳基烃受体（aryl hydrocarbon receptor，AhR）属于配体激活转录因子中的一种，来自DNA结合蛋白的基区-螺旋环-螺旋（bHLH）超家族，广泛分布于皮肤、肺、肠道等屏障位点。大量低分子量物质，如色氨酸代谢物和吲哚，可作为AhR的配体。AIH患者微生物群中色氨酸代谢增加，色氨酸在肠道中被色氨酸酶分解为靛基质，靛基质通过激活芳香烃受体（AhR）来增强肠屏障功能。其中，靛基质和色氨酸通过激活AhR产生多种与免疫相关的细胞因子，如IL-10、IL-17和IL-22，从而调节肠免疫稳态。上皮稳态调节包括对上皮细胞增殖和通透性的调节，以及对黏液、补体和抗菌蛋白（antimicrobial proteins，AMPs）的产生的调节。IL-22调节上皮细胞的生长和通透性，并影响黏液、补体和AMPs的产生，以维持上皮稳态；IL-22还可以通过增加半胱氨酸白细胞的数量来增加黏膜组织中黏液的含量。靛基质还通过激活pregnane X受体（pregnane X receptor，PXR）来增强肠屏障功能，活化的PXR通过TLR4来介导肠黏膜屏障完整性。

与正常对照相比，自身免疫性肝炎患者的支链氨基酸代谢增强，亮氨酸、亮氨酸和异亮氨酸等支链氨基酸通过激活各种信号通路介导肠道固有和适应性免疫反应，从而可能参与AIH的发生发展过程：异亮氨酸通过GPR激活ERK信号通路；亮氨酸通过激活mTOR受体、缬氨酸通过激活NF-kB通路参与免疫。

综上所述，AIH中生态失调可引起LPS的增加，激活IECs中的TLR4/FAK/MyD88信号通路；AIH中SCFAs的减少使得GPR41/43和GPR109a的激活减弱，从而抑制相关信号通路；色氨酸代谢增加可能通过影响AhR和PXR增强肠道屏障以及影响肠道免疫；支链氨基酸通过激活各种信号通路来介导免疫反应。肠道屏障受损导致肠源性细菌和肠道代谢产物从肠道转位至肝脏，转位物质在肝脏激活多种炎症和免疫反应，从而参与AIH的发生和发展。

（2）肝脏。PRRs是宿主免疫系统识别病原体相关分子模式（pathogen-associated molecular patterns，PAMPs）的关键受体，主要包括NOD样受体（nucleotide-binding and leucine-rich repeat receptors，NLRs）和TLRs。在肝脏中，这些受体能够感知来自肠道的PAMPs，如细菌内毒素（如LPS）和细菌DNA，从而启动一系列免疫反应。肠道菌群的失调会导致这些PAMPs的增加，进而激活肝脏中的PRRs，促进炎症反应，最终导致AIH的发生。

NLRs是一类重要的PRRs，能够通过识别细胞质内的PAMPs激活下游信号通路。在Con A诱导的AIH小鼠模型中，NLRP3炎症小体被确定为肝炎进展的关键中介。NLRP3的激活会促进caspase-1的裂解和炎症因子IL-1β的分泌，这种细胞因子能够诱导Th17细胞的分化和炎症细胞的招募，从而加剧肝脏的炎症反应。研究表明，肠道菌群的失调可能导致NLRP3的过度激活，进而加速AIH的病理进展。

TLRs是研究最广泛的PRRs，能够通过适配器分子激活多种信号通路，如MAPK、IRF3/7和NF-κB。这些信号通路的激活会诱导促炎细胞因子的分泌。在AIH患者中，PAMPs的增加会激活TLRs，导致肝损伤和纤维化的加重。在肝星状细胞、Kupffer细胞和肝细胞中，LPS结合TLR4后可激活MAPK、IRF3和NF-κB，从而促进促炎趋化因子和细胞因子的分泌，进而加速AIH中的肝损伤和纤维化进展。此外，巨噬细胞TLR4的激活可启动受体相互作用蛋白激酶3（receptor-interacting serine/threonine kinase 3，RIP3）信号通路，从而介导肝脏巨噬细胞/单核细胞的激活，促进IL-6的分泌。IL-6不仅促进IgG的产生，还能将Tregs细胞转化为Th17细胞，可能提示着IL-6在AIH发生发展的影响。另外，LPS还能通过激活TLR4/MyD88信号通路，导致TFR/TFH细胞的失衡，从而可能影响AIH的发生发展。细菌DNA还可结合TLR9进而启动NF-κB/MAPK信号通路，并上调IL-12和TNF-α的分泌，从而可能通过这个路径加剧AIH中的肝脏炎症损伤。

G蛋白偶联胆汁酸受体1（G protein-coupledBile Acid receptor 1，GPBAR1）是一种G蛋白偶联受体，广泛分布于肝脏的非实质性细胞中，包括胆管细胞、活化的造血干细胞、窦内皮细胞以及Kupffer细胞。次级胆汁酸被认为是GPBAR1的配体，能够通过调节NKT细胞的分化和极化，刺激抗炎细胞因子IL-10的分泌。在AIH中，肠道菌群的失调，梭菌（*Colstridium*）的丰度降低，会导致次级胆汁酸的减少，可能通过抑制GPBAR1-IL10轴的活性，加重肝脏炎症损伤。

AhR在肝脏中也可能参与AIH的发生发展。AhR能够识别低分子物质（如吲哚、色氨酸），并通过转位至细胞核激活靶基因的转录。在AIH中，肠道菌群的失调导致鸡肠球菌（*enterococcus gallinarum*）的丰度增加，从肠道转位至肝脏，编码莽草酸途径，产生AhR配体，激活AhR-CYP1A1信号通路，促进TFH细胞和Th17细胞的产生，进一步加剧自身抗体的分泌。因此推测AhR可能参与了AIH的启动

肠源性5-羟色胺（5-Hydroxytryptamine，5-HT）占全身5-HT含量超过90%，约50%的肠源性5-HT由肠道微生物群调节，AIH患者微生物群中色氨酸代谢增加。目前尚未有报道直接提出5-HT与AIH的相互作用，但是5-HT对PBC、炎症性肠病等自身免疫性疾病的发生发展均有影响；并且对AIH小鼠的研究发现，米氮平（一种5-HT受体拮抗剂）减弱了肝脏固有免疫反应，进而减轻肝脏炎症改变，提示5-HT及其受体对AIH发病机制中肝脏免疫的影响。

综上所述，AIH的生态失调导致肠道细菌及其产物从肠道转移到肝脏。PAMP识别NLRs以及TLRs（特别是TLR4和TLR9）影响促炎细胞因子的分泌、参与肠道免疫稳态的破坏，进而可能参与AIH的发生发展；肝脏内易位的*enterococcus gallinarum*可激活AhR-CYP1A1信号通路，促进系统自身抗体的产生，可能参与疾病的启动；次级胆汁酸的减少可能通过抑制GPBAR1-IL10轴的活性，加重大鼠的肝炎损伤；5-HT也可能通过减弱肝脏的固有免疫影响AIH的发生发展。

4.代谢物途径

肠道菌群分泌的代谢物以各种方式直接或间接地影响宿主肠道屏障的完整性，导致肠道炎症反应；另外，菌群及代谢物通过门静脉循环流入肝脏，被肝脏中造血细胞和非造血细胞上的TLRs识别后，可诱发与肝脏有关的自身免疫性疾病（如AIH）。AIH患者肠道微生物群落代谢产物的变化包括短链脂肪酸SCFAs、色氨酸代谢物、次级胆汁酸和多胺浓度降低以及支链氨基酸（branched-chain amino acids，BCAAs）浓度升高，血浆LPS浓度升高。

（1）SCFAs。AIH患者肠道内产生SCFAs的厌氧菌群减少，这可能会影响AIH的发生发展以及过程中的肠道屏障破坏。通过对粪便进行检测，发现AIH小鼠模型的部分SCFA含量低于健康小鼠，且补充SCFA有利于缓解AIH疾病进展。在AIH患者和EAH模型的研究中也发现，肠道缺乏SCFAs还改变了IgA、sIgA和IgG的水平，使肠道免疫稳态和肠道屏障功能受损，进而促进AIH的发生发展。

丙酸盐和丁酸盐能增加辅助性T淋巴细胞Th-17、Th-1的数量和Treg种群的范

围，减少IFN-γ的产生。在AIH实验小鼠的研究中也发现，补充丁酸钠显著增强了AIH小鼠模型的肠道屏障功能，防止了肠道微生物的转移，降低了血清转氨酶水平，调节了免疫细胞Treg/Th17比值，从而减轻了小鼠AIH的发展；其机制可能与调节TLR4信号通路和炎症细胞因子如IL-6、TNF-α有关。另外，丁酸甲酯也可以下调AIH小鼠肝脏Th1细胞相关趋化因子的表达，抑制TLR受体信号通路，预防ConA诱导的肝损伤。

（2）LPS。除了上文所述的SCFAs对肠道屏障的直接影响外，SCFAs还能作为肝肠轴中的有益微生物群代谢产物，抑制LPS诱导的炎症反应。LPS通过触发免疫细胞（如Kupffer细胞）的活化和导致促炎细胞因子的释放等作用，在肠道-肝脏轴中发挥着重要作用。AIH患者肠道微生物菌群代谢功能异常，导致合成LPS的能力和LPS在肠道中的相对丰度增加，血浆LPS水平明显升高，且这一改变与疾病晚期密切相关。LPS还可激活TLR4和NF-κB信号通路，导致肠道屏障紧密连接蛋白表达减少和肠道屏障受损。

（3）次级胆酸。次级胆酸被认为是NKT细胞上GPBAR1的一种配体。肠道中*Clostridium*数量减少导致了次级胆酸含量下降，这抑制了NKT细胞向NKT10细胞极化以及通过GPBAR1失活来抑制抗炎细胞因子IL-10的分泌，从而减轻ConA诱导的肝炎。

（4）色氨酸。AIH患者微生物群中色氨酸代谢增加，可能通过AhR和PXR影响肠屏障功能，调节肠免疫稳态，与细胞因子（如IL-22、IL-10、IL-17）和受体（TLR4）有关。

（五）肠道非细菌群落调控AIH进展的机制

目前对肠道真菌调控AIH发生发展的相关认识较少，但有部分研究报道了相关性。印度的回顾性研究发现自身免疫性肝炎与隐球菌（*Cryptococcus*）感染之间可能存在关联。另外，有20%~30%的AIH患者会出现抗酵母菌抗体（anti-saccharomyces cerevisiae antibody，ASCA），这可能是主要致病过程的附带免疫反应，但ASCA阳性并不意味着存在一个独特的AIH患者亚群；这些自身抗体也不参与AIH的发病机制，可以作为诊断或预后标志物进行评估。

关于肠道病毒以及古生菌调控AIH发生发展的机制研究尚不充分，需要更多相关研究进一步推进认识。

三、肠道益生菌群对自身免疫性肝炎的改善作用

多项研究表明，肠道益生菌群对AIH有一定的治疗作用，其作用机制与维持肠道平衡、黏膜屏障、免疫稳态等有关。由于AIH的标准疗法受到长期免疫抑制和皮质类固醇并发症的影响，运用肠道菌群的新型治疗途径将成为一种有吸引力的替代方案，但目前该治疗途径的临床应用与机制探索较为有限，主要局限于模型实验，需要更多临床研究进行进一步的探索，本节就现有现有研究及相关作用机制展开阐述。

（一）肠道益生细菌对AIH的改善作用

研究发现益生菌、益生元以及合生元不仅能重塑紊乱的肠道微生物群，还能维持肠道屏障的完整性，阻断肝脏中LPS/TLR4/NF-κB通路的激活。它们还能通过降低促炎细胞因子的水平，提高抗炎细胞因子的水平，恢复AIH患者的免疫失衡。

1.益生菌

（1）概念及临床应用。AIH不治疗可能导致肝硬化、肝衰竭，在由各种原因引起的肝硬化的临床研究中观察到了益生菌的治疗效果，但是目前益生菌特别用于AIH临床的研究较少，对其作用机制的研究主要集中于动物模型中，但使用益生菌的新型治疗手段已经显现出巨大的临床潜力。

（2）作用机制。*Bifidobacterium*是一种广泛研究和利用的益生菌，多用于抑制肠道中致病菌的生长、维持肠道健康和保护肠屏障。动物双歧杆菌420（B420）能显著缓解S100诱导的EAH，并调节肠道微生物群的组成。AIH患者粪便中的SCFA数量减少，而B420则增加了EAH小鼠盲肠中的SCFA数量。值得注意的是，在体外和体内实验中，B420治疗通过上调紧密连接蛋白改善了肠道屏障功能。此外，B420还能降低血清内毒素水平，抑制EAH小鼠肝巨噬细胞的RIP3信号通路，从而调节Th17细胞的增殖。B420的早期干预可能通过保护肠道屏障功能改善EAH小鼠的肝脏免疫稳态和肝损伤。

另外，用含有*Bifidobacterium*和*Lactobacillus*的复合益生菌治疗AIH模型小鼠可调节免疫反应，并可以改善回肠屏障功能，将肠道优势细菌从*Firmicutes*转变为拟杆菌门（Bacteroidetes），增加了有益细菌的丰度，减少了有害细菌的数量，增加肠道菌群多样性，阻止LPS向肝脏的易位。肠道来源的LPS激活的TLR4/NF-κB通路受到

抑制，导致炎症因子的产生减少，促进自身免疫性肝炎的缓解。

预防性活性复合双歧杆菌、乳酸杆菌和肠球菌胶囊（live combined bifidobacterium，lactobacillus and enterococcus capsules，LCBLECs）还可通过下调IL33的产生恢复EAH小鼠的Treg/Th17平衡；它还能通过抑制TLR2/4信号通路来抑制IL-33在EAH小鼠体内的上调；LCBLECs还能缓解肠道微生物群失调，提高AIH患者常规治疗的疗效。

激素治疗AIH过程中联合使用益生菌具有改善疗效的作用。Lactobacillus能明显提高脆弱拟酸菌（*bacteroides fragilis*）、*Clostridium*、柔嫩梭菌（*Clostridium leptum*）、*Bifidobacterium*和乳酸菌的水平，显著降低了接受泼尼松治疗的AIH患者血清中转氨酶、自身抗体和免疫球蛋白水平。Lactobacillus在EAH小鼠中发挥了与泼尼松相同的保护作用，并增强了泼尼松的效果。Lactobacillus还增强了泼尼松对血清IL-21水平和外周血单核细胞中Tfh细胞比例的抑制作用，泼尼松和乳酸菌以MyD88/NF-κB通路依赖的方式调节EAH小鼠的TFH细胞反应。

2.益生元

（1）概念及临床应用。益生元是微生物源性生物活性化合物，属于细菌代谢产物，可能对人体健康有益，包括半乳糖低聚糖（galacto-oligosaccharides，GOS）、果寡糖（fructooligosaccharides，FOS）和菊粉，这些食品成分可选择性地刺激肠道微生物群中的Bifidobacterium和Lactobacillus增加SCFAs浓度和丰度，从而为宿主带来健康益处。由于个体间肠道菌群微生物组的构成存在差异，益生菌和益生元对个体的健康效应不可预测。因此，直接使用细菌代谢产物（如丁酸盐）可能会是一种更可控、可重复和可靠的治疗策略。目前益生元用于AIH临床的研究较少，对其作用机制的研究主要集中于动物模型中，但使用益生元的新型治疗手段已经显现出巨大的临床潜力。

（2）作用机制。多糖A作为来源于Bacteroides fragilis的共生因子，能够促进哺乳动物宿主的免疫发育。有研究表明，多糖A在小鼠体内可诱导Foxp3+T细胞产生，抑制辅助性T细胞17活性，从而纠正调节性T细胞与辅助性T细胞17失衡。因此，有理由推测多糖A可能成为AIH患者新的治疗方法。

3.合生元

（1）概念及临床应用。益生菌和益生元联合使用（合生元）效果优于单独使用益生菌或益生元，然而目前合生元用于AIH临床的研究较少，对其作用机制的研究主要集中于动物模型中，但使用合生元的新型治疗手段已经显现出巨大的临床潜力。

（2）作用机制。LAB、Bifidobacterium和降解魔芋葡甘露寡糖（degraded konjac glucomannan，DKGM）联合使用的合生元在AIH模型小鼠身上，减轻了肝脏损伤，并通过减少肝脏炎症和热蛋白沉积改善了肝功能。这种合生元逆转了AIH模型小鼠的肠道菌群失调，显著改善了肠道微生物群落的丰富性和多样性，有益菌（如利肯菌和阿利斯蒂普斯菌（Alistipes）增加，潜在有害菌〔如志贺杆菌（*Shigella castellani*）等〕和含LPS的革兰阴性菌水平降低；同时维持了肠道屏障的完整性，减少LPS，抑制了TLR4/NF-κB和NLRP3/Caspase-1信号通路。此外，这种合生元还改善了肠道微生物群的功能，包括炎症损伤、新陈代谢、免疫反应和病变等。治疗方面，这种新型合生元对AIH的疗效不亚于泼尼松。因为其抗炎和抗细胞程序性死亡特性，这种新型的这种合生元可能成为通过缓解内皮功能障碍和肠道菌群失衡进而缓解AIH的候选药物。

（二）肠道非细菌群落对AIH的改善作用

细菌病毒（噬菌体）已被越来越多的人视为免疫调节剂，其能下调与肝损伤有关的因子的表达、产生及ROS、TLR-4激活、NF-κB激活、血小板的促炎和促凝血活性，并上调被证明具有保护作用的因子的表达、产生白细胞介素IL-10、IL-1受体拮抗剂。目前尚缺乏噬菌体治疗AIH的临床研究，但其在其他慢性炎症性疾病研究中所揭示的肝细胞保护、免疫调节、菌群调节及作为靶向药物载体等作用，无不提示其在AIH治疗中具有潜在价值。基于宿主细菌-噬菌体相关性的信息，对细菌特异性噬菌体进行筛选，鉴定新的抗菌酶，有望为开发针对肠道病原体的噬菌体疗法提供关键信息。

真菌、古生菌对自身免疫性肝炎的改善作用的研究较少，需要进一步研究拓宽认识。

第二节　肠道微生态与PBC

一、疾病概述

（一）疾病概念

原发性胆汁性胆管炎（primary biliary cholangitis，PBC），在2016年之前正式命名为原发性胆汁性肝硬化，是一种以肝脏为主要靶器官的慢性进展性自身免疫性胆汁淤积性疾病，主要病理改变为肝内小胆管非化脓性炎症，最终导致肝纤维化及肝硬化，发病机制尚不完全明确。1851年的文献描述了第一例出现类似PBC症状的患者。当“原发性胆汁性肝硬化”一词最初出现在Dauphinee和Sinclair于1949年发表的一篇文章中时，大多数早期对PBC的描述涉及肝硬化期患者，伴有黄疸、腹水和静脉曲张出血。因此，当时“原发性胆汁性肝硬化”的命名是正确的。然而，在临床环境中使用生化和免疫学测试使PBC的早期诊断成为可能。此外，熊去氧胆酸（ursodeoxycholic acid，UDCA）作为一线治疗药物的建立显著降低了疾病进展为肝硬化。事实上，虽然在1980年代被诊断为PBC的患者中有一半在诊断时有一种或多种症状，但在日本，75%~80%的患者在2000年后诊断时没有任何症状。疾病表现与其用词不当之间的严重差距越来越大，“肝硬化”一词不仅不准确，而且成为患者的一种主动污名，这是由于该疾病的命名发生了变化，从肝硬化到胆管炎。亚太肝脏研究协会（Asian Pacific Association for the Study of the Liver，APASL）也正式批准了这一决定，APASL的官方期刊目前使用了新的命名“原发性胆汁性胆管炎”。

（二）流行病学

PBC的患病率和发病率在世界范围内差异很大。这种差异可归因于地区或研究时期之间的真实流行病学差异，病例发现或确定的研究设计差异，或医生之间PBC诊断的差异。值得注意的是，在一些流行病学研究稀缺的亚洲和非洲国家，对PBC的认识可能仍然不令人满意，而且一些研究的样本量非常小。PBC被认为是亚太地区的一种罕见疾病，而亚太地区的患病率和发病率似乎都较低，韩国和香港最近的流行病学研究表明。相比之下，2016年，在日本进行的一项研究报告称，日本人口中PBC的点患病率为33.8/100 000，与欧洲国家、美国和加拿大相当。韩国最近的一篇综述根据患病率［（1 500~2 500例）/100 000例］或患者数量（<20 000例）来定义“罕见病”。

PBC的患病率呈上升趋势。相同地区的纵向研究一致显示PBC患病率增加。由于研究显示PBC的发病率不断上升（2009年为1.67，2015年为5.31，意大利）或相对稳定的发病率（瑞典为2.6），因此尚不清楚PBC患病率的增加或改善是否是真正的增加或改善。

PBC的标志之一是其女性优势。在20世纪90年代和2000年初，女性：男性比例为9∶1，这种明显的女性易感性为研究人员澄清PBC的病因提供了线索。在最近的流行病学研究中，女性：男性的比例低于5∶1，甚至为2.1∶1。男性PBC患者数量相对增加的原因尚不清楚，但更好地认识和PBC发病率的真正增加可能是原因。

（三）自然病程及危害

PBC是一种慢性自身免疫性肝病，其特征是肝内胆管上皮细胞（intrahepatic bile epithelial cells，BECs）的选择性破坏，可能导致胆汁性肝硬化，最终导致肝移植或死亡。

PBC的自然史大致分为4个阶段。第一阶段为临床前期：抗线粒体抗体（mito-chondrialanti，AMA）阳性，但生物化学指标无明显异常。第二阶段为无症状期：主要表现生物化学指标异常，但没有明显临床症状。第三阶段为症状期：患者出现乏力、皮肤瘙痒等临床症状；从症状出现起，平均生存时间为5~8年。有症状患者的门静脉高压相关并发症10年内发生率为10%~20%，高于无症状患者。当患者出现食管胃底静脉曲张后，3年的生存率仅为59%，第一次出血后3年生存率约46%。第四阶段为失代偿期：患者出现消化道出血、腹水、肝性脑病等临床表现。此阶段以胆红素进行性升高为特点，当胆红素达到34.2μmol/L时，平均生存时间为4年。达到102.6μmol/L时，则标志着患者进入终末阶段，平均生存时间为2年。

就自然病程而言，发病时有一个沉默期，没有肝功能障碍，肝脏组织学只有微小的变化，然后是长期无症状的肝功能障碍，最终是肝硬化和终末期肝衰竭。对于诊断为肝硬化的患者，在没有任何干预的情况下，肝移植或死亡的中位时间为6~10年。使用UDCA可显著提高大多数PBC患者的生存率，一些报道表明中位生存时间为16~20年。然而，尽管使用UDCA可改善肝功能障碍，但约1/3的患者仍有进展为肝硬化的风险。

（四）PBC的常见病因和发病机制

PBC是一种多因素的疾病；目前尚不清楚PBC是如何以及为什么发展的。一般认为是通过耐受性破坏靶向胆道上皮细胞（biliary epithelial cells，BECs）的自身免疫攻击会引发疾病发作。

PBC的标志是抗线粒体抗体（mitochondrialanti，AMA），在90%~95%的PBC患者中检测到抗线粒体抗体，也是人类免疫病理学中最具疾病特异性的自身抗体。AMAs对PBC的高特异性表明，AMAs不仅是简单的诊断血清学标志物，而且在PBC的免疫病理学中也很重要。AMA可识别位于线粒体内膜的一个酶家族，称为2-氧代酸脱氢酶复合物（2-oxoacid dehydrogenase complex，2-OADHc），主要包括丙酮酸脱氢酶复合物E2亚基（pyruvate dehydrogenase complex E2，PDC-E2）、支链2-OADCE2亚基（branched-chain 2-OADCE2，BCOADC-E2）、2-氧代戊二酸脱氢酶复合物E2亚基（2-oxoglutarate dehydrogenase complex E2，OGDHc-E2）和二氢硫辛酰胺脱氢酶结合蛋白（dihydrolipoamide dehydrogenase-binding protein，E3BP）。AMA和自身反应性CD4+和CD8+T细胞表位被限制在人PDC-E2内硫辛酰结构域的共享肽序列内。

PBC患者的BEC和肝细胞表达大量人类白细胞抗原（human leukocyte antigen，HLA）Ⅰ类和Ⅱ类分子。在PBC患者中，BECs作为非专业的抗原呈递细胞，BECs和T细胞的相互作用可能在一定程度上解释了胆管丢失的原因。事实上，BECs表达黏附分子、细胞因子和趋化因子，并在肝脏胆道中募集单核细胞。例如，fractalkine（CX3CL1），这是一种具有化学引诱和细胞黏附功能的趋化因子。损伤胆管微环境中的辅助性T细胞因子1型优势和脂多糖诱导BECs中fractalkine表达的上调，随后是表达其受体的单核细胞（CX3CR1）的化学吸引，包括CD4+和CD8+T细胞。在早期有明显胆管炎活动度（cholangitisactivity，CA）的患者中，PBC中的血清fractalkine水平较高，且治疗后水平降低。

PDC-E2是一种普遍存在的蛋白质，位于人体内几乎所有有核细胞中，目前尚不清楚为什么对PDC-E2具有特异性的自身反应性T细胞仅对肝脏中的BECs产生细胞毒性。在这方面，应该注意的是，即使在肝移植（liver transplantion，LT）后，PBC也会复发，这表明PBC中BEC的免疫病理学易感性不是主要组织相容性复合体（major histocompatibility complex，MHC）特异性的，而是与自体BEC共有的一般特征。解决这一谜团的假设是，在细胞凋亡期间，人肝内BECs可以在凋亡期间维持

PDC-E2在凋亡泡（apotopes）内的免疫完整性。有趣的是，由BEC异位细胞、PBC患者的巨噬细胞和AMA组成的独特三联体可能导致炎性细胞因子的严格产生。

尽管免疫致病机制与PBC的发病机制有关，但它不被认为是经典的自身免疫性疾病，因为PBC患者对免疫抑制剂没有反应。而且，免疫介导的组织攻击导致胆汁流量减少以及随后有毒胆汁产物在PBC中的积累不仅使胆道上皮损伤永久化，而且还改变了肠道和胆道微生物群的组成及其与宿主的相互作用。PBC中的多克隆高IgM反应和（自身）抗体在这两种疾病中与微生物抗原发生交叉反应，单个微生物的扩增导致肠道或胆道微生物群组成的变化以及随后上皮层完整性的改变，促进微生物易位。这些变化与PBC的发病机制有关。

遗传因素对于PBC的发病机制也具有重要影响。近年来开展的全基因组关联研究（genome wide associ ation studies，GWAS）为理解PBC的遗传因素、探索发病机制提供了更多线索。2009年，Hirschfield等通过对加拿大和美国的536例患者和1536例对照组进行检测，发现人类白细胞抗原II类基因上的13个单核苷酸多态性位点、*IL-12A*基因上的rs6441286和rs574808，以及*IL-12RB2*基因上的rs3790567与PBC显著相关。随后的意大利及英国的两项GWAS也验证了上述结论，并发现了新的易感基因或区域。对上述3项GWAS研究进行荟萃分析，发现了6个新的易感基因或区域。然而，在日本人群进行的GWAS研究，并未证实欧美报道的与PBC相关的*IL-12A*及*IL-12RB2*。最近，我国学者对南方（主要是上海和江苏）汉族PBC患者进行了研究，发现早前欧美及日本报道的14个与PBC相关的单核苷酸多态性位点中，有7个与中国PBC患者相关。这些资料提示，我国PBC患者的遗传易感性与欧美及日本既存在共性，也存在差异。

除此之外，肠道微生物与PBC的发病机制有关：PBC中的多克隆IgM反应，在慢性感染期间经常观察到；复发性尿路感染患者发生PBC的风险增加；以及PSC与炎症性肠病（inflammatory bowel disease，IBD）密切相关，尤其是溃疡性结肠炎（ul-cerativecolitis，UC）。更直接的提示包括不同细菌和病毒与PBC的发病机制有关。分子模拟已被提出是免疫介导的胆道损伤的一种潜在致病机制。因此，PBC患者血清中与PDC-E2的线粒体E2亚基（PBC的标志性抗原）结合的抗体也与保守的细菌蛋白发生交叉反应。这些包括Escherichia coli的ATP（三磷酸腺苷）依赖性Clp蛋白酶，德氏乳杆菌（*Lactobacillus delbrueckii*）（阴道菌群的成分）的β-半乳糖苷酶，以及新鞘氨醇芳香食肉菌的两种尚未确定的脂酰化蛋白，这是一种普遍存在的α-变形杆菌，也存在于人类的黏膜表面和粪便中。此外，遗传易感小鼠品系感染新鞘氨醇芳香剂可诱导抗PDC-E2反应和人类类似PBC的肝脏病变。

（五）PBC的临床表现、诊断标准和治疗原则

1.临床表现

PBC早期患者，大多数无明显临床症状。有研究表明约1/3的患者可长期无任何临床症状，但是大多数无症状患者会在5年内出现症状。我国文献总结显示，乏力和皮肤瘙痒是最常见的临床症状，随着疾病的进展以及合并其他自身免疫性疾病，可出现胆汁淤积症相关的临床表现和自身免疫性疾病相关的临床表现。常见的临床表现如下。

（1）乏力。PBC最常见的症状之一，可见于40%~80%的PBC患者。乏力可发生在PBC的任何阶段，与组织学分期及肝功能损害程度无相关性，但可能与发病年龄和性别有关。可表现为嗜睡、倦怠、正常工作能力丧失、社会活动兴趣缺乏和注意力不集中等，从而导致生活质量的降低。乏力的病因尚不清楚，但似乎起源复杂，在大多数患者中可能是多因素的，与抑郁、自主神经功能障碍和睡眠障碍有关。

（2）瘙痒。PBC的另一种常见症状，一般可见于20%~70%的PBC患者，约75%的患者在诊断前即存在皮肤瘙痒。可表现为局部或全身瘙痒，通常于晚间卧床后较重，或因接触羊毛、其他纤维制品、怀孕而加重。瘙痒可发生局部或弥漫性，其存在和严重程度在整个PBC临床病程中都会发生变化。瘙痒的病因尚不清楚，但有几种物质如溶血磷脂酸（lysophosphatidic acid，LPA）等被认为与胆汁淤积性肝病的瘙痒有关。

（3）疾病后期可发生肝硬化和门静脉高压的一系列并发症，如腹水、食管胃底静脉曲张破裂出血以及肝性脑病等。门静脉高压也可见于疾病早期，甚至在肝硬化发生之前就可出现门静脉高压症。其发病机制可能与门静脉末枝静脉闭塞消失所导致的结节再生性增生有关。

（4）干燥综合征。常见于PBC患者，表现为眼睛干涩和/或口干。外腺体，包括泪腺或唾液腺，也受PBC的影响。干燥综合征患者可能会出现许多症状，包括灼热、瘙痒、眼睛发炎、睑缘炎、吞咽困难、口腔炎、龋齿和干咳，导致生活质量严重受损。建议及早识别干燥症状并咨询眼科医生或牙医。

（5）骨质减少性骨病，包括骨质减少和骨质疏松症，是PBC的常见疾病。PBC患者骨质疏松发生率显著高于年龄、性别相匹配的健康人群，而患者中绝经后老年女性、体质量指数低、肝纤维化程度严重、病程长、病情重的患者发病率更高。PBC中发现的骨密度降低是多因素的。慢性胆汁淤积会导致维生素D吸收不良和缺乏，而维生素D对骨代谢至关重要。

（6）脂溶性维生素缺乏。PBC患者胆酸分泌减少可能会导致脂类吸收不良，维生素A、维生素D、维生素E和维生素K水平的降低可导致夜盲、骨量减少、神经系统损害和凝血酶原活力降低等。

（7）PBC患者常伴有高脂血症，胆固醇和甘油三酯均可升高，但典型表现为高密度脂蛋白胆固醇升高。目前尚无证据表明它可增加动脉粥样硬化的危险性。

除上述表现之外，PBC还可合并多种自身免疫性疾病，包括自身免疫性甲状腺疾病、类风湿性关节炎、自身免疫性血小板减少症、溶血性贫血和系统性硬化等。值得注意的是若没有得到及时的治疗，PBC可能会转化为肝硬化，甚至发展至肝细胞癌。

2.诊断标准

PBC的诊断标准通常有免疫学诊断和病理学诊断。

对于病因不明的ALP和（或）GGT升高患者，建议常规检测AMA或AMA-M2，也就是免疫学诊断。血清AMA是诊断PBC的敏感且特异的指标，尤其是AMA-M2诊断本病的敏感性和特异性均为90%～95%。在临床环境中，AMA通常通过酶联免疫吸附测定（enzyme-linked immunosorbent assay，ELISA）或免疫荧光来确定。传统上，至少已发现9种AMA亚型，其中4种（M2、M4、M8和M9）似乎与PBC相关。由于抗M2抗体针对2-OADC和针对PBC的特异性最强，因此AMA的M2亚型（AMA-M2）目前在日常临床实践中用作AMA。此外，对于诊断本病较特异的抗核抗体亚类还包括抗spl00、抗gp210、抗P62、抗核板素B受体等。近期分析显示抗spl00和抗gp210对于诊断PBC的特异性分别高达97.7%和98.5%，但敏感性仅分别为23.1%和24.85%，因此主要用于高度怀疑PBC但AMA抗体阴性的患者。IgG和IgA双亚型酶联免疫吸附试验（Dualiso-typeIgG，IgAELISA）（商品名为PBCScreen），可以同时检测多种PBC特异性抗体（MIT3、gp210、Sploo），因此其阳性率更高。也有报道提到，在免疫荧光法检测AMA为阴性的253例PBC患者中，使用PBCScreen

可在113例（44.7%）中检测到PBC特异性抗体。

由于AMA在PBC诊断中的敏感性和特异性非常高，可检测到的AMA和ALP水平升高足以诊断PBC，因此肝活组织检查属于病理学诊断，它对于AMA或AMA-M2阳性患者来说并非诊断PBC所必需。然而，由于基线时的组织病理学分期是生存的独立预后标志物，正如最近的一项大规模回顾性研究所证明的那样，因此建议进行肝活检来预测长期结局，但不需要进行诊断。对于AMA / AMA-M2阴性患者，或者临床怀疑合并其他疾病如自身免疫性肝炎（AIH）等，需行肝穿刺活组织检查协助诊断，且有助于判断患者的疾病分期及预后。

检查之后，当满足胆汁淤积酶持续升高，AMA检测，典型的肝脏组织学中的2或3项时，通常可诊断为PBC。以上大致就是PBC的诊断标准。

3.治疗原则

目前PBC患者的一线治疗药物是熊去氧胆酸UDCA，它通过多种机制改善肝功能和无移植物生存，包括增强胆汁酸池的亲水性、免疫调节、抗炎特性和抗纤维化特性，它可改善血清生化异常，延缓静脉曲张的组织学进展和发展，并延长无肝移植生存期。自首次报道证明其对PBC有效以来，UDCA已显著改变了PBC的自然病程，并已在全球范围内被批准作为PBC的一线治疗。UDCA的剂量为13~15mg/（kg·d），推荐用于所有诊断为PBC且胆汁淤积肝酶升高的PBC患者。

在UDCA治疗1年时判断治疗反应，如果治疗反应完全，应继续UDCA单药治疗，无需额外治疗。对于反应不完全的患者，有必要加用二线治疗。

对于UDCA难治性患者的二线药物有奥贝胆酸OCA和贝特类药物等，前者是法尼醇X受体（farnesoid X receptor，FXR）的选择性配体；后者包括非诺贝特和苯扎贝特，是过氧化物酶体增殖物激活的受体α和孕烷X受体激动剂，可导致胆汁酸从头合成减少和胆汁酸转运蛋白上调。

除此之外，用于治疗PBC的许多药物仍处于实验或临床阶段，例如靶向胆汁酸代谢的药物，包括FXR激动剂、顶端钠依赖性胆汁酸转运蛋白（apical sodium-dependent bile acid transporter，ASBT）抑制剂和过氧化物酶体增殖物激活受体（peroxisome proliferator-activated receptor，PPAR）激动剂，通过降低细胞毒性和炎症来延缓疾病进展。此外，还有必要修复受损的肠道屏障，以避免不适当的肠道免疫反应。建议用于恢复IBD肠道通透性的饮食疗法和抗TNF-α药物将来也可能在PBC中进行评估。B细胞、T细胞和细胞因子/趋化因子靶向治疗也在不断发展中。

尽管PBC的长期结局已显著改善，但PBC仍存在一些未满足的需求。UDCA和其他二线治疗对晚期疾病患者几乎没有疗效，肝移植是唯一的治疗选择。目前的治疗无法实现“治愈”，患者需要终身服药。各种症状，包括疲劳和瘙痒，都非常难以控制，并且很容易降低与健康相关的生活质量。

二、肠道微生物与PBC的关系

人类肠道微生物群是一个庞大而多样化的细菌群落，包括细菌、古细菌、真核细菌、病毒和寄生虫。有10^{13}~10^{14}人体肠道中的微生物细胞总数，超过1000种细菌。肠道微生物群落在协调各种稳态过程中发挥着重要作用，包括宿主能量代谢和免疫功能。健康人通常具有广泛的肠道微生物种类。从生态学的角度来看，生态系统的生物多样性越大，其对外部环境扰动的抵抗力就越强。因此，微生物群的组成和功能改变，即微生物群的生态失调，与各种自身免疫性疾病有关。

（一）菌群整体变化

研究者们通过对照实验来研究PBC患者的肠道菌群，几项研究表明，与健康对照组相比，PBC患者和动物模型的细菌多样性下降，整体肠道微生物群组成发生显著变化。总体而言，PBC中有益菌的丰度降低，而机会性病原体的丰度增加。

而且较类风湿关节炎患者而言，PBC患者肠道菌群的变化具有特异性，且这些变化并不仅限于肠道细菌丰度的改变，还表现在肠道细菌和机体代谢和免疫系统相互作用的改变；针对终末期PBC患者的研究发现，PBC患者的胆汁中以革兰阳性球菌为主，和胆囊结石患者的胆汁中以革兰阴性杆菌为主不同，且PBC患者在接受肝移植治疗后，胆汁可转而呈无状态；而Tang等通过分析对比治疗前后PBC患者的肠道菌群变化，发现熊去氧胆酸（ursodeoxycholic acid，uDCA）治疗后，PBC患者的肠道菌群的丰度及多样性可得到一定程度恢复。上述研究无不提示PBC患者存在肠道菌群失常和胆汁内菌群改变。

（二）菌群成分变化

针对早期PBC患者的肠道菌群分析研究发现，相较于健康人群而言，PBC患者的肠道潜在有益菌包括产草酸杆菌（*Oxalobacteria formigenes*）、乳酸菌、埃氏拟杆菌（*Bacteroides eggerthii*）和布氏瘤胃球菌（*Ruminococcus bromii*）数量减少，而γ-变形杆菌（*Gamella-protecbacteria*）、肠杆菌科（Enterobacteriaceae）、奈瑟球菌（Neisseria）、螺旋菌、韦荣球菌（Veillonella）、链球菌（Streptococcus）、克雷伯杆菌（Klebsiella）、孪生厌氧菌（Gemella）、阿氏肠杆菌（Enterobacter asburiae）、副流感嗜血杆菌（Haemophilus Parainfluenzae）等条件致病菌增加。

在门水平上，Firmicutes和Proteobacteria在PBC中的比例过高，而Bacteroidetes显著减少。在科水平上，PBC组没有发现梭菌（*Clostridiales*），而在健康对照组存在该菌群。在属水平上，与健康对照组相比，PBC患者的鞘氨醇、嗜血杆菌（Haemophilus）、梭状芽孢杆菌（Clostridiales）、LAB、链球菌（Streptococcus）、双歧杆菌（Bifidobacterium）、假单胞菌（Pseudomonas）、弯曲杆菌（Campylobacter）、Klebsiella、肉杆菌属（Carnobacterium）、巨球形菌、厌氧球菌属（Anaerococcus）、毛螺菌属（*Lachnospira*）、胸膜肺炎放线杆菌（Actinobacillus pleuropneumoniae）、克拉副杆菌、甲基杆菌属（Methylobacterium）、不动杆菌属（Acinetobacter）的丰度降低；亨盖特拉菌（*Hungatella*）的含量则显著升高。（表4-2）

表4-2　PBC肠道细菌的研究

研究人员	年份	材料	患者（*n*）	IBD对照（*n*）	健康对照（*n*）	多样性	发现
吕等	2016	粪便	42	0	30	未知	几种可能有益的细菌↓（如瘤胃球菌属和毛杆菌属） 一些机会性病原体↑（如韦荣球菌属和链球菌属）
唐等	2017	粪便	116	0	114	减少	粪杆菌属、拟杆菌属、颤螺菌属和萨特菌↓ 肠杆菌科、克雷伯菌属、韦荣球菌属、链球菌属、假单胞菌属、嗜血杆菌属、乳酸杆菌属和梭状芽孢杆菌↑

（三）某些菌预测疾病严重程度

这些菌种的改变大多与PBC的发病机制有关。例如，PBC患者中Firmicutes物种的细菌丰度显著增加。几项观察性研究还表明，Firmicutes相对丰度的增加通常与肥胖有关。最近一项利用MR分析的研究提供了证据表明，由遗传因素决定的BMI升高可能是PBC发展的致病因素。这些研究进一步证实了我们对Selenomonadales组的结果，该组显著增加了PBC的风险。

病例对照研究表明，与对照组相比，Bifidobacterium的相对丰度显示PBC患者的相对丰度显著增加，这一结果表明Bifidobacterium的高患病率与对PBC的易感性增加之间存在因果关系，突出了其对疾病的不利影响。

我们的调查显示，Ruminococcaceae和Peptostreptococcus与PBC风险之间存在显著的负相关，表明对PBC具有潜在的保护作用。先前的研究表明，Ruminococcaceae（一种主要在肠道中发现的产生丁酸盐的细菌属）在PBC患者中显著减少。

总的来说，PBC患者存在肠道菌群失常和胆汁内菌群改变，细菌多样性下降，整体肠道微生物群组成发生显著变化，有益菌的丰度降低，而机会性病原体的丰度增加。遗憾的是，目前大多研究聚焦于肠道细菌的变化，而对真菌病毒等与PBC的关系研究较少，要想了解关于真菌病毒的变化与PBC的联系，还需要更进一步的研究。

三、肠道微生物调控PBC进展的机制

（一）屏障功能

研究表明，PBC患者的肠道通透性增加，但这种增加的原因仍然知之甚少。众所周知，肠道共生菌与黏蛋白、抗菌肽和免疫球蛋白一起充当先天免疫屏障，抵抗病原体感染。肠道共生菌，如Ruminococcaceae和真杆菌属（Eubacterium），通过产生丁酸盐来影响肠道屏障功能，丁酸盐可以刺激紧密连接和黏液产生。此外，微生物本身通过控制紧密连接蛋白的产生来影响肠道屏障功能。这样，肠道菌群的生态失调可能会破坏紧密连接，从而增加肠道通透性。如上所述，PBC患者的Ruminococcaceae丰度降低，这可能是肠道通透性增加的原因。此外，分泌的免疫球蛋白A（IgA）有助于肠道微生物组成，对维持肠道稳态至关重要，在PBC患者的肠上皮中异常。此外，肠道微生物的存在可以增强胆汁淤积期间的肠道通透性。由于肠道屏障功能受损，肠道衍生的抗原从肠道转移到肠系膜淋巴结、肠外器官和系统循环。

（二）免疫途径

通过门静脉系统，超过2/3的血液来自肠道。这种解剖学上的联系使肝脏成为抵御肠道衍生产品（如抗原和毒素）的第一道防线。因此，关于肠肝轴对胆汁淤积性肝病的免疫学影响有几种假设。一种假说基于“肠漏概念”，即肠黏膜损伤可能导致细菌及其代谢产物“渗漏”到肠肝循环中。Grant等人提出了另一个假设，即PBC是由长寿命记忆T细胞介导的，这些T细胞最初在肠道相关淋巴组织中启动，由于异常炎症诱导的黏附分子和趋化因子表达而被募集到肝脏。这些T细胞通常具有耐受性或凋亡性，但当遇到来自肠道的抗原或BEC上的交叉反应性自身抗原时，它们也可能引起夸张的炎症反应。所有假设的共同点是，肠道菌群的生态失调可能会破坏免疫稳态，从而对这些肝脏疾病产生有害影响。

迄今为止的大量数据表明，免疫在PBC的发病机制中起着至关重要的作用。APCs包括BECs、DCs、巨噬细胞、B细胞、自然杀伤细胞和自然杀伤T细胞，可通过模式识别受体识别微生物蛋白、异生素和BECs凋亡，并介导炎症反应的信号通路。之后，Th0细胞被激活，然后分化为Th1、Th2、Tfh、Th17细胞和自身反应性CD4+T细胞。细胞毒性T淋巴细胞被激活，B淋巴细胞被刺激产生秘密抗体。这些先天性和适应性免疫细胞的激活以及随后促炎细胞因子的分泌可能导致进行性炎症性肝胆破坏，并最终导致纤维化的发展。同时，Tregs细胞和其他免疫抑制细胞可缓解这种促炎过程。在胆管中，APCs不断暴露于各种病原体相关分子模式（PAMPs），这些分子模式在生理条件下从肠道升起。因此，耐受性对于维持免疫稳态是必要的。然而，分子模拟和免疫系统的不平衡可能导致PBC的耐受性被破坏。

PDC-E2的线粒体E2亚基是各种物种中系统发育保守的分子，也是PBC中自身抗体以及CD4+和CD8+T细胞的主要自身反应性表位。超过95%的PBC患者与PDC-E2发生反应，而与PDC-E2结合的抗体也会与保守的细菌蛋白（如Escherichia coli）发生交叉反应。这种现象最早是由Burroughs提出的，他假设主要PDC-E2自表位与其Escherichia coli同源物之间的相似性可能引发复发性尿路感染PBC患者的一系列免疫反应。这些数据可能表明，针对细菌蛋白的一抗产生和这些蛋白的分子模拟可能是PBC发展的原因。

综上所述，肠道菌群的失调和肠道屏障受损允许浸润的PAMP或其他抗原通过正常的血液循环进入肝脏，从而触发和上调先天性和适应性免疫系统。之后，持续的PAMP攻击或来自具有与PAMP具有相同抗原表位的共生菌群的刺激，导致自我耐受丧失和慢性肝病的发展。

此时值得一提的是，肠道微生物群的组成越来越被认为在免疫系统的平衡中起着基础性的作用。虽然免疫细胞对营养物质的摄取和利用对于维持免疫反应至关重要，但肠道微生物群为人体提供膳食多糖的能量。例如，T细胞对葡萄糖、氨基酸和脂肪酸的摄取是T细胞增殖、成熟和分化的关键步骤。缺乏这些营养素会导致T细胞功能障碍。SCFAs，包括乙酸和丁酸，是厌氧肠道微生物群发酵膳食碳水化合物纤维的最终产物。除了作为宿主的能量来源外，短链脂肪酸在免疫系统中还具有多种调节功能。一般观点认为，短链脂肪酸通过增强肠杯状细胞黏液的产生和改变肠上皮细胞的紧密连接通透性，对维持黏膜免疫至关重要。短链脂肪酸以组蛋白脱乙酰酶依赖性方式调节结肠Treg的大小和功能。短链脂肪酸还抑制NF-κB的表达，下调一些促炎细胞因子的产生，并抑制巨噬细胞和DCs。视黄酸是肠道微生物群代谢的产物，能够通过DC调节α4β7整合素和CC趋化因子受体9的表达，这是肠道归巢表型T细胞所必需的。Bacteroides fragilis的产物，称为多糖A（Polysaccharide A，PSA），被固有层DC吸收，并加工并呈递给幼稚的CD4+T细胞。PSA已被证明可以促进Tregs的抑制能力并诱导抗炎细胞因子的产生。念珠菌（*Candidatusartromitus*）通常称为分段丝状细菌（Segmented Filamentous Bacteria，SFB），具有很好的特征，可刺激促炎性Th17细胞的分化并增强肠道Tregs的表达。最近一项有趣的观察报告称，多种表现出上皮细胞黏附的微生物物种可以通过黏附到肠上皮细胞上促进肠道Th17细胞的诱导。总的来说，这些证据表明，微生物群及其代谢物在维持免疫稳态方面发挥着关键调节作用，并支持微生物群失调可能破坏免疫系统平衡的概念。

如前所述，通过肠肝轴涉及胆汁淤积性肝病中微生物群机制的两种替代方式，一种是来自肠道的PAMP通过门静脉血运输到肝脏，在那里它们可能会引起肝脏免疫疾病。另一种则是肠道菌群的失调会导致肠道免疫失衡，从而异常激活的T细胞、特异性趋化因子受体和整合素从肠道募集到肝脏中，导致进一步的肝脏炎症。

总体而言，越来越多的证据支持肠道微生物群通过调节代谢和免疫反应诱导胆汁淤积性肝病的假设。然而，疾病的进展可能会影响肠道微生物群的组成，进而加剧胆汁淤积。一旦胆汁淤积性肝病与肠道微生物组的稳态失调一起发展，就会形成恶性循环。

（三）分子模拟

PBC是一种自身免疫性肝病，具有高度特异性的线粒体抗体，主要靶向线粒体PDC-E2复合物，但触发这种自身免疫机制的原因尚不清楚。有人提出了分子模拟参与PBC发病机制，其中宿主细胞识别外源性细菌或病毒表位，随后触发AMA产生和效应T细胞对其自身蛋白质的反应。中间Streptococcus或新生鞘氨醇芳香食性动物暴露导致特异性抗体产生和肝损伤，类似于小鼠的PBC。此外，PBC患者血清中的AMA还与Escherichia coli和新鞘氨醇的细菌蛋白发生交叉反应。两者都显示出PBC中微生物和抗体之间的密切交叉反应性。因此，PBC假说基于"肠漏概念"，其中肠道微生物群通过肠道细菌分子和副产物的易位诱导抗PDC-E2反应和胆道损伤。PBC中微生物的分子模拟细节，包括Escherichia coli、支原体（Mycoplasma）、Lactobacillus、幽门螺杆菌（Helicobacter pylori，H.pylori）和新鞘氨醇，已在其他地方进行了广泛的综述，并提出了一些合理的机制。

（四）通过代谢物途径

肠道微生物群，也被称为"新的重要代谢器官"，对人类健康至关重要。因此，肠道微生物群的任何扰动都可能对身体产生不利影响，这是不可避免的。例如，脂肪多糖（LPS）等微生物产物在肝脏中的积累会引发不适当的炎症免疫反应，从而导致组织损伤，而微生物胆汁酸代谢受损可导致胆汁淤积和肝脏疾病。LPS和胆汁酸这两种代谢物在PBC发病机制中的潜在作用总结如下。

1.脂肪多糖LPS

LPS是革兰阴性细菌外膜的主要成分，由脂质A、核心多糖和O抗原组成，其中脂质A与革兰阴性细菌感染的毒力有关。LPS通过激活TLR4来影响免疫系统，TLR4是一种模式识别受体，可赋予对病原体感染的抵抗力并桥接先天性和适应性免疫。低剂量的LPS可建立非特异性抗菌和抗病毒防御，而高剂量可诱导不适当或过度的免疫激活，从而导致细胞损伤和多器官损伤。肝脏能够通过门静脉直接接收肠道衍生的产物，例如病原体、LPS和营养物质。在健康条件下，由于肝脏TLR4表达低和TLR4信号调节负性，肝脏没有表现出免疫反应的迹象。越来越多的证据表明，LPS-TLR4通路通过激活不适当的免疫反应引起PBC。

与健康对照组相比，PBC患者的血清LPS水平升高，并且与血清碱性磷酸酶、总胆红素和γ-谷氨酰转移酶水平呈正相关。据报道，在PBC患者受伤的BECs、肝细胞和浸润性炎症细胞中，LPS和TLR4升高。LPS水平升高激活TLR4，通过促进MyD88的募集，促炎核因子kappa-B（NF-κB）通路的激活以及促炎因子IL1β，IL6和肿瘤坏死因子-α（TNF-α）的释放，促进效应淋巴细胞CD4+T和CD8+T募集到PBC患者的门静脉束中，从而促进肝损伤。除此之外，PBC患者的外周血单核细胞（Peripheral Blood Mononuclear Cell，PBMC）对LPS也高度敏感。与健康对照组相比，从PBC患者中分离出的PBMC在LPS刺激后产生更高水平的IL1β、IL6、IL8和TNF-α。此外，致敏的单核细胞和TNF-α刺激BEC上调趋化因子黏附分子CX3CL1中。受损胆管中上调的CX3CL1吸引CD4+T和CD8+T细胞，并与CX3CR1+白细胞相互作用引起胆管炎。综上所述，LPS和TLR4之间的相互作用以及肝脏中上调的CX3CL1促进炎症免疫反应，引起局部免疫耐受的破坏和肝损伤。

2.胆汁酸

肝脏控制着体内的几条中枢代谢和合成途径。其中就有胆汁酸代谢的调节。

胆汁在中央周围肝细胞中合成，通过胆管引流到肝管中，然后通过Oddi括约肌释放到十二指肠。胆汁酸占有机胆道化合物的一半，在生理条件下是保守的；约95%的胆汁酸被肠上皮细胞重吸收，并通过门静脉系统运回肝脏，在那里它们被重新结合并重新分泌到胆汁液中，这也就是肠肝循环。

胆汁酸本身具有几个基本重要的功能。这些包括通过粪便从体内消除许多废物和分解代谢物，如胆固醇和胆红素，吸收和消化肠道中的脂质和脂溶性维生素，以及与免疫球蛋白A（IgA）（从上皮分泌到胆汁中）一起抑制细菌生长和黏附的有效抗微生物特性，从而防止胆道内上行感染。然而，由于存在多种耐胆汁的微生物，胆汁（酸）的抗微生物作用选择性地抑制某些微生物种类，进而影响整个肠道或胆道菌群的组成。因此，原发性胆汁性胆管炎的胆汁流动受阻会改变微生物群、感染易感性和上皮层的完整性。由于肝脏在血液循环中的解剖位置，肝脏暴露于胃肠道的各种营养和微生物化合物，代谢和/或微生物扭曲可能会促进肝组织内不适当的炎症免疫反应。

胆汁酸是胆汁的主要功能元素，通过经典和非常规途径在肝脏中从胆固醇合成。饭后，胆汁酸释放到小肠中，以促进膳食脂质的消化和吸收。大约95%的胆汁酸被主动重吸收并通过门静脉循环输送回肝脏。剩下的5%的胆汁酸通过各种细菌转化而改变，一部分被动地被肝脏吸收，其余的则在粪便中流失。有些胆汁酸对机体有害。例如，疏水性胆汁酸被认为具有肝毒性，通过诱导线粒体氧化应激和内质网应激导致不可逆的肝细胞死亡，并增加线粒体通透性。相反，胆汁酸具有众所周知的抗菌特性，随后会影响肠道微生物组成。次级胆汁酸的丧失与对病原体感染的易感性有关，通过恢复次级胆汁酸库可以逆转。综上所述，胆汁酸和肠道微生物之间相互调节的证据对胆汁酸代谢和微生物群组成至关重要，扰动可能会影响宿主的病理生理过程。

有证据表明，未接受UDCA治疗的PBC患者的血清和粪便胆汁酸谱与对照组有显著差异。特别是，未接受UDCA治疗的PBC患者表现出结合/非结合胆汁酸比例的增加和二级/初级胆汁酸比例的降低，表明微生物胆汁酸代谢异常。重要的是，PBC患者胆汁酸库的变化与肠道菌群失调有关。例如，次级胆汁酸的水平与富含PBC的属（Veillonella，Klebsiella）呈负相关，而与富含对照的属（芽孢杆菌属Bacillus）呈正相关。人们普遍认为，肠道中残留的胆汁酸的转化主要取决于微生物酶的活性。例如，胆盐水解酶（Bile Salt Hydrolase，BSH）存在于人类肠道的所有主要细菌中，包括拟杆菌属（Bacteroides）、Lactobacillus、Bifidobacterium和Clostridiales，将胆汁酸解共轭为非结合形式以进行进一步修饰，这是肠道胆汁酸代谢的第一步。因此，胆汁酸的改变可能是PBC中肠道微生物群组成变化的结果，随后负责微生物酶的功能障碍导致胆汁酸转化不足。相反，由于胆汁酸的抗菌特性，PBC中胆汁酸的改变可能会深刻影响微生物组成。事实上，消胆胺治疗调节了PBC患者的内源性胆汁酸，并具有与肠道微生物群及其代谢物变化相关的益处。

一方面，胆汁酸是肠道微生物群的调节剂。多项研究表明，胆汁酸可以通过抑制某些胆汁敏感细菌的生长来塑造肠道菌群。人们越来越认识到，胆汁酸对微生物群膜和肠黏膜都有整体的负面影响。此外，胆汁酸可以激活参与DNA修复的酶并诱导DNA损伤。最近的一项研究表明，胆汁酸可能通过蛋白质去折叠、聚集和二硫键应激来改变细菌中的关键蛋白质。胆汁酸可促进嗜胆杆菌（Bilophila）、Escherichia coli和单核细胞增生李斯特菌（Listeria）的增殖。另一项研究还报道，在没有胆汁酸的情况下，胆汁酸7-α-脱羟基化细菌种群崩溃。因此，可以想象胆汁酸也可以对微生物群产生传导作用。有人提出，从去共轭过程中释放的氨基酸可能被用作细菌的碳、氮和能量来源。此外，多步胆汁酸7-α-脱羟基化途径允许细菌使用伯胆汁酸作为电子受体，从而增加ATP的形成和生长。

另一方面，肠道菌群可以调节胆汁酸谱。众所周知，肠道微生物群通过控制远端小肠和结肠中的胆汁酸的去结合、脱氢、脱羟基化和差向异构化来调节胆汁酸的化学多样性。这种微生物代谢会产生更疏水的胆汁酸库，以促进粪便中胆汁酸的消除。

胆汁酸解偶联由细菌与BSH进行，是将共轭胆汁酸的C-24N-酰基酰胺破裂并生成非共轭胆汁酸的过程。研究表明，功能性BSH存在于人类肠道的所有主要细菌分支和古细菌物种中，包括Lactobacillus、Bifidobacterium、Clostridiales和Bacteroides的成员。在结肠中，几乎所有的胆汁酸都通过7-α-脱羟基化被生物转化为次级胆汁酸。然而，目前的估计表明，大约只有0.0001%的结肠细菌能够进行这种反应，迄今为止进行的16SrRNA序列分析已经在Firmicutes的Clostridiales（ⅩⅣa和ⅩⅠ簇）和Eubacterium中鉴定出这些细菌。胆汁酸的另一个主要微生物生物转化是差向异构化。羟基类固醇脱氢酶存在于放线菌门（Actinobacteria）、Proteobacteria、Firmicutes和Bacteroidetes中，是一种细菌酶，作用于胆汁酸的3位、7位和12位羟基，催化差向异构化。这改变了胆汁酸的疏水性和毒性，并保护肝脏免受毒性更大的胆汁酸的侵害。

最近的文献表明，肠道菌群不仅对继发性胆汁酸代谢具有重要作用，而且可以作为肝脏胆汁酸合成的调节剂。胆汁酸的合成通过FXR的负反馈抑制进行调节，也就是肠道菌群通过调节胆汁酸受体法FXR来抑制胆汁酸的合成。FXR是一种胆汁酸传感器，与其下游效应器成纤维细胞生长因子（Fibroblast Growth Factor，FGF）15/19一起调节胆汁酸合成和稳态。最近的一项研究表明，在常规饲养的小鼠中，胆汁酸合成受到抑制，因为回肠FXR抑制减轻。与无菌小鼠相比，胆囊中的胆汁酸水平显著降低，这是由于肠道微生物群的存在，尤其是牛磺酸偶联的β－muricholicacid［（Taurine-conjugated β－muricholic acid，TβMCA）一种鼠牛磺酸偶联的伯胆汁酸］的水平，这是一种FXR拮抗剂。TβMCA水平降低激活FXR并增加FGF15的下游表达，导致抑制胆固醇7-α-羟化酶（CYP7A1）介导的胆汁酸合成。另一项研究报告说，没有肠道细菌就无法代谢FXR拮抗剂。沿着这条线，肠道微生物群可能通过改变胆汁酸组成和调节FXR-FGF15/19负反馈系统来调节胆汁酸生物合成。微生物群还有助于通过FXR反馈机制运输胆汁酸，这与FXR通过介导肠道和肝脏之间的交流来维持胆汁酸稳态的观点一致。此外，PBC患者的血清FGF19水平升高，表明胆汁酸池组成发生了变化，这与PBC中的微生物胆汁酸代谢紊乱一致。

总的来说，肠道微生物群和胆汁酸之间的相互作用不是单向的。胆汁酸可以塑造肠道微生物群落，反过来，肠道微生物会改变胆汁酸。肠道菌群和胆汁酸相互调节。肠道微生物群和胆汁酸的任何扰动都可能深刻影响生物体的病理生理过程。PBC患者肠道菌群组成的显著改变和微生物胆汁酸代谢受损可能是疾病后果的原因，例如胆汁淤积。胆汁酸和肠道菌群之间的串扰在胆汁淤积性肝病中起着至关重要的作用。靶向胆汁酸和微生物群之间的联系为治疗这种疾病提供了令人兴奋的新视角。

（五）其他途径

越来越多的证据表明，自身免疫性疾病中微生物群、性激素和宿主免疫之间存在双向相互作用。因此，肠道微生物群可能会影响女性在PBC中的优势。最近的一项研究调查了肠道共生微生物群的作用及其与性别二态性在显性负转化生长因子-β（TGF-β）受体Ⅱ（dnTGFβRII）PBC小鼠模型中的作用。尽管用抗生素清除肠道微生物群减少了两性dnTGFβRII小鼠肝脏中的淋巴细胞浸润，但抗生素治疗显著缓解了雌性和雄性之间的差异，包括促炎细胞因子［干扰素γ（IFN-γ）和肿瘤坏死因子α（TNF-α）］水平显著升高，并且在雌性小鼠中观察到更严重的淋巴细胞浸润。男性睾丸激素的消除并没有影响这种性别偏见。然而，睾酮的这种缺乏影响需要更有力的实验评估，因为本研究没有研究雌激素的作用。此外，I型IFN信号转导先前被证明是自身免疫性胆管炎小鼠模型中性别偏倚所必需的。综上所述，提出了肠道微生物群可能通过调节宿主免疫力和可能的性激素水平来促进性别二态性的假设，这需要进一步阐明。（图4-1）

四、肠道菌群对PBC的改善作用

由于在PBC中发现了有缺陷的微生物胆汁酸代谢和异常的免疫反应，因此PBC治疗的重点是重建被破坏的微生物胆汁酸代谢，抑制异常免疫反应或保持免疫耐受，这也是针对发病机制的干预途径。

在前文提到了药物治疗及肝移植手术等对PBC的治疗效果，而通过本章节的叙述我们了解到肠道微生物在调控PBC进展方面发挥许多重要作用，那么除了前文中常规方法之外，通过合理利用肠道微生物也可以对PBC起到改善作用，如微生物靶向干预已成为潜在治疗选择，主要包括：益生菌（如*Bifidobacterium*、*Lactic acid bacteria*）的直接补充、益生元（如菊粉、低聚果糖）的选择性促生长作用、合生元的协同效应以及后生元（如SCFAs、胞壁酰二肽）的代谢调节功能（统称PPSP）。这些干预措施通过三大核心机制发挥作用：重塑肠道菌群生态、调控微生物代谢产物、增强肠道屏障完整性。值得注意的是，类似的作用机制也存在于粪便微生物群移植（Fecal Microbiota Transplantation，FMT）治疗中，后者通过重建健康的微生物群落来改善疾病状态。特别是在PBC中，某些具有抗炎特性的菌株（如Faecalibacterium prausnitzii）的丰度变化，可能通过调节胆汁酸代谢和免疫反应来影响疾病进程，这为微生物干预提供了更具体的理论依据。

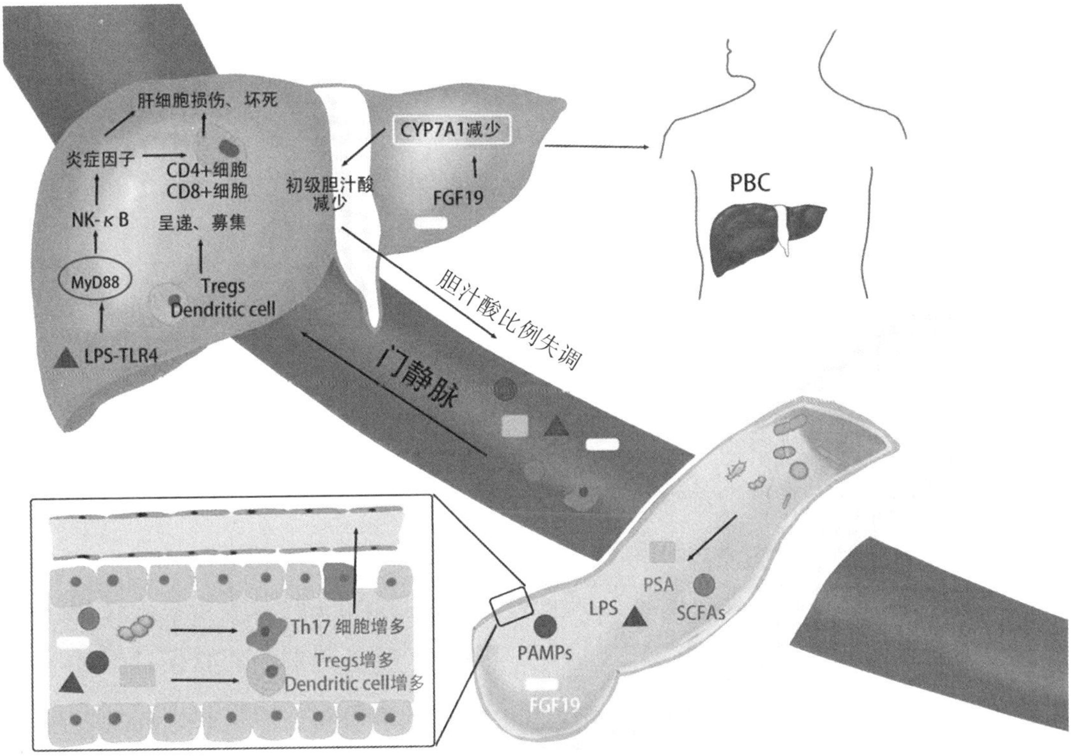

图4-1　肠道菌群调控PBC进展的机制

（一）临床应用

粪便微生物群移植（fecal microbiota transplantation，FMT）正在成为一种通过将粪便悬浮液从健康供体转移到患者的消化系统来恢复健康微生物群的方法。除了治疗复发性艰难梭菌感染外，FMT还被发现对自身免疫性疾病有益，例如PSC。FMT可恢复肠道微生物群多样性并改善PSC患者的生化指标，但需要在大型研究队列中进行验证。虽然FMT治疗尚未在PBC患者中进行研究，但在未来的研究中尝试这一点很有趣。

（二）改善机制

有研究发现，虽然PBC患者中丰度增高的柔嫩梭菌属（*Faecalibacterium*）与健康组相比无明显差异（$P>0.05$），但作为Firmicutes的主要成员，是健康人群中丰度最高的菌群，其丰度降低或缺失会引起肠道菌群紊乱，其中*F.prausnitzii*又是*Faecalibacterium*的主要代表，在克罗恩病的肠道研究中亦发现*F.prausnitzii*的减少，其培养液上清液体在体内和体外都具有抗炎作用，具有修复肠道屏障的功能；将其对高脂饮食小鼠进行口饲，发现改善了肝脏的炎症状态。因此，PBC患者中*Faecalibacterium*丰度的增高可能对PBC患者来说是有益的。

了解肠道菌群失调在PBC进展中的重要性，旨在恢复肠道菌群的治疗，例如益生菌的给药、FMT和机制途径的干预可能会使PBC患者受益。此外，现有的PBC药物，如UDCA，通过调节胆汁酸代谢和调整肠道微生物群组成来治疗这种疾病。

益生菌是活的有益微生物，可以通过促进肠道微生物群的平衡、改善代谢和修复肠道屏障功能障碍来帮助治疗多种疾病。例如，Chiara等人证明，对小鼠施用益生菌可促进肠道菌群与BSH保留物种（主要是Lactobacillus和Bifidobacterium）的富集，促进胆汁酸解结合和粪便排泄，对小鼠施用益生菌VSL#3和人类中具有BSH活性的罗伊氏乳杆菌NCIMB30242被证明可以通过促进肠道菌群中BSH保留物种（主要是Lactobacillus和Bifidobacterium）的富集来改善微生物胆汁酸代谢。此外，每天食用富含益生菌的食物，如酸奶，对NAFLD患者有积极的结果。按照这些思路，尽管缺乏已发表的证据，但益生菌治疗对PBC患者有益是合理的，值得进一步研究。

可惜的是，目前对于PPSP作用的研究主要聚焦于代谢疾病管理，尤其是肥胖和2型糖尿病等，关于PBC等疾病的研究较少，若想了解肠道菌群对PBC的改善作用还需要更多的研究。

第三节　肠道微生态与PSC

一、概述

原发性硬化性胆管炎（primary sclerosing cholangitis，PSC）是一种病因不明的进行性、胆汁淤积性、免疫介导的慢性胆汁淤积综合征，其特征是慢性胆汁淤积和弥漫性炎症和纤维化累及整个胆道树，慢性胆汁淤积会影响胆汁酸转运蛋白和核受体的表达，最终导致胆汁性肝硬化、门静脉高压和肝衰竭。目前尚无有效治疗PSC的药物，肝移植是唯一有效的治疗方法。由于治疗手段有限，PSC患者的早期诊断、评估和监测具有重要意义。

二、流行病学

PSC多见于40~50岁的男性，诊断年龄为30~40岁，男女比例约为2：1。作为一种罕见疾病，PSC患病率和发病率存在区域差异性，最早PSC的流行病学资料来源于北美（1976—2000年）发病率为（0.9 ~ 1.3）/（10万），其中女性0.54/（10万），男性1.25/（10万），北欧国家患病率最高，达到16.2/（10万）。2019年英国胃肠病学会（British Society of Gastroenterology，BSG）报道北欧的PSC发病率与北美比较接近，为（0.91 ~ 1.3)/（10万），小胆管型PSC发病率约为0.15/10万。近年来的数据显示，北欧和北美的PSC患病率达（3.85 ~ 16.2）/（10万），有逐年增高趋势。亚洲的流行病学资料来源于新加坡和日本，分别报道PSC患病率为1.3/（10万）、0.95/（10万），低于欧洲和北美国家。PSC好发于男性，约占2/3，PSC平均确诊年龄为20 ~ 57岁，发病年龄呈双峰性，两个发病高峰分别为15岁和35岁左右。我国尚缺乏PSC的流行病学资料。

三、危害

PSC与IBD共患率的报道差异较大。北美和欧洲PSC患者中IBD共患率分别为70%和63%。日本的流行病学研究显示34%的PSC同时伴发IBD，青年PSC患者IBD共患率为57%，基本接近欧美国家。老年PSC与IBD共患率则显著低于欧美。研究显示PSC-IBD患者肝胆系统肿瘤、肝移植及死亡风险也显著升高。PSC患者常合并脂溶性维生素缺乏、代谢性骨病、各种肝胆恶性肿瘤，其中以胆管癌为主。3.3%~36.4%的PSC患者可发展为胆管癌，且有研究认为PSC确诊后1年内胆管癌的发生率最高。

此外，PSC对肠道微生态的危害是多方面的。最新研究显示，肠道微生物群的代谢活动可能会影响环境致癌物，并诱导肿瘤的发展。肠道微生物群可以通过代谢环境致癌物N-丁基-N-（4-羟丁基）亚硝胺（BBN）来促进膀胱癌的发展。研究发现，抗生素处理的小鼠肠道中细菌负荷减少，膀胱肿瘤病变也少于对照组，这表明肠道微生物群可能促进了BBN暴露小鼠的膀胱癌进展，同时，PSC在肠道中的累积可以显著改变肠道微生物的种群结构，导致潜在致病菌丰度增加、有益菌丰度降低，并干扰肠道菌的短链脂肪酸代谢特征 。这可能进一步诱发肠道炎症，破坏肠道屏障功能，并干扰肠道免疫功能。除此之外，PSC的烃受体（AhR）干扰肠道菌群和宿主健康，影响胆汁酸及维生素的代谢，扰乱肠肝轴的信号网络 。

四、病因和发病机制

PSC是一种以特发性肝内外胆管炎症及胆管纤维化改变导致多灶性胆管狭窄、慢性胆汁淤积的自身免疫性疾病，发病机制尚不明确。基因组学研究已经发现多个与PSC相关的易感基因如HLA-DRB1和IL2RA等，这些发现有助于进一步了解PSC的遗传机制及预测发病风险。PSC和IBD患者结肠黏膜中T辅助细胞Th-17和IL-17/干扰素-γ产生CD4+T细胞群水平显著升高，这可能与这些淋巴细胞归巢到肝脏有关。

组织病理学上，PSC演变为导管减少综合征，其中大胆管和小胆管均出现进行性狭窄。总体结果是小叶间胆管和间隔胆管闭塞并丧失功能。在PSC的组织病理学进化中。当小叶间胆管和中隔胆管丢失到临界数量时，就会发生胆汁淤积，导致门静脉纤维化，最终导致不可逆的胆汁性肝硬化。因此，在发生严重导管减少症和不可逆的肝脏损伤之前，在疾病早期开始治疗干预似乎是合乎逻辑的。不幸的是，目前尚无经证实有效的医学、放射学或手术疗法。近期研究表明，肠道菌群也参与了PSC进展。

五、临床表现、诊断和治疗

（一）临床表现

PSC临床表现多样，早期可无明显症状，但随着疾病的进展会出现乏力、瘙痒、腹痛、食欲减退、黄疸等症状。30%~60%的PSC患者会出现瘙痒症状，瘙痒通常发生在四肢（尤其是手掌和脚底），夜间尤甚。

据报道，高达80%的PSC患者同时患有IBD，尤其是溃疡性结肠炎UC。PSC患者易罹患胆管癌（cholangio carcinoma，CCA）、胆囊癌和结肠直肠癌等。依据胆管受损的部位可将PSC分为：大胆管型：损伤肝外较大胆管，约占PSC患者的90%；小胆管型：损伤较小胆管，胆管影像学无异常发现，少数患者可发展为大胆管型PSC；全胆管型：肝内外大小胆管均受损伤。

（二）诊断

PSC的诊断需要结合临床症状体征、影像学及病理等检查。存在胆汁淤积的生化表现且具有典型的影像学特点，除外其他病因可诊断为PSC。影像学检查在PSC的诊断中具有重要意义，MRCP是诊断PSC首选的检查，可以清晰地显示胆管树。典型表现为：局限或弥漫性的胆管狭窄，可呈“串珠”样改变，可伴有上段胆管扩张。病情较重时，可出现狭窄段融合，小胆管闭塞，表现为“枯树枝”样。ERCP更有助于判断肝外胆管受累严重程度，作为有创性检查，不常规应用于诊断，在患者需要进行内镜下治疗或取样本时可考虑。肝活检不作为诊断PSC的常规检查，但对确定PSC分型的具有意义。

（三）治疗原则

目前尚无有效治疗PSC的药物，目前对于PSC的治疗多以对症治疗为主。肝移植则是终末期PSC唯一有效的治疗方法。

1.熊去氧胆酸（UDCA）

UDCA具有抑制胆汁淤积，抗炎，抗纤维化等作用，在一些国家被批准应用于PSC的治疗，有研究发现低剂量UDCA治疗会改善肝脏生化指标，但对生存率无明显影响。另一项研究发现，使用高剂量UDCA治疗会改善肝功能检查，组织学检查结果。但更多应用高剂量UDCA治疗PSC的研究发现，高剂量UDCA可能会导致疾病进展风险增加，其中一项对高剂量UDCA的研究因为肝硬化、肝移植、死亡等不良结局的发生而提前终止试验。欧洲肝病学会指南指出，根据目前已有的研究，中低剂量的UDCA是否能延缓PSC的进展尚不清楚，而高剂量的UDCA不建议应用于UDCA的治疗。

2.类固醇激素/免疫调节剂

尽管肝脏和肠道的免疫机制是PSC进展重要因素，但在对包括泼尼松、布地奈德、硫唑嘌呤、甲氨蝶呤、他克莫司等一系列免疫抑制药物以及一些抗纤维化药物秋水仙碱、吡非尼酮的试验中，未发现疾病的改善。皮质类固醇被用于治疗IgG4升高的PSC，一项研究发现，皮质类固醇会降低ALP，但出现相关副作用的风险也会增加。

3.抗生素

由于肠道微生态失调可能是PSC进展的关键因素，因此调节肠道微生物可能对PSC的治疗有益。有研究表明，使用甲硝唑和UDCA联合治疗相比于单独使用UDCA是更好的治疗方法。一项万古霉素对PSC治疗效果的研究发现，低剂量的万古霉素可以使Mayo PSC评分以及ALP降低。柳氮磺吡啶可以改善肠道微生物组成以及调节胆汁酸毒性，正在被研究用于PSC的治疗。

4.对PSC患者瘙痒的治疗

大多数PSC患者都会出现瘙痒的症状，这会极大地影响其生活质量。患者瘙痒的程度不同，但通常在夜间最重。对于这些患者，推荐使用润肤剂防止皮肤干燥、避免洗热水澡，瘙痒皮肤区域使用冷却凝胶。

5.肝移植

晚期肝硬化，广泛或严重的胆道狭窄症以及疑似早期胆汁瘤变是肝移植的适应证。PSC患者肝移植术后1年生存率91%，5年生存率为82%。但肝移植术后仍有20%的概率出现rPSC。

六、肠道微生物群与PSC的关系

（一）细菌

由于肠道微生物群的改变可能对PSC的发生和发展产生关键作用。因此，探究与肠道微生态相关的生物标志物是当前研究的重要方向之一，大量研究聚焦于阐明肠道微生物群及其代谢物对宿主的免疫反应在PSC进展中的作用。这些生物标志物有助于PSC的早期发现，也可以辅助评估疾病的严重程度和进展情况，有望为PSC患者提供更加精准化和个体化的治疗。

1.整体变化

研究表明，与对照组相比，PSC患者的微生物基因较少（P<0.0001）。事实上，对PSC中粪便微生物组的研究（比黏膜微生物组的研究）更为一致，因为PSC的肠道细菌α多样性低于HCC（相比之下，比较PSC和IBD队列之间α多样性的研究产生了不同的结果），并尽管研究在PSC中改变的特定微生物方面并不完全一致，但它们一致表明PSC/PSC-IBD与HCC和IBD的整体细菌群落不同。

2.菌群成分变化

研究发现，与对照组相比，PSC中天冬酰胺梭菌（*Clostridium asparagiforme*）和一种未分类的埃希菌属（*Escherichia*）富集，以及几种细菌的显著减少，例如肥胖瘤胃球菌（*Ruminococcus obeum*）、惰性真杆菌（*Eubacterium siraeum*）以及直肠真杆菌（*Eubacterium rectale*）。与对照组相比，非典型韦荣球菌（*Veillonella atypica*）、微小韦荣球菌（*Veillonella parvula*）和未分类的*Veillonella*种属在PSC患者中均呈增加趋势。一项研究表明，与HCC患者相比，PSC患者粪便中的一些细菌分类群发生了相当一致的变化，细孔菌在PSC患者粪便中的含量都高于HCC。*Enterococcus*、*Streptococcus*和*Lactobacillus*也经常被富集，Proteobacteria的成员，如*Escherichia coli*也是如此。一些研究也支持在PSC中产生SCFAs的Firmicutes，如*Faecalibacterium*和*Coprococcus*的相对耗竭。关于PSC黏膜微生物组的研究在数量上和一致性上都比较少。PSC患者和HCC之间几乎没有变化，而其他研究则显示了与粪便研究一致的一些特征，包括杆菌（如*Streptococcus*）和变形杆菌（*Escherichia coli*）增加。最近的初步研究首次应用综合生物学方法联合分析PSC-IBD与UC和HCC相比的肠道微生物组、肠道基因表达和免疫细胞特征。在这项研究中，PSC-IBD与UC的微生物改变（以及推断的宏基因组学）和这两组之间的差异表达基因涉及PSC-IBD中胆汁酸（BA）代谢失调。此外，多组学整合揭示了PSC-IBD中涉及胆汁酸稳态和癌症调节的网络。其他上调的通路与葡萄糖醛酸化有关。有趣的是，表达胺氧化酶的细菌，如鞘氨单胞菌（*Sphingomonas*），在PSC-IBD中也比UC中增加。

3.细菌参与PSC进展的机制

研究表明，胆道感染和肠道微生态失衡在PSC的进展中发挥了重大作用，肠道微生物群的作用是PSC的关键因素。

（1）“肠漏”假说。有研究发现，在PSC中检测出的抗中性粒细胞胞浆抗体（p-ANCA）可能靶向β-微管蛋白同种型5（TBB-5）作为自身抗原以及进化细菌蛋白FtsZ，从而产生对肠道微生物的交叉免疫反应。GWAS建立了PSC和IBD共有的几个遗传易感位点，包括CARD-9、岩藻糖基转移酶-2（FUT-2）和巨噬细胞刺激蛋白1（MST-1）等，由这些基因编码的蛋白质与先天免疫和适应性免疫密切相关。有研究发现，携带FUT-2变体的PSC患者在胆汁和结肠中具有不同的微生物模式并且与胆道感染频率增加和显性狭窄发生率增加有关。

（2）黏膜淋巴细胞向肝脏迁移。肠道是Th17细胞的关键调节因子，并且据报道PSC患者对病原体刺激的Th17反应增加，研究发现，PSC患者的肝窦内皮中检测到MAdCAM-1和CCL25的异常表达，可能导致肠道引发的T细胞异常募集到肝脏，并可能在识别出相应抗原时引发自身免疫反应。接种PSC来源微生物群的相关动物实验在肝脏中表现出TH-17细胞反应，并增加了对肝胆损伤的易感性。对肠系膜淋巴结细菌进行培养分离，肺炎克雷伯菌（*K.pneumoniae*）、奇异变形杆菌（*Proteus mirabilis*）和*Enterococcus gallinarum*等在PSC患者中普遍存在。细菌-类器官共培养系统显示了PSC来源的*K.pneumoniae*的上皮损伤作用，这与细菌易位和对TH-17介导的肝胆损伤的易感性有关。

（3）肠道微生物与胆汁酸的相互作用。一方面，肠道微生物群可以通过减弱肠道中的FXR抑制来调节肝脏中胆汁酸的合成。另一方面，胆汁酸可以通过激活免疫系统从而直接或间接调节肠道微生物群。有研究表明，粪便次级胆汁酸（包括DCA、LCA和GLCA）在PSC中消耗，这与之前在PSC血清和胆汁中发现的结果一致。据报道，包括LCA和DCA在内的次级胆汁酸在体内和体外都可以对肠道屏障发挥保护作用。此外，LCA的耗竭与*Eubacterium*的丰度降低有关，*Eubacterium*含有能够产生次级胆汁酸的细菌。同时，次级胆汁酸和胆汁淤积参数之间的负相关进一步支持微生物群介导的胆汁酸代谢在疾病发病机制中的作用。

（二）真菌

目前多数观察结果表明，真菌在PSC的发病机制或进程中可能发挥作用。第一，抗酿酒酵母抗体在PSC患者中非常普遍。第二，白色念珠菌（*Candida albicans*）可定植到PSC患者的胆汁中，胆汁中Canidia albicans的存在与这些患者的不良预后有关。第三，半胱天冬酶募集结构域-9（一种与真菌先天免疫有关的蛋白质）的遗传变异体对PSC和IBD均易感。精准研究显示研究发现PSC患者存在细菌失调，其特征是生物多样性减少、成分改变和相关网络密度降低。这些微生物的改变与PSC有关，与IBD状态无关。PSC患者表现出真菌性肠道菌群失调，其特征是生物多样性的相对增加和成分的改变，其中外瓶霉的比例增加，酿酒酵母的比例降低。同健康人群相比，PSC患者的肠道微生物群在细菌-真菌相关网络中表现出强烈的破坏，提示Inter kingdom串扰发生了改变。综上所述，PSC患者的真菌菌群可能会改变。

（三）病毒

肠道微生物群或特定病原体生态失调与PSC之间存在因果关系，PSC相关微生物群给药更容易受到肝胆损伤。PSC相关微生物群中检测出来的*K.pneumoniae*，会破坏上皮屏障以启动细菌易位和肝脏炎症反应。而且接种PSC衍生微生物群会出现T辅助性T蛋白17（TH17）肝脏中的细胞反应和对肝胆损伤的易感性增加。除此之外，细菌分离培养试验，肠系膜淋巴结的细菌培养分离结果不仅包括*K.pneumoniae*，还包括*Proteus mirabilis*和加利纳肠球菌（*Enterococcus gallinarum*）等普遍出现的异常菌落。细菌-类器官共培养系统可视化了PSC衍生的*K.pneumoniae*的上皮损伤作用，该作用与细菌易位和对T的易感性有关H17介导的肝胆损伤。另外，抗生素治疗也在一定程度上改善了TH17 PSC衍生微生物群诱导的免疫反应。

PSC患者的粪便和黏膜微生物群都发生了改变。第 ·，PSC中的肠道细菌α多样性低于HC（相比之下，比较PSC和IBD队列之间α多样性的研究产生了不同的发现）。第二，尽管研究在PSC中改变的特定微生物方面并不完全一致，但它们一致地证明PSC/PSC-IBD与HC和IBD的整体细菌群落不同。第三，尽管存在这种异质性，但与HCs相比，PSC患者粪便中的一些细菌类群发生了相当一致的改变。*Enterococcus*、*Streptococcus*和LAB也经常富集，Proteobacteria的成员（如*Escherichia coli*）也经常富集。并且PSC中产生SCFAs的Firmicutes（如*Faecalibacterium*和*Coprococcus*）的相对耗竭。相关的病例报告显示，PSC患者的样本中*genus Actinomyces*的相对丰度均升高，说明放线菌可能对PSC患者起保护作用。特别是细小弧菌和分离弧菌，作为PSC相关生态失调的关键特征。并且在与健康对照组和UC患者相比，PSC患者的粪便微生物群具有不同的特征，包括挪威和捷克队列中*Veillonella*过量，尽管肝硬化可能是导致*Veillonella*增加的疾病。在比利时队列中，PSC患者的粪便样本显示，与健康个体相比，梭杆菌属（*Fusobacterium*）、Enterococcus、LAB和Streptococcus的丰度增加。与HCs相比，*Adlercreutzia*属在PSC中显著减少。*Adlercreutzia*是一个仅包括一个物种（*A. equolifaciens*）的属，能够将摄入的异黄酮（豆类和大豆中含量丰富）转化为雌马酚。雌马酚对雌激素受体（Estrogen Receptor，ER）具有高亲和力，可能是一种选择性雌激素受体调节剂。胆汁淤积性肝病中胆管细胞上的ER表达增加，但在健康个体中不存在。考虑到PSC在女性和亚洲人群中的患病率大大降低，可以推测受饮食习惯和内分泌信号影响的潜在发病途径对疾病发展有重大影响。除了粪便微生物群和相关的Th17细胞反应，肠道致病性易位源于肠道屏障受损，会浸润易发生自身免疫的宿主的全身器官，从而引发自身免疫发病机制。

总之，PSC和UC相关的生态失调的特征是细菌多样性减少，全球细菌组成发生显著变化，不同分类群的相对丰度，主要是在属和种水平上。与PSC相关的最突出变化是Rothia属、*Streptococcus*、*Veillonella*属、*Enterococcus*、*Clostridiales*、*Haemophilus*和*Adlercreutzia*。几种微生物，包括嗜黏蛋白阿克曼菌（*Akkermansia muciniphila*）、丁酸梭菌（*Butyricicoccus pullicaecorum*）和梭状芽孢杆菌（*Clostridium colinum*）清楚地区分了UC和PSC-IBD表型。PSC/AIH重叠的具体变化涉及放线菌属的富集。

七、肠道微生态在PSC治疗中的应用

1. 益生菌

1.1 临床应用

PSC常伴有肠道菌群失衡以及有毒肝胆酸的积累。因此，改变肠道菌群、抑制BAs合成、促进BAs排泄是缓解胆汁淤积的有效途径。益生菌可以纠正肠道菌群失调，增加短链脂肪酸的产生，并降低肠道屏障的通透性。

1.2 作用机制

目前部分益生菌种类/菌株，包括Lactic acid bacteria、Bifidobacterium和Streptococcus，通过调节肠道微生物群含量、改善肠道屏障功能、减少细菌迁移和改善肝损伤，对肝脏疾病具有有益作用，显示出了对胆汁淤积的潜在治疗特性。益生菌缓解胆汁淤积的具体分子机制有待进一步研究来解释这些现象。根据以往的研究，益生菌可能有3种机制：①益生菌灭活细菌、细菌代谢物、细菌细胞裂解物和其他成

分(益生元)可激活肝脏FXR，诱导SHP分子的表达，从而抑制CYP7A1、CYP8B1和CYP27A1的表达，减少BAs在肝脏中的合成和积累。②益生菌激活肠道FXR，诱导FGF15/FGF19的表达。FGF15/19通过门静脉到达肝脏，并与FGF受体4（FGFR4）/βklotho异源二聚体复合物相互作用，诱导JNK1/2和ERK1/2信号级联反应，影响CYP7A1的表达，最终调BAs的合成代谢。③胆汁淤积可引起肠道微生物群的紊乱，并可通过益生菌加以纠正。益生菌通过调节肠道微生物群和控制各种代谢来调节BAs的化学多样性。通过对肠道中初级BAs的脱耦、脱氢、脱羟基化和异构化等反应，产生更容易通过粪便排出的疏水BAs。机制上，益生菌广泛参与了BAs的合成代谢途径，因此BAs可以成为益生菌缓解胆汁淤积的中心靶点。在这个过程中，益生菌既可以直接通过调节FXR受体，也可以间接通过调节肠道菌群的结构。数据显示，在胆汁淤积的条件下，LGG通过显著降低肝脏BAs水平来恢复肝脏BAs稳态。LGG的有益作用是通过上调肠道FXR-FGF15信号通路来介导的。相关研究中使用孕酮代谢物硫酸异丙孕酮（PM5S）来模拟icp诱导的病理模型确定了LGG在预防PSC方面的作用。除此之外，LGG可能通过激活肝脏FXR和上调BSEP来降低孕酮代谢物诱导的BAs失调。最新的研究还进一步证明了LGG在缓解α-萘硫氰酸酯（ANIT）和临床抗癫痫药物丙戊酸（Valproic Acid，VPA）诱导的胆汁淤积方面的巨大潜力。

当大肠埃希菌Nissle1917定植于无菌小鼠的肠道时，TJ分子ZO1的基因和蛋白表达增加，从而增加IECs之间的TJ结构并降低肠道通透性，从而改善肠上皮屏障功能。将EcN1917移植到结肠炎小鼠体内后，ZO1表达也增加。鼠李糖乳杆菌GG可以增加肠道中FXR的活性。此受体在胆汁酸刺激下增强成纤维细胞生长因子（FGF15）的形成。由于负反馈，减少了肝脏中胆汁酸的产生。胆汁淤积时，很少有胆汁酸进入肠道，这种受体没有被充分激活，血液中的FGF15含量降低，肝脏中胆汁酸的形成增加。后者伴有胆汁淤积，对肝脏有毒性作用，表现为炎症和纤维化。摄入这种益生菌导致肠道中FXR和血液中FGF15的活性增加，从而关闭这种反馈，保护肝脏免受胆汁酸的自身中毒。在临床试验中。干酪乳杆菌（Lactobacillus casei）已被证明可以缓解胆汁淤积，给予超过治疗期间每天降低胆汁淤积相关肝指数的异常升高，这可能与血浆脂多糖的减少、肠道屏障功能的修复和肠道微生物群的恢复有关。然而，其作用具有应变特异性和剂量特异性，可能对不同因素引起的胆汁淤积有不同的效果。

2. 益生元

益生元是由细菌发酵而成的不易消化但可发酵的食物物质，有助于肠道蠕动并有选择性地刺激肠道细菌的生长。富含益生元食物，例如乳果糖，乳醇和果胶，是目前推荐治疗肝脏疾病，但是对于PSC治疗报道尚少。

3. 合生元

3.1 临床应用

合生元包括益生菌和益生元的组合。合生元具有调节肠道菌群及相关功能基因表达的功能。可减轻结肠炎反应和肝脏炎症反应，降低粪便中SCFA水平，增强肠道屏障紧密连接，改善肝脏脂肪变性及胰岛素抵抗。同时，合生元可降低PSC患者肝纤维化程度和LPS。

3.2 作用机制

肠道细菌及其代谢产物——特别是革兰阴性菌释放的内毒素（如LPS）——可通过“肠-肝轴”机制加剧酒精诱导的肝损伤。当肠道屏障功能因酒精摄入受损时，内毒素易位进入门静脉循环，激活肝脏中的Kupffer细胞，进而通过TLR4信号通路促发炎症反应，释放TNF-α、IL-6等促炎细胞因子，最终导致肝细胞坏死、脂肪变性和纤维化。通过抗生素（如多粘菌素B、新霉素）选择性清除产内毒素的肠道菌群，可显著减轻肝脏炎症和纤维化程度。此外，补充益生菌（如*Lactobacillus*）能通过竞争性抑制致病菌生长、增强肠黏膜屏障功能及直接中和内毒素等方式发挥保护作用，其可通过下调TLR4/NF-κB通路减少促炎因子释放，而鼠李糖乳杆菌（*Lactobacillus rhamnosus*）能降低肠道通透性，减少内毒素易位。

乳果糖具备促进嗜酸乳酸杆菌（*Lactobacillus acidophilus*）、*Bifidobacterium*和革兰阳性菌的生长的作用，同时可以抑制革兰阴性菌，防止肠源性内毒素血症。该过程具体机制是在乳果糖发酵过程中，形成短链脂肪酸，从而降低结肠pH值和改变微生物区系。乳果糖促进*Lactic acid bacteria*和*Bifidobacterium*的生长，更确切地说，是结肠中的*Lactobacillus acidophilus*。乳酸菌发酵的乳果糖和含乳果糖产品降低结肠pH值，平衡肠道微生态，使肠道运输正常化。因为乳果糖促进主要为革兰阳性菌的粪便菌群，可以有效地缓解便秘患者的症状，除此之外，乳果糖与乳酸菌发酵乳制品可以平衡和预防放射治疗相关的腹泻和肠道副作用。乳果糖调节肠道菌群和稳定黏膜完整性对PSC具备有益作用。乳果糖和Lactic acid bacteria的组合为未来治疗PSC的功能性和特殊膳食食品提供了一种很有前景的成分组合。

综上所述，合生元治疗可能是治疗PSC的理想方法，因为它们可以通过益生菌和益生元来预防炎症和肝细胞损伤。目前共同保护的机制尚未完全阐明，但肠道菌群结构和菌群代谢物的改变可能是共生作用在肝脏疾病中的潜在机制，它们具有抗炎和免疫调节作用。这种方法没有不良反应的报道。

4.粪菌移植

粪菌移植（fecal microbiota transplantation，FMT）是将健康个体的粪便移植到患者身上用于治疗疾病的一种菌群调节方式。FMT目前主要用于复发性或难治性艰难梭菌感染的标准治疗，已有多个随机对照试验证明其有效性。另外，有证据表明FMT可以诱导溃疡性结肠炎缓解。早期FMT治疗PSC的病例报告显示患者的菌群发生改变，结构更类似于捐赠者的菌群，同时肝酶、胆红素和有毒胆汁酸（包括胆酸、脱氧胆酸和鹅去氧胆酸）显著降低。ALP从基线的456IU/L降低到治疗后3个月的344 IU/L，并在12个月后保持这一水平（352IU/L）。治疗完成后患者无发热和黄疸，并在1年后仍然能维持。

Allegretti等人在2019年发表的涉及FMT在PSC中的使用的单一开放标签试验，这项研究中，10名PSC患者接受了来自单一捐赠者的一次性90毫升FMT，通过肠镜在右侧结肠给药，10名患者中有3名（30%）ALP比基线降低50%以上。菌群分析显示，所有患者的α多样性在FMT后1周开始增加，所有患者与捐赠者的菌群相似性增加。这种菌群改变在治疗后24个月仍能在很大程度上得以维持。

FMT已被提议用于治疗肝病和肝硬化。患有PSC、并发IBD和ALP进行了使用FMT的开放性初步研究>正常上限的1.5倍。具体治疗过程包括肝酶、粪便微生物组的评估，以及基线和FMT后第1、4、8、12和24周的代谢组学分析。主要结局是安全性，次要结局是FMT后第24周ALP水平较基线下降≥50%。总体而言，FMT与细菌多样性和植入的增加相关，并且FMT是一种安全的程序。

抗生素是操纵肠道微生物组的典型药物。对微生物群在PSC/PSC-IBD中的作用的额外支持来自针对或操纵肠道微生物组的初步干预研究。虽然有待RCTs出台，但抗生素治疗（主要是万古霉素和甲硝唑）可改善PSC患者的生化症状。利福昔明可溶性固体分散体用于治疗早期失代偿性肝硬化患者，40 mg速释制剂可减少住院和死亡，因为可减少肝硬化并发症。PSC-IBD患者的FMT初步治疗中，利福昔明的使用促使ALP降低至少50%，且没有任何不良事件。其可吸收抗生素穿过肠道屏障以达到治疗性血清浓度，目前用于自发性细菌性腹膜炎预防，以及急性复发性胆管炎的治疗。另外，英国胃肠病学会指南建议，对于接受内镜逆行胰胆管造影术的PSC患者，应预防性使用抗生素。并且细菌多样性和植入的增加与ALP的降低相关。未来的研究考虑因素包括通过其他更实用的途径（如口服胶囊）评估维持治疗和FMT的疗效。鉴于BA在PSC中的潜在作用，靶向BA通路的药物治疗代表了治疗PSC的一个活跃研究领域。UDCA被广泛使用。总之，抗生素可以调节微生物组，而微生物组只是PSC的一个致病方面，可能应该是第一种治疗方法。PSC的单药治疗不太可能对胆道树的异常有益处，且关于UDCA在各种临床条件下的有限作用（与炎症性肠病的关联，与自身免疫性肝炎的重叠，小导管变异，囊性扩张变异）有许多考虑因素。因此，与不同药物的联合方法将是PSC管理的策略。

八、未来展望与小结

肠道微生物组通过免疫组（宿主免疫系统和肠道微生物组之间的相互作用）、内生菌组（肠道微生物组通过产生或代谢内源性分子为宿主生理学做出贡献）和异种生物组（肠道微生物转化外源性化合物，包括营养物质和药物）与宿主相互作用。实验和人体观察证据表明，肠道微生物的存在和功能与胆汁淤积性肝病的严重程度和进展密切相关。值得注意的是，目前在PSC临床试验中测试的大多数新药主要作用于胆汁酸稳态调控，其中内生菌组发挥着关键作用。而在这一研究框架下，益生元和合生元作为调节肠道微生态的有效手段，可能通过改善肠道屏障功能、调节菌群平衡和代谢产物等途径，为胆汁淤积性肝病的治疗提供辅助支持。特别是某些益生元（如乳果糖）和合生元制剂已在肝性脑病等并发症的防治中显示出潜在价值。

未来，PSC特异性肠道微生物群特征具有良好的诊断潜力，因此研究应当着重于以下四个方面：利用宏基因组测序和微生物代谢物分析技术，深入阐明PSC特异性肠道微生物群特征；通过纵向研究设计，系统评估肠道微生物组动态变化与疾病进展的关系；开发基于微生物组特征的新型生物标志物和治疗靶点；探索精准干预策略，包括特定益生元/合生元组合的优化应用。这些研究方向的推进将有助于更全面地理解肠道微生物组在胆汁淤积性肝病中的作用机制，并为开发基于微生物组调控的新型诊疗策略提供理论基础。PSC 特异性肠道微生物群特征不仅可能成为有价值的诊断指标，更可能为个体化治疗方案的制定提供重要依据。

第五章　肠道微生态与药物相关肝损伤

第一节　药物相关肝损伤概述

一、药物相关肝损伤概念

药物相关肝损伤（drug-induced liver injury，DILI）是指由各类化学药物、生物制剂、中成药等处方或非处方药品，以及天然药物、传统中药、保健品、膳食补充剂等产品，或者上述药品的代谢产物乃至辅料所诱发、导致的肝损伤。DILI是一种严重的药物不良反应，可引起肝功能障碍，严重时导致急性肝功能衰竭（Acute Liver Failure，ALF），是与肝病相关死亡的第五大常见原因。众所周知，肝移植是目前治疗急性肝功能衰竭最有效的方法，但肝源匮乏、手术费用高的局限性严重威胁着患者的生命，因此需要更有效的治疗方法来代替它。

二、流行病学

在普通人群中，空间地域所导致的人群异质性、用药习惯以及诊断标准等的不同，DILI在普通人群中的真实发生率通常难以确认，且各国之间普通人群的流行病学统计差异很大。在我国来说，DILI的年发生率至少为每10万人有28.3例，高于其他国家，且由于药品种类的增加，DILI的发病率呈逐年上升趋势。

在住院患者中，DILI的发生率为1%~6%，明显高于普通人群，且在急性肝损伤的病例患者中，由急性DILI引发的占20%。高龄人群、妊娠期女性、有长期饮酒史等，有肝脏疾病或肝脏负荷重，肝脏代谢功能低下的人群服药时易诱发此病。

三、危害

药物相关肝损伤的危害主要表现在人体使用某种或某些药物后，发生程度不同的肝脏损害，可以表现为肝细胞炎症坏死、胆汁淤积、细胞内微脂滴沉积或慢性肝炎、肝硬化等，严重者可发生急性肝衰竭甚至是死亡。

四、常见病因和发病机制

1.常见病因

可导致DILI的药物有1000多种，由于不同国家地区原发流行病的异型性，以及自然生活环境、用药习惯和人群特异性，在各国各地区间，药物相关肝损伤的药物种类也有差异。在欧美地区，非甾体抗炎药（NSAIDs）、抗感染药物（如阿莫西林克拉维酸钾等）、HDS（膳食补充剂）等是最常见的致DILI原因；在我国，传统中药（TCM）、抗结核药物、抗肿瘤药物等是DILI最主要的病因。

2.发病机制

DILI的发病机制目前通常认为有两大类，即药物直接肝毒性或特异质反应肝毒性。前者指人体内的药物或代谢产物直接影响损伤肝脏所引起的肝损伤，进而又称直接型药物相关肝损伤，这种在临床相对较少，并不常见。其表现出剂量依赖性关系。后者是指主要涉及代谢异常、线粒体损伤和氧化应激、免疫损伤、炎症应答及遗传的因素所引发的肝损伤。与直接型肝损伤不同，特异质肝损伤发病机制复杂，被认为是不可预见的，不直接依赖剂量，在临床中较为常见。

另外现在还有越来越多的学者认为，免疫作用在DILI的发生中也是一种关键机制，即药物通过在肝脏内的代谢、免疫等反应过程，对患者原来的肝脏疾病或免疫状态产生影响而间接导致的肝损伤。

（1）线粒体损伤和氧化应激。药物进入机体后，一方面药物可直接对肝脏产生毒性作用，损伤肝细胞；另一方面药物在肝内生物转化后，可能产生形成大量活性代谢物，破坏线粒体电子传递链（electron transport chain，ETC）结构和功能完整性，刺激活性氧（reactive oxygen species，ROS）的大量产生，同时活性代谢物又可能降低、耗尽体内的内源性抗氧化剂谷胱甘肽（glutathione，GSH），继而加剧肝细胞、肝脏结构的被破坏，增加肝脏细胞对炎症、坏死的易感性，最终诱导了肝的损伤。其具体机制可大致分为活性氧过量产生、线粒体的损伤及功能障碍和反应中心内质网的应激。

（2）细胞凋亡和坏死信号通路的激活。药物介导的直接肝毒性、细胞内的器官应激或肝细胞膜损伤可能会激活细胞信号通路，从而导致细胞凋亡或坏死。对于凋亡的信号途径，主要可划分为内在途径和外在途径。内在途径通过线粒体参与，主要受到Bcl-2家族蛋白的调控。当细胞受到损害时，如在DILI中，促凋亡蛋白Bid被激活并转移到线粒体。在那里，它与Bax蛋白相互作用，导致线粒体外膜通透性转变，释放细胞色素C和其他凋亡因子，最终激活半胱天冬酶（caspase）级联反应，导致细胞死亡。外在途径通过细胞膜上的死亡受体介导，当肿瘤坏死因子受体、死亡受体和Fas受体与各自的配体（TNF-α、TRAIL、FASL）结合时，外在途径就会被激活，这导致FAS相关死亡结构域蛋白FADD和caspase-8等凋亡相关蛋白的激活，进而导致细胞死亡。

（3）免疫因素。分为先天免疫和适应性免疫。在肝脏内，先天免疫细胞（包括库普弗细胞KC、树突状细胞DC、自然杀伤细胞NK、中性粒细胞以及NK T细胞等），DAMPs可以激活KC和中性粒细胞等固有免疫细胞，从而通过分泌各种促炎细胞因子来增强炎症。HSP的释放也被证明可以使DC成熟，并促进促炎细胞因子的分泌。炎细胞以及炎症因子的活跃反过来可以产生ROS和其他可诱导细胞凋亡坏死的炎症介质，使肝脏在炎症-损伤的模式里循环受损。

临床上，多数DILI的组织学显示，细胞介导的免疫反应是造成大多数肝损伤的原因。在正常情况下，肝细胞由于与先天的生物的滤过作用，经常暴露在外来或自体异形物的刺激下，而机体为了避免肝脏对这些刺激产生过度免疫反应，因此表现为免疫相对耐受。在DILI中，这种耐受性受到了阻碍和抑制。药物在进入肝细胞内进行生物转化时，药物或者其代谢物可能会与体内内源性蛋白质共价结合，产生类似复合酶的药物/代谢物-蛋白加合这些药物蛋白加合物会可以被APC上的MHC Ⅱ复合物识别呈递，一方面可直接刺激激活细胞毒性CD8+ T细胞启动免疫反应，另一方面激活CD4+ T辅助细胞，继而在不同细胞因子的刺激下，CD4+ T细胞分化为适应性免疫反应的Th1细胞和促进抗体介导的适应性免疫反应的Th2细胞，前者又能继续刺激催化细胞毒性CD8+ T细胞的激活产生从而加强细胞免疫效应，启动Fas和TNF-α转录因子的上调，最终导致免疫细胞招募后的细胞死亡，扩大对肝细胞的损伤。

总之，DILI的发病机制是多因素的，涉及药物内在特性、宿主因素、免疫反应和环境影响等复杂的相互作用。但是也有研究表明，肠道菌群可能与DILI密切相关。肠道菌群是一个多样化的生态系统，包括细菌、真菌、病毒等，在人类生理和病理过程中发挥着重要的作用。肝脏和肠道在解剖学和功能上密切联系，肠道菌群通过胆道、门静脉和系统循环与肝脏形成轴，称为肠-肝轴。在健康状态，肠道菌群及其代谢产物是肝脏生理功能的重要组成部分，参与如能量代谢调节、免疫调节和抗感染能力的调节等。肝脏通过胆汁的分泌和免疫调节等方式对肠道微生物群落产生影响，而肠道微生物群落的紊乱会导致肠道屏障破坏和微生物转运，微生物代谢产物的改变等，进而通过改变调节肠道黏膜屏障功能、影响免疫细胞的活化状态、激活细胞受体通路以及代谢物等途径，引起或加重DILI的发生。越来越多的证据表明肠道菌群的改变与DILI之间存在密切联系，包括它们的丰度、多样性、代谢物、肠道通透性和细菌移位等。

五、临床表现、诊断和治疗原则

（一）临床表现

DILI的临床表现无特异性，症状几乎可涵盖其他急性、亚急性、慢性肝病的临床表现。

1.急性DILI临床表现

（1）肝细胞损伤坏死型的急性患者，是急性药物相关肝损伤患者最常见的临床表型，以急性肝炎表现为主，常有发热、乏力、食欲缺乏等症状，黄疸和血清氨基转移酶升高达正常值的2~30倍，高胆红素血症和凝血酶原时间延长且与肝损严重度相关。轻者停药后可在较短时间内恢复。病情重者可进展为急性或亚急性的肝功能衰竭（ALF/SALF），出现进行性黄疸、凝血功能障碍和肝性脑病等，死亡率高。

（2）以胆汁淤积为主型的患者，主要表现为黄疸和皮肤的瘙痒，常有发热、上腹痛及肝大伴血清转氨酶轻度升高，ALP、结合胆红素的明显升高，胆盐，脂蛋白及胆固醇升高，而抗线粒体抗体测定阴性。停药后需较长时间恢复（3~4）年。此型患者进展为肝衰竭和致命风险结局的可能性相较于肝细胞损伤型会更低。

（3）以过敏反应为主型的患者，如伴嗜酸性粒细胞增多和系统症状的药物反应（drug reaction with eosinophilia and systemic symptoms，DRESS）患者有发热、皮疹、黄疸、淋巴结肿大，伴血清转氨酶、胆红素和ALP中度升高。

2.慢性药物相关肝损伤的临床表现

药物引起的慢性肝炎与自身免疫慢性肝炎的临床表现相似，可以轻到无症状，而重到发生伴肝性脑病的肝衰竭。生化表现则与慢性病毒性肝炎相同，有血清转氨酶、G-GT的升高，进展性导致肝硬化，伴低蛋白血症及凝血功能障碍。

（二）诊断标准

由于目前对药物相关肝损伤的诊断仍然缺乏标志物，对其诊断还是排除性的策略，主要依据详细的病史采集、查体血清生化、组织病理，以及肝病理活检和停药的效应，根据药物不良反应与事物关联性评价的原则来进行确诊。

1.实验室生化检查

完整的肝脏生化检查包括ALT、ALP、GGT、AST、总胆红素（TBIL）、直接/间接胆红素（DBIL/IBIL）、白蛋白等。其中ALT、ALP、AST是反应肝损伤的指标，结合白蛋白、总胆红素等指标，有助于判断肝损伤的程度。同时当患者出现乏力、食欲减退、恶心、呕吐、右上腹不适、巩膜或皮肤黄染、瘙痒等可疑临床症状和体征时，应立即进行肝脏的生化检查。

对于急性的药物肝损伤，基于丙氨酸转氨酶（ALT）、碱性磷酸酶（ALP）与正常值上限的比值，其肝功能指标阈值需达到以下3个标准之一：①ALT≥5×ULN；②ALP≥2×ULN（尤其是伴随GGT升高且排除骨骼疾病所引起的ALP升高）；③ALT≥3×ULN同时TBIL≥2×ULN。

以上指标不适用与慢性药物相关肝损伤

2.影像学的检查

CT、MRI、超声等影像检查的手段在肝脏疾病中广泛运用，所有疑似DILI的患者都应进行完备的影像学资料准备。

3.病理组织学

DILI的病理组织学其实也缺乏比较特异性指征，在DILI的诊断中，病理组织活检的目的主要是用于排除其他肝胆疾病的肝损伤，如果肝组织中出现嗜酸性粒细胞浸润、小泡型脂滴或重金属沉着，有助于DILI的诊断。值得注意的是，由于DILI病理改变的多样性，需与其他肝脏基础病进行甄别，且在DILI的不同病程阶段，也会呈现出病理特点的多样化。

4.病史采集

包括详细、准确的可疑药物使用史，药物过敏记录，既往肝病史，以及本次DILI的病程发展与演变过程等。详细询问并记录肝损伤相关症状或体征的变化，以及目前或既往合并疾病等详细病史。收集家族史、合并用药史、饮酒史和特殊饮食史；收集居住、工作环境中化学品的暴露史、放射性接触史。请肝病学专科医生会诊，一旦判断为可能的DILI早期征象，应立即开始密切观察。

（三）治疗原则

DILI的核心治疗对策，最重要的手段就是应该去除病因，停用导致肝损伤出现的药物或可疑药品，并及时清除或排泄体内残余药物。对于停药后情况逐渐改善者，则无须其他特殊治疗，以休息恢复为主。但对于情况无明显改善，或损伤严重的肝衰竭患者，需采取相应的药物治疗，对症的支持治疗以及血浆置换、血液透析等人工肝脏治疗，必要时可进行肝移植。在对应的药物治疗上，可采用还原型谷胱甘肽（GSH）、甘草类的药物、S-腺苷蛋氨酸、熊去氧胆酸（UDCA）等，其中甘草类药物可起到降低血清转氨酶的作用、S-腺苷蛋氨酸有一定的防治肝内胆汁淤积意义、UDCA可用于慢性DILI胆汁淤积症的治疗。重症患者可用N-乙酰半胱氨酸（NAC），可清除多种自由基，在临床上越早使用效果越好。

第二节　肠道微生态与药物相关肝损伤的关系

一、肠道细菌与药物相关肝损伤

（一）药物相关肝损伤患者体内细菌菌群的变化

肠道菌群是肠-肝轴的一个活跃组成部分，其活性和分布的紊乱被认为与DILI的出现有关。在DILI患者或动物模型的体内往往存在细菌菌群的紊乱和分布异常，肠道微生物群多样性减少，潜在致病菌群相对过多，而潜在有益原生菌群的相对丰度降低。来自荷兰的大规模基于人群的研究表明，质子泵抑制剂PPI是与肠道微生物群多样性减少和分类变化最相关的药物。这项分析表明使用PPI的人高达20%的细菌分类群的相对丰度发生了改变（或减少或增加）。

人的肠道腔内约有100万亿个细菌，其中90%属于类Bacillaceae和真菌门。在门水平上，DILI发生时，放线菌门（Actinobacteria）、Proteobacteria等的丰度显著增加，而Bacteroidetes、梭状菌门（Fusobacteriota）的丰度等的减少。并且，Firmicutes与Bacteroidetes的比值会明显升高。在属或种水平上，药物相关肝损伤（DILI）患者肠道菌群的变化也同样涉及多种细菌的数量和丰度的改变。首先，一些有益菌的丰度可能会受到影响。例如，嗜黏蛋白阿克曼菌（*Akkermansia muciniphila*）是一种被认为对健康有益的细菌，在DILI患者中，其丰度可能会显著增加。*A. muciniphila* 通过维持肠道屏障完整性、重塑微生物群落以及促进SCFAs分泌等方式发挥着保护肝脏的作用。另一方面，一些潜在致病菌的数量可能会增加。例如，*Enterococcus*、金黄色葡萄球菌（*Staphylococcus*）等革兰阳性菌可能在DILI患者中丰度增加。这些细菌可能通过产生毒素、诱导炎症反应等方式参与肝脏损伤的发展。此外，一些细菌的丰度可能会在DILI患者中降低。例如，一些益生菌如*Bifidobacterium* 和*Lactobacillus* 可能在DILI患者中的数量减少。这些细菌通常具有调节免疫反应、抗炎作用等功能，其减少可能会影响肠道微生态平衡，加重肝脏损伤。

（二）与药物相关肝损伤的发展进程或严重程度相关菌群或菌属

肠道生物失调的个体对APAP引起的肝损伤更敏感，更易诱发DILI。在一项英国生物库中50万名参与者的队列研究中，发现质子泵抑制剂（PPI）或长期抗生素（ABX）会导致肠道微生物失调。在患有肠道微生物失调的参与者中，APAP诱发ALF的风险显著增加。蛋白菌可产生大量源自肠道的内毒素LPS，而这种LPS在DILI中会增加同时，肠道内部分特定的菌群的存在也可以让DILI对机体的损伤程度减弱。一些益生菌，如*Akkermansia muciniphila* 可以通过维持肠道屏障完整性、重塑微生物群落和促进SCFAs分泌来减轻肝损伤 。Enterobacteriaceae细菌和Lactobacillus具有β-葡糖醛酸酶活性，而*Lactobacillus* 可抑制细菌的β-葡糖醛酸酶活性，并与肝脏保护密切相关。

二、肠道真菌与药物相关的肝损伤

（一）药物相关肝损伤患者体内真菌菌群的变化

在DILI患者中，一些真菌的丰度可能会增加，例如，念珠菌属（*Candida*）可能在DILI患者中增加。这可能是由于某些药物引起的肠道环境改变，使得其的生长受到促进，进而增加了在肠道中的存在量；发炎黏膜中真菌的丰富度和多样性显著增加。另一方面，一些真菌的丰度可能会降低。例如，一些有益的益生菌，如拟青霉菌属（*Lactobacillus*）在DILI患者中可能减少。这可能是肝脏损伤导致肠道环境改变，使得这些益生菌的生长受到抑制，从而导致其数量减少。

（二）与药物相关肝损伤的发展进程或严重程度相关菌群或菌属

除了真菌菌群的总体变化外，一些特定的真菌菌群或菌株可能与药物相关肝损伤的发生或严重程度相关联。这些关联可能会为诊断、预防和治疗DILI提供重要的参考。在一些研究中发现，某些真菌，如*Candida*或肠道曲霉菌属（*Aspergillus*）及其代谢产物，在DILI患者中可能增加。这些致病性真菌的存在可能加剧肝脏损伤或导致更严重的疾病进展，而特别的是*Candida albicans*与此作用息息相关。其机制可能其代谢产物（β-葡聚糖、念珠菌溶素等）与Dectin-1、Toll样受体2（TLR2）和TLR4相关的途径与宿主肠道的免疫细胞相互作用相关。

三、肠道病毒与药物相关肝损伤

病毒是地球上数量最多的生物体。而病毒在肠道中也扮演着重要的角色。主要由内源性逆转录病毒、真核病毒和噬菌体组成。人体内的大多数病毒都存在于胃肠道。肠道病毒，甚至被称为病毒指纹，对每个人都是独一无二的。现在，英国维康桑格研究所和欧洲生物信息学研究所（EMBL-EBI）的研究人员识别出了超过14万种生活在人类肠道中的病毒，其中未知病毒多达7万多种，并不是所有的病毒都是有害的，它们是肠道生态系统不可或缺的组成部分。在正常健康人体肠道内，这些病毒多以细菌噬菌体的形式存在。根据肠道病毒数据库（GVD），97.7%的病毒种群是噬菌体，2.1%是真核病毒，0.1%是古菌病毒。噬菌体引发免疫细胞的活化，导致炎症介质的释放，并加剧结肠炎的发生，继而导致肠道黏膜屏障功能的受损，有毒物质或菌群进入血液循环，加重肝脏的炎症反应，导致DILI发生的潜在可能。

第三节 肠道微生态调控药物相关肝损伤进展的机制

一、肠道细菌调控药物相关肝损伤进展的机制

（一）肠道屏障功能

肠道可以被认为是除大脑之外我们身体的第二个调控单元，因为肠道内发生的活动可以影响我们的生理，而这些活动都是由肠道微生物驱动的，因此肠道菌群常常被称为人体的“第二大脑”。对无菌动物进行的研究表明，肠道微生物组控制新

陈代谢和食欲信号，肠上皮屏障的功能的完整性，以及协调宿主免疫系统的功能。肠黏膜的屏蔽功能很大程度地建立于肠肝轴的基础之上。肠肝轴是指肠肝之间的双向交流，由门静脉维持，允许运输肠源性信号分子传递给肝脏和通过抗体和胆汁分泌到十二指肠小肠部分进行肝脏反馈。肠道菌群、黏膜、肠上皮、微生物代谢物、抗原运输、饮食成分、免疫系统状态和氧化应激是调节肠肝轴的功能的几个关键因素。肠腔内有大量微生物、抗原、未消化或未吸收食物成分，代谢终产物以及从肠上皮层脱落的上皮细胞。肠黏膜、肠上皮和血管内皮层共同形成一个动态而又具有选择性的屏障系统，防止肠道微生物群和毒素物质进入血液。当肠道微生物群失调或者因缺少肠道屏障不可或缺的生物化学成分，并诱发调节炎症和免疫反应，导致肠道屏障破坏和肠道渗透性增加时，肠道屏障受损有利于肠道微生物群及其相关代谢物从肠道转移到肝脏，在肝脏引发一系列炎症和免疫反应，从而加剧 DILI 的发生。

（二）免疫途径

免疫反应是机体对外来病原体（如细菌、病毒、真菌等）或异常细胞（如癌细胞）的一种防御性生理反应。免疫反应通过机体的免疫系统来执行，这一系统包括多种免疫细胞、蛋白质和分子。免疫反应的目的是识别和清除病原体或异常细胞，从而维护机体的健康状态。免疫途径促进 DILI 发生发展的机制在前文也有过阐述，而肠道微生物群的改变也可能通过调节免疫反应导致 DILI 的进展。药物如 APAP 等在肝脏中被处理时，会产生活性代谢物，破坏细胞内线粒体电子传递链 ETC 并导致大量 ROS 的产生，介导肝细胞坏死。坏死肝细胞释放的损伤相关分子模式（DAMPs）会激活一系列免疫细胞，并进一步促使它们分泌大量炎症细胞因子和趋化因子，调节肝损伤、肝修复和肝再生。同时 DILI 中的肠道损伤、通透性改变使肠道细菌群及其相关代谢产物转移到肝脏，这些病原体相关分子模式（PAMPs）激活肝细胞、免疫细胞以及肝星状细胞（HSCs）释放促炎细胞因子和趋化因子，从而加剧 DILI 的病情进展。肝毒性药物会对肠道屏障功能造成直接的损害，进而在正常状态对机体无害的肠道细菌会进入肝内，产生免疫效应。而此时，受到损伤、坏死肝细胞释放的损伤相关分子模式（DAMPs）会进一步激活一系列免疫细胞，并进一步促进它们分泌大量的炎性细胞因子和趋化因子，从而调节肝损伤。

（三）受体通路

DILI中，肠道菌群可以通过影响受体通路发挥重要作用。受体通路是细胞内外信号传导的重要途径，它们调节了多种生理过程，包括细胞增殖、凋亡、炎症反应和代谢调控等。主要包括Toll样受体（Toll-Like Receptors，TLRs）通路、核因子κB（Nuclear Factor kappa B，NF-κB）通路和芳香族化合物受体（Aryl Hydrocarbon Receptor，AhR）通路等。实际上，受体通路的发生是多重环节与机制的链接。在DILI中，TLR通路可能受到肠道菌群的影响，导致异常的炎症反应。具体来说，肠道菌群的失衡可能导致TLRs过度活化，进而引发过度的炎症反应来造成DILI的发生和损伤。例如，某些细菌的LPS可能通过TLR4激活TLR通路，引发免疫细胞的激活和炎症因子的释放。过度活化的TLR通路可能导致免疫系统的异常增强，引发肝脏的炎症和损伤。此外，肠道菌群还可能通过影响TLR通路的配体水平来影响其活性。一些肠道菌群可能促进或抑制特定TLR配体的产生，从而调节TLR通路的活性。例如，一些益生菌可能通过竞争性排除或降低有害菌的数量，从而减少TLR配体的释放，降低TLR通路的活性，减轻肝脏的炎症反应。

（四）代谢物途径

（1）LPS。LPS（细菌内毒素）是一种存在于细菌细胞壁中的分子，主要存在于革兰阴性菌的外膜中。由LPS引起的慢性炎症和免疫反应的发生被认为是DILI进展的关键因素。在某些情况下，如肠道菌群失衡、肠道通透性增加或肠道黏膜损伤时，LPS可能进入血液循环，引起机体免疫系统的激活和炎症反应。关于LPS进入血液循环，进入肝内途径的前提实际上也是肠道黏膜在DILI发生时屏障功能受损的结果。药物破坏肠道菌群稳态，增加肠道炎症与通透性导致“肠漏”的发生，进而导致肠源性LPS的向外迁移。这里“肠漏”的发生实际上是指药物或其代谢产物诱导肝脏炎性细胞因子表达增加，继而肠道屏障被破坏，LPS经肠黏膜由门脉系统直接出现在血清中，随后被转运至肝脏的LPS，激活肝脏中的TLRs，引发一系列炎症反应，释放大量炎症炎性细胞因子和细胞因子，包括TNF-α，IL-8、MCP-1、IL-6、IL-1β和肿瘤坏死因子-α等，损伤肝细胞。此外，LPS还可直接对肝细胞造成损伤，诱发细胞应激的产生，继而通过ROS等加重损伤肝细胞。

（2）胆汁酸（Bile Acids，BAs）。BAs在肝脏中合成并经胆道排泄到肠道中的一类重要的生物活性分子，主要包括原胆酸［胆酸（CA）和已酸（CDCA）］和次生胆酸［脱氧胆酸（DCA）和磷脂酸（LCA）］。它们在胆汁的排泄、脂溶性维生素和药物的吸收，以及胆汁酸循环等生理过程中发挥重要作用。BAs经肠道菌群处理代谢为次级BAs，肠内约95%的Bas可通过重吸收回到肝脏，与新合成的Bas又重新进入肠肝循环。在通常情况下，胆汁酸被认为是一种重要的乳化剂，有助于脂溶性营养物质的吸收。随着对胆汁酸研究的深入，人们证实胆汁酸在调节各种生物和病理过程中起着重要作用。胆汁酸代谢失调与脂肪肝、肥胖症和IBD等多种疾病的发病机制有关。事实上，越来越多的研究表明，胆汁酸代谢紊乱也与DILI密切相关。例如，在一项研究中，DILI患者的血清肝鹅脱氧胆酸、甘胆酸等的水平均显著高于对照组，并且随着病情的进展而加重。在这些DILI患者的肠道菌群结构中，微生物组成发生了变化，参与BAs转化的细菌减少，且丰度的降低与血清BAs失衡一致。这也说明，肠道菌群的失调 DILI 的严重程度密切相关。然而，胆汁酸代谢失调影响DILI 病理进展的具体机制仍不明确，需要更深入的研究。

（3）短链脂肪酸（short-chain fatty acids，SCFAs）。SCFAs是肠道微生物群产生的一种发酵产物，包括甲酸酯、乙酸酯、丙酸酯和丁酸酯。SCFAs不仅是肠上皮细胞重要的能量来源，还可影响肠黏膜屏障，肠上皮细胞的通透性、氧化应激反应等，对结肠功能和健康具有重要的作用。但是也有一些动物和体外研究表明，较高浓度的SCFAs对结肠的渗透性和敏感性有负面影响。丁酸是肠道细胞的营养物质，可以促进细胞再生，维持肠道屏障功能，并具有抗炎特性。青霉素部分通过降低丁酸水平，加重APAP引起的肝损伤，而这种损伤可以通过Lactobacillus补充来逆转。具体来说，SCFAs可以激活存在与免疫细胞上的自由脂肪酸受体，进而降低炎性因子和细胞的活化，对抗肠道在DILI的炎症，抑制再损伤。相反的，如Bacteroidetes减少导致的SCFAs 减少，游离脂肪酸受体2（free fatty acid receptor 2，FFAR2）和游离脂肪酸受体3（free fatty acid receptor 3，FFAR3）分布在免疫细胞上，G蛋白偶联受体分布在肠上皮细胞上，会抑制LPS诱导的NF-κB激活，从而加剧DILI的肠道炎症。

（4）1-苯基-1，2-丙二酮（PDD）与细胞色素酶CYP450。肠道菌群还可产生其他多种活性代谢物。APAP是诱导药物相关肝损伤最常见的药物。结肠和肝脏中的1-苯基-1，2-丙二酮（PPD）水平被确定为增加 APAP 毒性的细菌的前瞻性生物标记物，这种细菌直接消耗GSH，并显著增加氧化谷胱甘肽（GSSG）/GSH的比例。

而PPD可通过促进ROS的产生和激活促分裂素原活化蛋白激酶（mitogen-activated protein kinase，MAPK）通路，加剧APAP诱导的肝损伤。同时当机体内GSH<30%时，APAP经肝脏CYP450代谢产生的N-乙酰-对苯醌亚胺无法与谷胱甘肽结合解毒，而是与肝脏内的大分子结合，产生毒性反应，造成肝细胞坏死和急性肝衰竭。（图5-1）

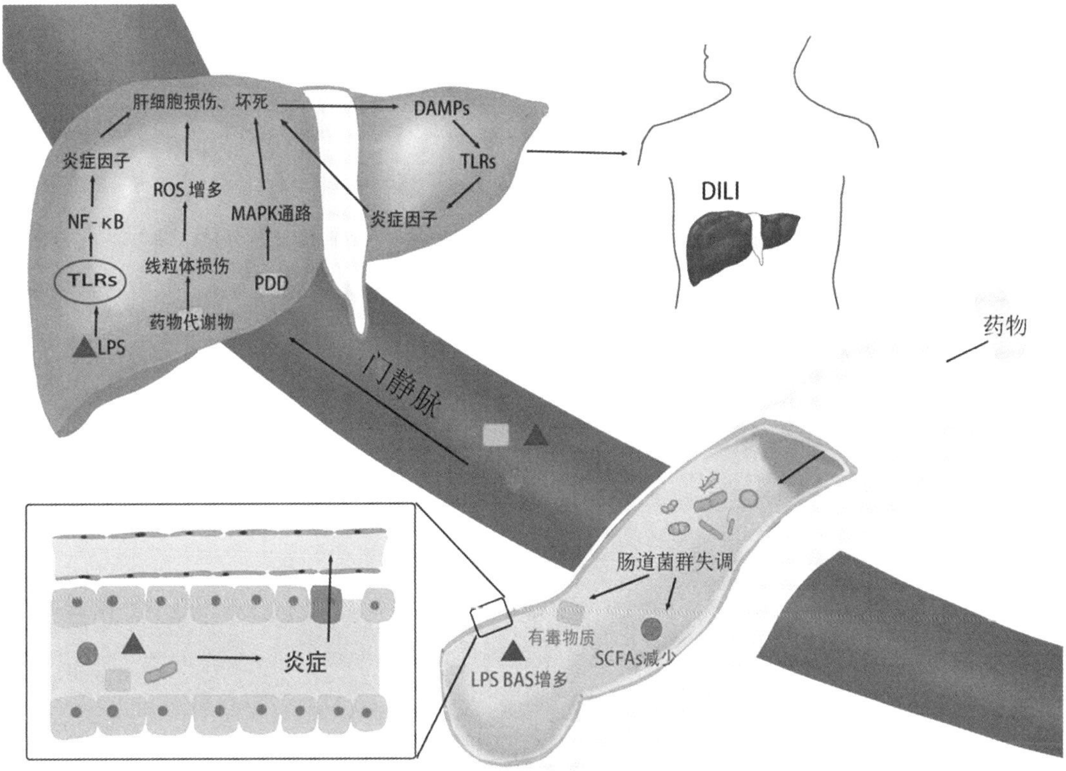

图5-1　肠道细菌及代谢产物影响DILI机制图

二、肠道真菌调控药物相关肝损伤进展的机制

（一）免疫与受体途径

肠道真菌在DILI的发生中，其免疫反应和信号受体通路的发生其实是密不可分的。肠道真菌可诱导肠上皮细胞（intestinal epithelial cells，IEC）、呼吸和泌尿系统以及皮肤组织的先天免疫反应。它们还有助于肠系膜或肠道淋巴免疫系统的成熟。

宿主对真菌的免疫反应是一个复杂的过程，涉及许多信号分子和多个细胞。模式识别受体（pattern recognition receptors，PRRs）介导的通路，包括TLRs、C型凝集素受体（C-type lectin receptor，CLR）和NOD样受体（nucleotide-binding oligomerization domain-like receptor，NLR），是可能的机制。真菌细胞壁成分（如β-葡聚糖、酶聚糖、甘露聚糖和壳聚糖）和真菌的遗传物质（DNA和RNA）可以通过位于肠黏膜的抗原呈递细胞上的PPR（如TLR2、TLR4、dectin-1和dectin-2）识别，随后激活下游信号通路。CLR可识别真菌细胞壁成分以激活酪氨酸激酶和胱天蛋白酶募集域蛋白（CARD9）相关信号通路，导致NLRP3和NF-κB炎症小体的激活以及细胞因子的产生，最终激活先天免疫应答。此外，适应性免疫的发展，特别是树突状细胞诱导的辅助性T细胞（如Th1和Th17）反应，也可以通过PRRs调节。Th17细胞主要产生IL-17A和IL-22，而Th1细胞主要产生IFN-γ，导致中性粒细胞募集、防御素产生、吞噬细胞活化，并最终消除致病真菌。此外据报道，哺乳动物肠道中富集的真菌物种可以通过先天免疫受体Dectin-1影响宿主免疫系统，Dectin-1是一种C型凝集素受体，可识别真菌细胞壁中的β-1，3-葡聚糖素。Dectin-1还可以通过CARD9激活细胞内信号，促进炎性细胞因子的产生并诱导Th17反应。另外，在肠道中，IL-22可以诱导炎症的发生，但另一方面也能够促使上皮细胞产生抗菌肽，促进细胞的增殖、存活和组织修复，维持肠道稳态和屏障完整的功能。

（二）代谢物途径

1.β-葡聚糖

DILI发生时，真菌种群和真菌β-葡聚糖转位到体循环中，β-葡聚糖通过Kupffer细胞上的CLEC7a诱导肝脏炎症，在使用骨髓嵌合小鼠的实验中，通过NLRP3激活caspase-1的CLEC7a依赖性激活导致炎性IL-1β表达和分泌增加，进而导致肝细胞损伤。

2.念珠菌素

念珠菌素是一种肽毒素，它可以直接破坏上皮膜并激活宿主的免疫反应。腹腔注射Candida albicans大鼠可发生血清ALT水平升高、炎症标志物和明显的脂质过氧以及肝细胞的损伤。在一项对溃疡性结肠炎患者的研究中，发现了具有高免疫细胞损伤能力的白色念珠菌菌株（HD菌株），这些HD菌株通过肝脏IL-1β依赖性机制加重体内肠道炎症。IL-1β通过非常规的蛋白质分泌途径分泌，可以旁分泌或系统分泌，主要由先天免疫系统的前哨细胞：单核细胞和巨噬细胞产生，也可以从上皮细胞、内皮细胞、成纤维细胞、滑膜细胞、神经元、肥大细胞以及胶质细胞如小胶质细胞和星形胶质细胞等细胞中释放。IL-1β作为一种关键的促炎细胞因子，参与多种自身免疫性炎症反应和多种细胞活动，包括细胞增殖、分化和凋亡。其对几乎所有组织的细胞防御和组织修复至关重要。过量IL-1β的产生也就意味着诱导肝细胞死亡的风险加重

3.黄曲霉毒素

黄曲霉毒素（aflatoxin B1，AFB1）主要由曲霉属产生，通过诱导DNA链断裂、氧化应激、加合物形成和基因突变引起DILI的发展。AFB1诱导持续的单链和双链DNA断裂。它诱导氧化应激和脂质过氧化AFB1与DNA相互作用并形成DNA加合物，如2，3-二氢-2-（N7-鸟苷基）-3-羟基黄曲霉毒素B1。AFB1-DNA加合物与ADAMTS5（具有血小板反应蛋白1型基序的ADAM金属肽酶）的表达和多态性呈负相关，后者是一种抑制肿瘤血管生成和转移的肿瘤抑制基因。AFB1的代谢活性形式可引起基因突变，偏好GC到TA的转位。众所周知，AFB1诱导p53肿瘤抑制基因密码子249中G->T的转位，该密码子被称为AFB1引起的肝细胞肝癌（hepatocellular carcinoma，HCC）分子标志物。AFB1还通过激活N-ras、c-Ha-ras和c-Myc等癌基因来促进HCC的形成。

第四节　肠道益生菌群对药物相关肝损伤的改善作用

一、肠道益生细菌对药物相关肝损伤的改善作用

（一）益生细菌（益生菌）

1.临床前应用

目前的传统益生菌主要为Bacteroidetes和Firmicutes，如Bifidobacterium、Lactobacillus、酵母菌（Yeast）、Butyricicoccus等。针对药物所导致的相关肝损伤，目前人们认为通过增加益生菌的种类或数量来纠正肠道菌群的失调，是减轻、防治DILI发生的有效手段。有研究证明，Lactobacillus可预防甲氨蝶呤（Methotrexate，MTX）引起的小鼠肠道屏障损伤和肝损伤。在模型中，通过药物等手段增加*Lactobacillus*的

丰度时，出现改善 MTX 诱导的 DILI 的肝损伤并恢复肠屏障功能的治疗效应。服用 *A. muciniphila* 能显著改善 APAP 引起的肝毒性，血清丙氨酸氨基转移酶和天门冬氨酸转氨酶水平的降低表明了这一点。在一项通过连续封装益生菌保加利亚乳杆菌（*Lactobacillus delbrueckii* subsp. *bulgaricus*，LDB）和 LGG 到 Ca^{2+}结合的聚合物微球中，制备一种新型双益生菌的生物治疗材料的试验中，被释放的益生菌群 LCG 和 LDB 表现出明显缓解胆汁淤积作用，从而可以有效地防止胆汁淤积型 DILI 的发生。

2.改善机制

益生菌对 DILI 的改善作用可涵盖免疫、受体和代谢物等多种机制。例如，乳酸菌可抑制与菌群代谢物 LPS 相关的 TLR4 炎症通路，阻断中性粒细胞和单核细胞的吞噬，继而影响免疫反应的发生和细胞凋亡坏死的启动，从而起到对肝细胞的保护作用。在结核病治疗期间，干酪乳杆菌可通过降低内毒素水平和改善肠道屏障功能障碍，缓解与胆汁淤积相关的一些肝脏指标的异常增长。D-半乳糖苷是一种比葡萄糖更强大的糖化剂并且能够诱导氧化应激，而 *Bifidobacterium* 的存在可以减少 D-半乳糖苷所引起的整体炎症反应，达到减轻对肠道黏膜屏障功能的破坏作用。

此外，益生菌本身也是肠道微生物屏障功能的重要组成部分，益生菌的补充一方面可以有效对抗有害菌属或其他病原微生物的入侵，一方面其本身的代谢产物如 SCFAs 等对肠上皮细胞的稳定起着一定的凋亡调节功能，保证其物理机械屏障的稳定。

（二）益生元

1.临床前应用

益生元是指一些不被宿主消化吸收却能够选择性地促进体内有益菌的代谢和增殖，从而改善宿主健康的有机物质。它只能刺激有益菌群的生长，而不刺激有潜在致病性或腐败活性的有害细菌，主要存在于食物中，如大豆、洋葱、鱼类、蔬菜等。低聚糖类被认为是一类有效的益生元，如低聚果糖、低聚半乳糖等，通过对低聚糖类益生元的免疫调节作用检验证明，低聚糖多具有明显提高抗体形成细胞数及 NK 细胞活性、增强免疫功能的作用。

2.改善机制

益生元的存在相当于是对益生菌群的养料，其可被 Bifidobacterium、Lactobacillus 等有益菌群利用产生代谢产物，而代谢产物反之又能促进其消化、生长和增殖，从而刺激了肠道免疫器官生长，提高巨噬细胞的活性，提高了机体的抗体水平。它们能够在肠道内为有益菌提供营养和生长的环境，促进益生菌的增殖和活性。益生元通过选择性地促进肠道内益生菌（如Bifidobacterium和Lactobacillus）的生长，抑制有害菌的生长，从而维持肠道菌群的平衡状态。此外，益生元还能够增加肠道黏膜细胞的数量和活性，增强肠道屏障功能，阻止有害物质的渗透和吸收，提高抵抗力，减少肠道炎症和感染的发生。以上作用促使在DILI中肝细胞免疫损伤反应的发生。益生元可以调节肠道和全身免疫细胞的活性，包括巨噬细胞、T淋巴细胞、树突状细胞等免疫细胞，抑制肠道和肝脏中炎症因子的释放，如白细胞介素-1β（IL-1β）、肿瘤坏死因子-α（TNF-α）等。这些炎症因子在DILI的发生和发展中发挥着重要作用，导致肝脏组织的炎症和损伤。另外，低聚糖类益生元具有可溶性膳食纤维的基本特性，促进肠道蠕动，降低粪便pH。

（三）合生元

1.临床前应用

合生元是一种营养成分，又称为合生素，是指益生菌和益生元的组合制剂，或再加入维生素 、微量元素等。它既可发挥益生菌的生理性细菌活性，又可选择性地快速增加菌群的数量，使益生菌作用更显著持久。合生元作为新一代微生态调节剂，将益生菌和益生元联合应用，可同时发挥益生菌和益生元的生理功能，使益生菌和益生元协调作用，共同对抗疾病，维护机体的微生态平衡。

2.改善机制

与益生元相似，合生元也不会被人体的消化系统吸收，而是能够在结肠中被肠道内的益生菌利用，促进它们的生长和繁殖。合生元的主要作用是改善肠道菌群的平衡，增强肠道屏障功能，提高抵抗力，促进消化吸收，维护肠道健康。它们可以在肠道中被益生菌利用为能量来源，促进有益菌群的生长和活性，同时抑制有害菌群的生长，从而维持肠道内微生态的平衡。此外，合生元还可以增加肠道黏膜细胞的数量和活性，增强肠道屏障功能，阻止有害物质的渗透和吸收，减少肠道炎症和感染的发生。例如，在DILI的发病机制中，药物及药物活性代谢物破坏肝细胞线粒体电子传递链，进而产生大量ROS，造成的肝细胞的损失、死亡，在这个过程中，炎症反应通过细胞因子或趋化因子IL-6、TNF-α等的作用又会加剧细胞的死亡，而合生元复合制剂的应用可以改善肠道的有害代谢物的产生和炎症、免疫状态，降低炎症因子及毒素物质的产生，改善了肠道的整体屏障功能水平和炎症稳定状态，从而改善 DILI。

二、肠道益生真菌对药物相关肝损伤的改善作用

1.临床前应用

目前依然没有较有力的证据证明宿主和肠道真菌之间存在有益的关系，详细研究的少数具有益生作用的真菌是布拉酵母菌（*Saccharomyces boulardii*）和汉逊德巴利酵母菌（*Debaryomyces hansenii*），肠道真菌组的治疗使用在各种实验模型中显示出前景。Saccharomyces boulardii 是研究最多的酵母益生菌。在补充 Saccharomyces boulardii 的实验性急性肝损伤案例中，其可减轻克拉霉素和甲氨蝶呤诱导的肝脂过氧化和抗氧化剂 GSH 的消耗。Saccharomyces boulardii 还改善了 D-半乳糖甘诱导的小鼠肝损伤，降低了肝转氨酶水平，减轻了肝细胞坏死、出血和组织学上的炎症浸润。并且 *Saccharomyces boulardii* 可以显著增加了 Bacteroidetes 的相对丰度，降低了 Firmicutes 和 Proteobacteria 的相对丰度，从而减轻药物引起的急性肝损伤，具有潜在的肝脏保护和治疗作用。由此可见，利用益生真菌促进机体内部有益细菌的生长或恢复，抑制有害菌的增加可能会改善菌群失调，从而达到改善 DILI 的目的。

2.改善机制

相对于肠道细菌，真菌的数量则非常少。以往的对肠道微生物的研究中，主要聚焦于肠道细菌与宿主之间的各种作用机制，对真菌的研究很少。真菌改善 DILI 的可能机制有以下 3 种：①通过在肠道内的繁殖改变菌群环境，改善其他菌群的失调。②表达特定蛋白的能力，这些蛋白可以起到对抗有害菌属及其代谢物的作用。如 Debaryomyces hansenii 能产生抑制 Monilia albican 和热带假丝酵母菌（*Candida tropicalis*）生长的杀伤毒素。③抑制肠道整体炎症反应水平。

第六章 肠道微生态与病毒相关肝病

第一节 肠道微生态与慢性乙型病毒性肝炎

一、概述

（一）概念

慢性乙型肝炎（chronic hepatitis B，CHB）是由乙型肝炎病毒（hepatitis B virus，HBV）感染后引起的，以肝脏炎症和坏死病变为主的一种传染性疾病，临床表现以消化道症状为主（如食欲减退、全身乏力、恶心、呕吐、腹痛、黄疸等），同时伴有全身其他症状。HBV是属于一种非细胞病变、正嗜肝DNA病毒，是具有部分双链环状DNA的包膜病毒，目前研究所知只对人和部分灵长类（如黑猩猩、长臂猿、狒狒）具有易感性。HBV是已知感染人类的最小双链DNA病毒，是球形的42nm的病原体，由外壳和核心共同组成。其外壳是由脂质双层和蛋白质组成，脂质双层内含有乙肝表面抗原（hepatitis B surface antigen，HBsAg），由S基因编码，包含小蛋白、中蛋白以及大蛋白三种蛋白形式。其核心分为外部的衣壳和内部双链DNA，其中衣壳是由HBV的核心抗原（hepatitis B surface antigen，HBcAg）组成，直径为27nm，而内部是部分环状DNA，基因组长度约3200个碱基对。HBV有4个重叠的开放阅读框，分别为S区、C区、P区、X区。S区由S基因、preS2基因、preS1基因组成，分别编码HBsAg、PreS1、PreS2及多聚人血清白蛋白受体，C区由前C基因和C基因组成，分别编码乙肝e抗原（hepatitis Be antigen，HBeAg）的前体蛋白：Pre-C蛋白和HBcAg，P区基因覆盖3/4基因组并编码DNA聚合酶，该酶既具有DNA聚合酶活性又具有逆转录酶和RNase H的活性，而X区基因则通过编码X蛋白在HBV致肝细胞癌等进程中发挥重要作用。

（二）流行病学

HBV主要通过血液/体液传播、母婴垂直传播以及性传播，而握手、共用餐具、咳嗽等方式则几乎不会造成乙肝传染。目前认为凡是血液中可以检测出（HBsAg）阳性者（特别是HBV DNA阳性者），包括慢性乙肝、乙肝相关肝硬化和肝癌、乙肝病毒携带者，都是潜在传染源。感染乙肝后可出现40~180天的潜伏期，感染乙肝病毒后，HBsAg最早是1～2周后可以检出，通常是4～6周才能检出；而乙肝病毒DNA可能更早被检测到，但通常也是需要在感染后1～2周，此外还需通过肝功能，凝血功能，肝脏病理以及影像学表现等综合评估患者肝脏病变程度。

HBV感染呈世界性流行，目前全世界乙肝的总体流行率为3.8%，共有2.96亿慢性感染者，其中欧美洲乙肝携带者比例较低（<2%），东南亚和东地中海乙肝携带率居中（2%~5%），而非洲以及西太平洋地区乙肝高度流行（>6%）。据估算，我国现有乙肝携带者约7500万人，其中约有3000万人为需要治疗的乙肝患者。

（三）危害

部分感染者会出现急性肝炎症状，如疲倦、食欲减退、恶心、呕吐、腹痛和黄疸（皮肤和眼白变黄）。虽然大多数急性感染者能够完全恢复，但也有少部分人会发展为重症肝炎，甚至导致死亡。如果乙肝病毒未能被清除，感染者可能会发展为CHB。这种情况会导致长期的肝脏炎症，增加肝硬化和肝癌的风险。

肝硬化会导致肝功能衰竭、门脉高压、食管静脉曲张出血等严重并发症。而对于肝癌而言，HBV感染是其发生的主要原因之一，尤其是对于慢性乙肝患者，肝癌的发生率显著高于普通人群。对于感染HBV的部分女性，乙肝病毒可以通过母婴传播从而感染新生儿。如果不采取预防措施，婴儿可能会成为慢性携带者，增加未来发生肝病的风险。

（四）发病机制

HBV病毒颗粒进入体内后，可通过识别肝细胞上的硫酸乙酰肝素蛋白聚糖(heparan sulfate proteoglycan，HSPG)，以低亲和力结合并附着在肝细胞表面的牛磺胆酸钠共转运多肽（sodium taurocholate cotransporting polypeptide，NTCP）受体，通过与肝细胞膜融合，并将核心颗粒释放到细胞质中。病毒核衣壳移除之后，病毒衣壳中的环状DNA（ralaxed circular DNA，rcDNA）进入肝细胞的细胞核，并经DNA修复形成共价闭合环状DNA（covalenty closed circular DNA，cccDNA），其结构稳定，可以在宿主细胞中持续存在。cccDNA可作为前基因组RNA以及其他mRNA的模板，在细胞质中被翻译成HBsAg、HBcAg、HBeAg和X蛋白，而病毒前基因组RNA（pregenomic RNA，pgRNA)、核心蛋白和聚合酶蛋白被包装成衣壳。在核衣壳内，转录前基因组RNA在病毒DNA逆转录酶的作用下逆转录成新的rcDNA。新的rcDNA可以被表面蛋白包裹形成病毒粒子，通过分泌途径从肝细胞排出到血液中，或循环进入肝细胞核并补充cccDNA，从而导致HBV的持续感染。目前，抗病毒药物，如干扰素和核苷（酸）类似物可有效地抑制HBV复制，延缓CHB发展为肝硬化和肝细胞癌的进程，改善患者的临床治愈，但仍无法清除HBV cccDNA。

HBV导致的CHB的发病机制较为复杂，迄今尚未完全阐明。大量研究表明，HBV不直接杀伤肝细胞，如无症状HBV携带者体内病毒大量复制，但肝损伤却较轻微，而HBV诱导的宿主免疫反应则是造成肝脏损伤的主要原因。宿主的免疫反应一方面可以破坏被感染的肝细胞来清除HBV，另一方面可以引起肝脏炎症，加重肝损伤，导致肝纤维化和肝细胞癌。机体参与病毒清除的先天免疫反应包括体液免疫和细胞免疫。体液免疫主要是在HBV感染后可产生各种抗原，抗原可激发机体免疫系统产生如HBsAb，HBcAb，HBeAb等抗体，从而对乙肝病毒造成杀伤。然而，由于HBV抗原大多位于胞浆（胞质）内，部分位于胞膜或核内，故抗体抗原免疫反应也会对感染HBV的肝细胞进行攻击，造成肝细胞的损伤。细胞免疫是HBV感染后造成肝细胞损伤的主要原因，当HBV进入肝脏后，肝内的单核细胞、巨噬细胞、树突状细胞等通过识别Toll样受体活化（Toll-like receptors，TLRs)，分泌干扰素后激活主要的效应细胞自然杀伤细胞（NK细胞)，通过直接的细胞毒性作用识别和杀死靶细胞或产生免疫调节细胞因子（IFN-γ、TNF-α、TGF-β、IL-10等）活化T细胞发挥抗病毒活性，活化的CD8+T细胞可通过直接的细胞毒性杀伤靶细胞或分泌干扰素γ抑制HBV复制，导致肝细胞死亡。在HBV慢性感染情况下，大量抗原持续存在，诱导NK细胞功能受损和CD4+T细胞产生免疫耐受，同时CD8+T细胞大量消耗及结合程序死亡因子配体PD-L1的CD8+T细胞逐渐增多，宿主免疫细胞功能逐渐受损，清除HBV能力下降，导致HBV感染持续存在。

（五）临床表现、诊断和治疗原则

1.临床表现

HBV感染后病程超过半年仍HBsAg称为CHB，其中根据CHB肝功能损伤程度，临床上将之分为3度，即轻度、中度和重度。①轻度：临床症状、体征轻微或缺，肝功能检测仅1或2项指标轻度异常，可出现乏力、头晕、食欲不振、尿黄、肝区不适等现象。②中度：临床症状、体征和肝功能检测结果居于轻度和重度之间。③重度：有明显或持续的肝炎症状，如乏力，纳差，腹胀；或有尿黄、便溏；或伴有肝病面容、肝掌、蜘蛛痣、脾大，但无门静脉高压症者。肝功能生化指标检测血清丙氨酸氨基转移酶（alanine aminotransferase，ALT）和/或天门冬氨酸氨基转移酶（aspartate aminotransferase，AST）反复或持续升高，血清白蛋白降低或球蛋白明显升高致A/G比值异常；除上述条件外，凡血清白蛋白＜32g/L，胆红素＞5倍正常上限值，胆碱酯酶＜2500U/L，血液凝血酶原活动度下降至40%～60%，四项指标中有一项达上述程度者即可诊断为重度慢性肝炎。

2. 诊断标准

CHB的诊断主要依靠临床表现和实验室诊断，流行病学资料具有参考价值。根据HBeAg类型以及是否存在肝脏炎症，可分为4个时期。①慢性HBV携带者：本阶段为免疫耐受期，表现为HBV DNA定量显著增高（通常＞2×10^{7}IU/mL），持续阳性6个月以上且通常＞1×10^{4}IU/mL、HBeAg阳性，但血清ALT和/或AST持续正常（1年内连续随访≥3个月，间隔≥3个月），肝脏组织病理学检查无明显炎症坏死或纤维化（炎症分级G0-G1，纤维化分期S0-S1）；②HBeAg阳性CHB：本阶段患者处于免疫清除期，表现为血清HBsAg阳性、HBeAg阳性，HBV DNA定量＞2×10^{4}IU/mL，ALT持续或反复异常（≥正常值上限1.5倍）或肝组织学检查有明显炎症坏死（≥G2/S2）和/或纤维化；③非活动性HBsAg携带者：本期患者处于免疫控制期，表现为血清HBsAg阳性但水平<1×10^{3}IU/mL、HBeAg阴性、抗-HBe阳性，HBV DNA定量<2×10^{3}IU/mL，ALT持续正常（1年内连续随访≥3次，间隔≥3个月），影像学检查无肝硬化征象；④HBeAg阴性CHB：此期为再活动期，表现为血清HBsAg阳性、HBeAg持续阴性（伴或不伴抗-HBe阳性），HBV DNA定量≥2×10^{3}IU/mL，ALT持续或反复异常，肝脏组织学可见明显炎症坏死（≥G2）和/或纤维化（≥S2），在该阶段肝脏损伤加重，可进展为肝纤维化、肝硬化甚至肝癌，但也有部分患者会出现自发性HBsAg消失和HBV DNA降低的现象。

3. 治疗原则

在治疗方面，对于HBV感染最重要的治疗是抗病毒治疗，旨在最大限度地长期抑制HBV复制，减轻肝细胞炎症坏死及肝脏纤维组织增生，延缓和减少肝功能衰竭、肝硬化失代偿、肝细胞癌和其他并发症的发生，从而改善患者生命质量，延长其生存时间。对于部分条件合适的患者，应追求临床治愈，即停止治疗后仍保持 HBsAg阴性（伴或不伴抗-HBs出现）、HBV DNA 检测不到及肝脏生物化学指标正常。

二、肠道菌群与慢性乙型肝炎

慢性乙肝感染过程中肠道菌群的变化

CHB及其相关肝硬化和肝癌中往往存在肠道菌群紊乱，在肠道细菌主要表现为有益菌如乳酸菌（Lactic acid bacteria，LAB）、双歧杆菌（Bifidobacterium）丰度下降，而致病菌如肠球菌属（*Enterococcus*）、肠杆菌属（*Enterobacter*）的升高。慢性HBV感染患者肠道微生物分析提示，在门水平上，CHB患者厚壁菌门（Firmicutes）及厚壁菌门/拟杆菌门细菌比例降低，而变形菌门（Proteobacteria）、放线菌门（Actinobacteria）和拟杆菌门（Bacteroidetes）水平显著增加；在科水平上，CHB患者普雷沃氏菌科丰度显著增高，而疣微菌科丰度明显降低。而在属和种的水平上，CHB患者双歧杆菌属（*Bifidobacterium*）、乳杆菌属（*Lactobacillus*）、劳特菌属、瘤胃球菌属等有益菌数量下降，而Enterobacter、Enterococcus、普雷沃菌属（*Prevotella*）等致病菌数量升高，其中双歧杆菌/肠杆菌科比例降低有助于追踪肝病进程中肠道微生物紊乱程度，从而确定肝脏损伤的严重程度，指导临床用药。

另外，慢性HBV感染者肠道菌群的Chao指数、Shannon指数显著降低，与其HBV DNA含量负相关。此外，最近研究发现随着肝脏损伤程度的加重，CHB和失代偿期乙型肝炎肝硬化患者肠道菌群紊乱较无症状HBV携带者更加明显。而在大鼠肝癌模型中，青霉素或葡聚糖硫酸钠（dextran sulphate sodium，DSS）可通过恢复肠道菌群稳态，增加Lactobacillus、Bifidobacterium含量，改善肠道炎症，从而减少肝脏肿瘤的发生。

三、肠道微生态调控乙肝进展的机制

（一）肠道屏障损伤

在针对CHB患者肠道黏膜通透性的研究中，发现肠黏膜通透性异常增高，而且是以肠黏膜细胞间的紧密连接通透性增高为主；而在等针对慢性HBV感染不同阶段血浆二胺氧化酶（diamine oxidase，DAO）水平研究中，发现DAO水平随肝脏情况的恶化而逐渐增多，以上研究都反映了CHB患者肠壁通透性的增加和肠道屏障功能的受损。

肠道屏障功能依赖于肠道内皮细胞之间的紧密连接，定植于肠道的有益菌可以调节紧密结构相关分子的表达，从而加强细胞之间的紧密连接。有研究者利用高剂量卡那霉素构建小鼠肠道菌群紊乱模型后，在体外用LAB刺激分离的派尔斑（peyer′s patches）细胞产生分泌型免疫球蛋白A（secretory immunoglobulin A，sIgA），还能逆转脂多糖（lipopolysaccharide，LPS）对炎症基因和紧密连接基因表达的影响，通过上调紧密连接相关基因（ocln和Tjp1）加强对肠道屏障的保护作用，改善肠道屏障的完整性和增强肠道免疫系统。而Firmicutes等益生菌数量不足导致自身竞争性生物拮抗能力降低，与病原菌竞争肠上皮黏附位点以阻止病原菌的黏附和侵袭能力下降；而瘤胃球菌科、Raoultella等益生菌产生的短链脂肪酸的减少，会造成肠道上皮细胞、潘氏细胞的营养供给不足，维护肠道屏障的抗菌肽、溶菌酶、细菌素等的合成减少，肠道通透性增加，对致病菌的防御抵抗能力下降，加重了肠道菌群紊乱情况；此外共生菌群定植和肠道菌群代谢物短链脂肪酸可以影响激活腺苷酸活化蛋白激酶（adenosine 5′-monophosphate（AMP）-actived protein kinase，AMPK）使紧密结构相关直接蛋白磷酸化促进肠上皮细胞紧密连接组装，从而增强肠道屏障，但在肠道菌群紊乱背景下，短链脂肪酸减少会使该通路抑制，导致造成肠道屏障功能受损。此外肠杆菌等致病菌能够直接损伤上皮细胞，破坏紧密连接和微管网络，损伤肠道屏障使其功能消失，加剧肠道通透性增加。

当肠道通透性增加时，肠道菌群可向肝脏移位，抗原、微生物毒素和代谢毒素易位后进入门静脉循环并到达肝脏，即发生“肠漏”现象，作为解毒和排毒的重要器官，一旦肝脏对外来的肠道有害毒素的暴露增加，便会启动肝脏环境中促炎性细胞信号传导，在肝脏持续性促炎状态下，会增加活性氧的产生，促进肝损伤和纤维化，给肝脏带来更大的负荷，且菌群向肝脏的移位会诱导肝内分泌细胞毒性T淋巴细胞抗原4（cytoyoxic T lymphocyte-associated antigen-4，CTLA4）、程序性死亡受体1（programmed cell death protein 1，PD1）的T细胞数量上调并活化，肝内分泌IFN-γ、IL-2、TNF-α的T细胞表达却被抑制，肝内负向免疫调节增强，T细胞杀伤功能受损，对HBV的清除能力减弱，导致HBV清除时间延长。

（二）免疫机制

LPS是革兰阴性细菌外膜的主要成分，由肠杆菌科细菌释放，是一种内毒素，其被释放后蓄积于肠道内毒素池，可释放入血导致内毒素血症的发生。在正常情况下，肝脏能够有效清除大部分经门静脉进入的内毒素，其中40%~50%的LPS被肝脏过滤，而Kupffer细胞对LPS的摄取和解毒使其被代谢完全。

在CHB中，革兰阴性菌过度生长，而可以抑制LPS释放和细菌移位的细菌如毛螺菌科减少，同时肝脏的过滤和吞噬LPS的能力下降，导致血液中LPS水平升高。肠道中的LPS可以降低肠道内紧密连接蛋白的表达，增加肠黏膜通透性，导致更多的LPS进入血液循环，形成恶性循环。此过程会引起内毒素血症，激活肝脏免疫细胞，导致肝细胞功能障碍和凋亡。

内毒素可激活CD14 + Kupffer细胞，当肝内Kupffer细胞吞噬功能下降时，LPS的含量超过肝脏的清除能力，可引发细胞因子级联反应，导致免疫反应失控，产生大量炎症细胞因子如TNF-α、IL-1、IL-6、IL-10，进而激活Th1型细胞免疫。同时，这些细胞因子吸引循环中的粒细胞，黏附于肝窦内皮，产生活性氧（reactive oxygen species，ROS），导致血管内皮损伤，减少肝血窦内血供，导致周围肝细胞缺血缺氧，加重肝脏急性损伤，进而引发肝凋亡和坏死，促进肝纤维化和肝硬化的发展。

此外，LPS还可以影响受损肝脏中的主要纤维化细胞，即肝星状细胞，通过Toll样受体4（Tall-like receptor 4，TLR4）信号转导级联反应刺激核因子κB（nuclear factor kappa-B，NF-κB）和c-Jun氨基末端激酶（c Jun N-terminal kinase，JNK）的激活，并上调趋化因子和黏附分子，产生大量炎症介质，从而诱导肝损伤和参与肝纤维化过程。

（三）PAMPs - TLR受体途径的激活

肠道微生态可通过Toll样受体4依赖途径肠-肝轴可调节肝脏免疫，调节宿主的免疫系统，影响宿主对乙肝病毒的抵抗能力，从而影响乙肝病毒的清除和免疫应答。在慢性HBV感染过程中，宿主免疫反应不仅来源于HBV相关细胞免疫反应，也与肠道产生的病原体相关分子模式（pathogen-associated molecular patterns，PAMPs）引起的机体免疫有关。与慢性HBV感染相关的PAMP主要有脂多糖（LPS）、肽聚糖、细菌DNA/RNA、未甲基化CpG DNA、鞭毛蛋白等，这些病原相关分析模式通过肠-肝轴易位至肝脏后可激活肝细胞表面TLR。肠道中的库普弗细胞、肝星状细胞、浆细胞样树突状细胞是表达识别病原体相关分子模式的TLR的主要细胞。当TLR识别PAMP时，可启动肝细胞内的级联信号转导，引起核因子的活化，主要包括NF-κβ、P38丝裂原活化蛋白激酶（p38 mitogen-activated protein kinase，p38 MAPK）、JNK，从而激活机体免疫系统产生先天免疫应答反应。这些反应涉及单核细胞、巨噬细胞、树突状细胞、中性粒细胞、NK和自然杀伤T细胞等先天免疫细胞的协调，激活适应性免疫反应，促进免疫介导的肝细胞损伤。此外，炎症细胞因子等也可通过门静脉进入肝脏，引发一系列免疫炎症反应，对肝细胞造成损伤。

（四）代谢物

1.胆汁酸水平的升高

肠道菌群可影响胆汁酸代谢对肝脏受损进程进行调控，包括对胆汁酸组成成分、代谢合成、转运和吸收的调节。肝细胞以胆固醇为原料在肝脏内合成初级胆汁酸（如胆酸（cholic acid，AC）、鹅脱氧胆酸（chenodexycholic acid，CDCA）），初级胆汁酸与甘氨酸或牛磺酸结合后，经胆管流入肠道后由富含胆盐水解酶的肠道菌将其代谢为非结合型胆汁酸，再经7α-位脱羟基、脱氢、异构化等过程（7α-脱羟基酶和7α-羟基类固醇脱氢酶（7 alpha-hydroxysteroid dehydrogenase，HSDH）参与）形成次级胆汁酸，约95%的胆汁酸在回肠处发生重吸收后进入门静脉回流至肝脏，形成胆汁酸的肠肝循环，只有小部分通过粪便和尿液排出体外。

在胆汁酸的合成转化过程中需要多种细菌的参与，如屎肠球菌具有促进胆固醇排泄、下调胆固醇合成相关基因和促进胆固醇分解运输来增加胆汁酸的生物合；梭状芽孢杆菌（Clostridium）、乳杆菌（Lactobacillus）、Bifidobacterium和李斯特菌（Listeria）等富含胆盐水解酶（bile salt hydrolase，BSH）的肠道菌能促进胆汁酸解离；脱羟基细菌（如Lachnospiraceae、Ruminococcaceae和布劳特氏菌属（Blautia））促进7-α-脱羟基作用；7-α-羟基类固醇脱氢酶（HSDH）由真杆菌属（Eubacterium）、梭菌属（Clostridium）、埃希菌属（Escherichia）、埃格特菌属（Eggerthella）、链球菌属（Streptococcus）和Ruminococcus产生，以上3种酶——BSH、7-α-脱羟基酶和HSDH是胆汁酸的肠肝循环中参与胆汁酸分解的关键酶，可见胆汁酸和肠道菌群之间的相互作用对于维持肠道和肝脏的正常状态和机体稳态发挥着重要的作用。当肠道细菌紊乱时Lachnospiraceae、Ruminococcaceae和Blautia等脱羟基细菌以及LAB、Bifidobacterium等促进胆盐水解的菌群减少，会导致初级胆汁酸转化为次级胆汁酸过程受阻，初级胆汁酸在体内积累，胆汁酸在肠道内的循环过程受到影响，在肠道内的回收和再吸收过程也受到阻碍。因此体内胆汁酸含量增多，且由于肝病过程中胆汁酸的重要核受体法尼醇X受体（farnesoid X receptor，FXR）低表达，其对肝脏胆汁酸合成的负反馈调节下降，故肝脏的胆汁酸大量合成，与此同时胆汁酸出肝脏的两条通路——进入胆囊和循环系统两处的转运体低表达，造成了HBeAg阳性的慢性HBV感染者的总胆汁酸水平明显增高，且初级胆汁酸的绝对浓度和百分比显著升高，而次级胆汁酸百分比却显著下降。

高胆汁酸水平会导致NK细胞分泌的IFN-γ、TNF-α、颗粒酶B、穿孔素显著降低，NK细胞功能损伤，从而导致减弱了对HBV复制的抑制，加快了肝脏的损伤进程；且FXR的低表达以及次级胆汁酸的减少，会导致次级胆汁酸与FXR结合增强上皮屏障的途径受到抑制，影响黏液屏障厚度和抗菌肽的合成，从而使肠黏膜屏障的修复受到影响，细菌易位和肠漏现象仍然无法得到有效抑制。

2.短链脂肪酸的生成减少

肠道菌群可影响短链脂肪酸（short chain fatty acids，SCFAs）的生成从而调节肝脏炎症过程。SCFAs是难以消化的碳水化合物如膳食纤维、低聚糖、抗性淀粉等在盲肠部和结肠部经肠道微生物发酵的最终产物，其主要组成为乙酸盐、丙酸盐及丁酸盐。SCFAs作为肠道菌群的重要代谢物，具有保护肠黏膜屏障、抑制肿瘤细胞增殖和分化、降低肠道炎症反应、维持肠道内环境稳定的作用，其中抑制炎症反应主要通过抑制炎症细胞因子的产生、成熟，并诱导生成调节性T淋巴细胞以及减少致炎因子一氧化氮（nitric oxide，NO）、肿瘤坏死因子（TNF-α）、白细胞介素（IL-1β、IL-6）的产生，同时刺激抗炎因子IL-10的增多，因此产生SCFAs的细菌如Ruminococcaceae和Eubacterium、Raoultella在肠道中发挥着重要的作用，尤其是产生具有更高抗炎特性和免疫调节功能的丁酸的Raoultella（产生的丁酸可以通过促进糖酵解与线粒体呼吸，为肠黏膜提供能量来源，还可以增强CD8+T细胞的细胞应答来清除HBV和调节免疫应答）在一项研究中发现肠道内SCFAs水平与Treg细胞数量呈正相关，丁酸可通过促进幼稚T淋巴细胞Foxp 3基因保守非编码区域组蛋白H 3乙酰化促进Treg细胞增殖而改善Treg细胞极化状态，故在肠道菌群和肝脏生理情况正常的状态下，可在清除HBV后迅速上调Treg细胞以抑制炎症反应，避免持续过激的炎症反应造成对肝脏的损伤。丁酸还可以通过抑制HDAC，促进单核细胞分化为巨噬细胞，改善巨噬细胞代谢以抑制哺乳动物雷帕霉素靶蛋白（mammalian target of rapamycin，mTOR）活性，增强抗菌肽基因的表达从而发挥抗菌和调节肠道菌群的作用。此外，数据表明丁酸盐可通过调节SIRT-1/Ac-p53调节轴，抑制肝细胞中SIRT-1的表达并同时增加Ac-p53的水平，升高的Ac-p53会降低p-akt、细胞周期蛋白D1，从而抑制HBV复制和宿主细胞增殖。

在慢性乙肝感染患者中，有益菌群如Ruminococcaceae、Raoultella和Eubacterium等丰度减少，并随着病症的恶化降低程度更重，而致病菌群如肠球菌和Enterobacteriaceae数量却相对增多，因此SCFAs的生成减少从而导致肠黏膜失去了能量来源，削弱了肠道黏膜屏障的保护作用，减弱了肠道屏障的防御力，并会导致免疫反应失衡，CD8+T细胞出现了细胞毒应答减弱，而Treg细胞分化失败，炎症反应抑制减弱，肝脏炎症过激造成对肝脏的伤害。研究发现CHB患者Ruminococcaceae、Raoultella丰度显著降低，且CHB发展导致肝组织受损，凝血酶原国际标准化比值（international normalized ratio，INR）和ALT含量显著升高，与Ruminococcaceae、Raoultella呈显著负相关，也证实了Ruminococcaceae、Raoultella与肝损伤之间的紧密联系。而当CHB发展为肝癌阶段，SCFAs的减少导致丁酸盐诱导肝癌细胞凋亡和抑制肝癌细胞增殖的能力受到影响，丁酸盐发挥的抗癌作用也降低；另外补充SCFAs可以上调癌症抑制因子和失能同源物2的表达，说明SCFAs肝癌参与延缓慢性乙肝肝病进展和有效控制肝癌发生的机制。（图6-1）

四、肠道益生菌群对乙肝的改善作用

（一）益生菌、益生元与合生元

微生态制剂是利用正常微生物或促进微生物生长的物质制成的活的微生物制剂，具有促进正常微生物群生长繁殖及抑制致病菌生长繁殖的作用，从而维持微生态平衡、改善疾病。按照组成成分不同，微生态制剂可被分为益生菌、益生元和合生元三大类。

1.益生菌

（1）概念及临床应用。益生菌是指作为食物或药物补充剂摄入足够数量后对宿主健康起到有益作用的微生物。益生菌制剂主要通过补充有益菌来改善肠道菌群失调，抑制肠道细菌过度生长，促进SCFAs的生成、维持肠道屏障的完整性和调节免疫系统，从而改善肠道和肝脏功能，其中Bifidobacterium和Lactobacillus活菌制剂在临床治疗中较为常见。对于CHB发展成肝癌而言，Bifidobacterium等益生菌助于抑制黄曲霉毒素B诱导的肝癌发生，恢复肠道生态失调，降低LPB的水平，减弱肝癌发生，同时，益生菌可以通过调节宿主肠道微生物群促进有益微生物的生长并抑制与肝细胞癌相关的生态失调，从而预防PAMPs介导的肝脏炎症，从而降低肝细胞癌风险。

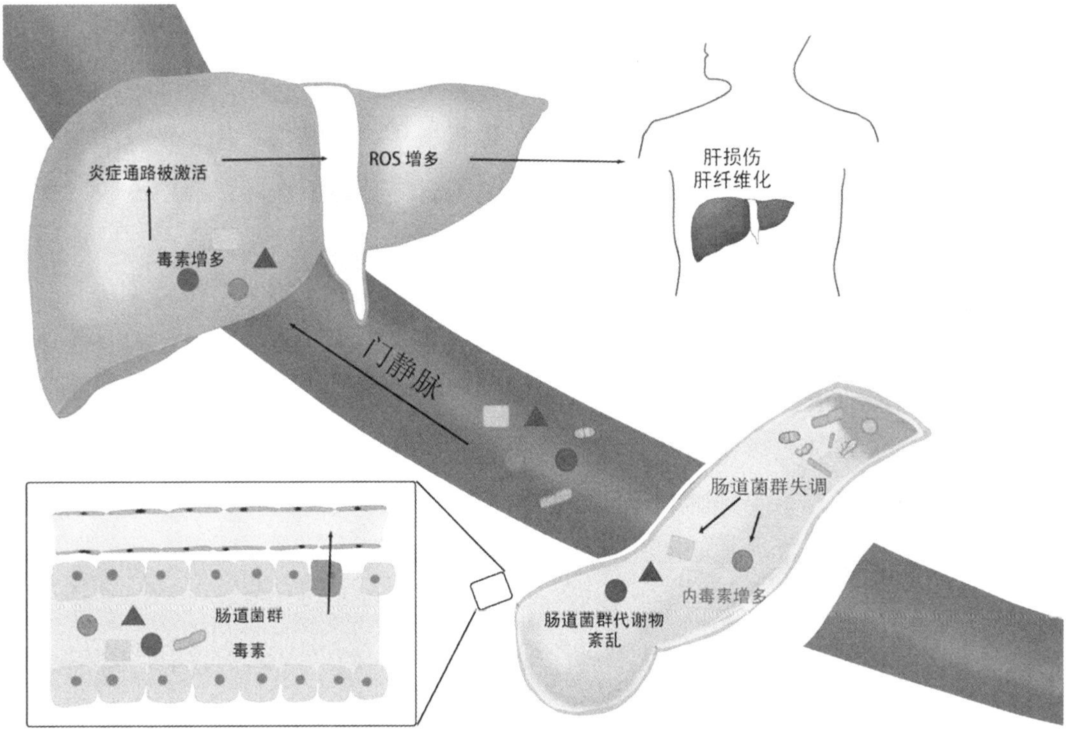

图6-1　肠道微生态调控慢性乙型肝炎疾病进展机制

（2）作用机制。益生菌一方面通过调节肠道菌群组成，丰富菌群物种多样性，增加有益菌的丰度来加速HBV清除，另一方面通过改善肠道屏障通透性，上调小肠固有层和淋巴结中IL-22、IL-21等表达改善肠道免疫系统稳态。在益生菌干预研究中，发现在常规治疗基础上联合益生菌干预治疗可以使患者肠道内Bifidobacterium、Lactobacillus显著增加，内毒素、炎症因子如TNF-α、IL-6等显著降低，且肝功能受损减少，ALT、AST相比对照组水平较低，证实了益生菌治疗改善肠道菌群失调和改善肝功能的积极作用。目前益生菌还可通过与抗病毒药物联合使用从而降低CHB

患者对于抗病毒药物的耐受性，如将抗病毒药物恩替卡韦和Bifidobacterium联活菌的三联合应用可以调节乙肝肝硬化失代偿期患者肠道菌群，可通过改善肠道微生态平衡有效减轻肝脏损伤，有效发挥抗病毒作用，抑制病毒复制，提高肝功能储备，并且适合长期应用。

2.益生元

（1）概念及临床应用。益生元一种膳食补充剂。补充乳糖醇可以选择性增加有益菌的数量和活性，提高其生物利用度和吸收率，减少腐败菌和致病菌的数量，从而调整肠道微生物群的组成。同时，乳糖醇还可以降低益生菌的体内pH，使得益生菌在肠道中更容易存活和繁殖。研究发现对于慢性病毒性肝炎使用乳糖醇可以降低血浆内毒素水平，缓解内毒素血症，以防止内毒素通过TLR4途径激活免疫细胞对肝脏造成进一步的损伤。

（2）作用机制。益生元可通过选择性刺激一种或几种菌落中的细菌的生长与活性而对寄主产生有益的影响。作为益生元至少应具备4个基本条件：一是在胃肠道的上部既不能被水解也不能被吸收；二是能选择性地刺激肠内有益菌（Bifidobacterium和LAB等）的生长繁殖和激活代谢，而致病菌如大肠杆菌、沙门杆菌、产气芽孢梭菌等因不能利用低聚糖而导致饥饿死亡；三是能够优化肠道有益菌的构成和数量；四是有利于增强宿主机体健康。

有益菌通过降解或者发酵的方式将补充的益生元转化成为其单体形式或者生成SCFAs。益生元能有效地对肠道微生物形成竞争性抑制，减少有害病原菌的黏附；同时促进有益菌的生长繁殖，形成微生态竞争优势。而SCFAs既可以通过降低肠道内环境pH，抑制有害菌的繁殖；也能为肠道上皮提供能量，促进肠上皮细胞的增殖，隐窝的增生，促进营养物质的吸收。另外，益生元可以有效降低有害菌黏附蛋白的表达，降低有害菌的定植与进一步繁殖 。

3.合生元

（1）概念及临床应用。合生元是益生菌和益生元的复合制剂，为益生菌的治疗带来了更大的机遇。研究团队改变益生菌大肠杆菌菌株的代谢，创造出名为SYNB1020的工程菌株，既可以提高小鼠高氨血症模型的存活率，并在动物模型中表现出重复剂量耐受性。且在健康成年志愿者的临床研究中并未出现严重的不良事件，揭示了该工程化的大肠杆菌在体内具有良好的代谢活性。此外，南方医科大学研究团队构建的工程活菌EcN-HT可以促进酪氨酸分解，减少有毒酪氨酸副产物的积累，并保护Fah敲除小鼠免受致命的肝损伤，增加小鼠存活率。尽管这些工程益生菌还并未在HBV感染相关疾病中进行研究，但以上的研究成果表明工程活菌的治疗可成为一项具有远大潜力的治疗策略，并可能相比自然菌株发挥出更高的有益效果。

（2）作用机制。合生元一方面可发挥益生菌的生理活性，另一方面又能选择性地增加益生菌数量和活性，使益生元和益生菌产生协同作用，能更加显著地调节肠道微生物群的组成，促进肠道益生菌的优势生长和抑制肠道潜在致病菌的生长，改善肠道通透性，减轻内毒素血症发生，从而能够缓解肠道菌群紊乱带来的肝脏损伤。

（二）粪菌移植（fecal microbiota transplantation，FMT）

（1）概念及临床应用。FMT是指将健康捐赠者的粪便细菌和天然的抗菌物质通过肠镜、饲管、吞入胶囊等方式植入患者的胃肠道中起到治疗作用。FMT最早用于治疗艰难梭状芽孢杆菌性腹泻、炎症性肠病等肠道疾病，且在该治疗中取得了较好的临床治疗效果，提高了对FMT其他适应症状的探索，故近年来用于肠道菌群失调相关肝病的研究亦正在开展。目前在动物实验中，发现在肝性脑病大鼠模型中进行FMT保护肠道黏膜屏障能力用于益生菌治疗，以及FMT能影响小鼠的表面抗原清除速率，能促进CHB患者血清HBeAg的清除；另外一项开放性的随机临床对照试验表明FMT联合替诺福韦在改善乙型肝炎急慢性肝衰竭的临床疗效方面优于单用替诺福韦。而在临床治疗中，中山医院研究者对HBeAg阳性CHB患者进行了以恩替卡韦（ETV）和替诺福韦酯富马酸（TDF）为基础联合接受FMT和不接受FMT（对照组）的抗病毒治疗，结果发现，与对照组相比，接受FMT治疗的患者中HBeAg下降程度显著增高，且HBeAg滴度在每一次FMT后均逐渐下降，5名患者中有4名已达到HBeAg清除，与之相反，对照组中13名患者无一例达到HBeAg清除，且在FMT治疗患者中未发现继发感染、腹部不适、腹泻或便秘等不良反应。该项临床研究尽管样本量较小，但仍能表明FMT对于HBeAg阳性CHB的患者具有较高的疗效，且与长期抗病毒治疗引起的成本相比，FMT治疗的成本更低、并发症更少、更易普及适用于更多人。故虽然FMT还未应用于慢性乙肝临床治疗，但在这些研究中可以看到FMT治疗乙型肝炎的曙光。而要朝该方向前进，需要进一步探索。

（2）作用机制。FMT有助于增加有益细菌的比例和多样性以恢复患者肠道菌群的平衡；FMT还可以为肠道上皮的再生提供必要的信号，诱导黏蛋白和抗菌肽的产生，以降低肠道通透性并保持肠道上皮屏障的完整性，防止肠漏的发生。对于CHB患者，FMT不仅可以通过重建其肠道菌群，减弱细菌易位现象，帮助患者恢复肠-肝轴稳态和正常功能，从而能够增强抗乙肝病毒能力，改善病毒性肝炎以及其引起的肝硬化等疾病，而且还能通过调节次级胆汁酸和SCFAs的代谢、刺激黏膜免疫系统修复肠道屏障，从而减轻黏膜免疫炎症，改善肠肝循环，故FMT目前正在成为治疗CHB最有希望的疗法之一。

（三）FXR激动剂

1.概念及临床应用

次级胆汁酸是（FXR）有效刺激物，激活FXR后可促进生成纤维细胞生长因子19（fibroblast growth factor，FGF19）的生成，FGF19经门静脉入肝后可降低胆固醇7-α-羟化酶的表达从而抑制初级胆汁酸的生成。体内外研究表明，使用FXR激动剂处理之后，可以抑制FXR前病毒对cccDNA的影响以及乙型肝炎病毒X蛋白（hepatitis B virus X protein，HBx）依赖性地抑制前基因组RNA和前体RNA转录以及DNA分泌。目前FXR激动剂已经展现出具有针对不同适应证的药物开发潜力，如半合成的胆汁酸疏水类似物奥贝胆酸（obeticholic acid，OCA），能降低人和小鼠内源性胆汁酸水平，从而改变人和小鼠肠道菌群组成和结构；去除正常共生菌后OCA的作用被削弱的现象，揭示正常的肠道菌群可能有助于OCA降低内源性胆汁酸水平。目前OCA已经被批准用于治疗原发性胆汁性胆管炎，在动物模型中也被证实可以通过上调紧密连接相关蛋白occludin和ZO-1以恢复肠道黏膜完整性并减少细菌易位。但与慢性乙肝相关的FXR激动剂目前尚处于较低研究水平，仍需要更多有关的研究，有关的临床试验仍需要继续开展。

2.作用机制

FXR激动剂和次级胆汁酸作用类似，可以抑制初级胆汁酸的生成以减少肠道内胆汁酸含量，正常调节肠道菌群结构，并能促进胆汁酸的结合、转运和排泄，降低对肝脏功能的损伤。FXR激动剂还能促进初级胆汁酸向次级胆汁酸的转化，从而竞争性抑制HBV与肝细胞表面NTCP受体结合进入宿主细胞，减少HBV在肝脏内的复制以及免疫反应对肝细胞的攻击；当FXR受体激活时，肠道上皮屏障可被增强以减少肠道细菌经门静脉入肝的数量。

HBV感染是影响人类健康的全球性问题并伴随着许多的并发症，可能引起肝硬化甚至肝细胞癌的发生。当HBV感染后，慢性乙肝患者的肠道屏障功能受损以及肠道菌群发生紊乱，相比健康对照组肠道微生物的组成、丰度、结构等都会发生变化，其特征主要包括潜在致病菌的增加和潜在有益菌的减少，以及肠道真菌丰度增加，根据目前的研究，HBV的持续存在和清除与肠道微生物群的成熟度和健康状况一致。肝脏的受损和肠道菌群的失调是双向的关系，两者之间互为因果，相互影响。如肠道胆汁酸的分泌、转运、排泄过程在HBV感染致肝脏受损的背景下发生失调，胆汁酸与肠道菌群的相互作用失调，会导致致病菌的过度生长。而肠道细菌和微生物群产生的多种代谢物可干扰宿主代谢，通过不同的环节影响机体免疫，产生炎症反应等多种功能推动HBV感染的病理生理过程，导致肝病的进展。

目前针对慢性乙肝患者主要的治疗方式为抗病毒药物，如核苷（酸）类似物和聚乙二醇干扰素，但其临床治疗率仍不理想，可能与抗病毒药物治疗忽视了慢性乙型肝炎病毒感染患者肠道菌群失衡有关。故目前相当多的研究开始针对肠道菌群稳态的恢复以控制HBV感染后肝病的发展。而靶向肠道菌群的多种策略包括不可吸收性抗生素、FMT、微生态制剂和FXR激动剂等，其中微生态制剂和FMT是最流行的肠道微生物群靶向疗法，他们在肝硬化相关并发症中得到了成功的应用，但在HBV相关肝病的治疗中它们正在从实验室走向临床，并在一些研究中被证实有较大的前景，但是该领域的可用数据仍然十分有限，所进行的研究也仍存在 ·定的局限性，需要更多的大规模、更深入的研究来揭示肠道菌群与HBV相关疾病之间的相互作用及其具体机制，以及通过调节肠道菌群来改善HBV相关疾病的方法。

第二节 肠道微生态与慢性丙型病毒性肝炎

一、慢性丙型肝炎

（一）概述

1.概念

慢性丙型肝炎（chronic hepatitis C， CHC）是由丙型肝炎病毒（hepatitis C cirus，HCV）感染引起的一种持续时间超过6个月的慢性肝脏炎症。HCV是一种嗜肝性病毒，属于黄病毒科肝炎病毒属，由单股正链RNA组成，其开放阅读框可编码包括结构蛋白和非结构蛋白（nonstructural，NS）在内的多种蛋白质。结构蛋白包括核心蛋白、包膜糖蛋白E1和E2，而NS包括p7、NS2、NS3、NS4A、NS4B、NS5A和NS5B。最近还发现了一种由核心蛋白编码区突变产生的F蛋白。这些蛋白质在病毒的生命周期中发挥着不同的作用，包括构建病毒衣壳、病毒结合和进入宿主细胞。它们也参与了病毒复制、RNA聚合酶活性以及与宿主细胞信号传导途径的相互作用。同时，HCV具有高度变异性，其基因组序列在不同病毒株之间存在较大差异。HCV病毒颗粒直径50~70nm，表面覆有脂质包膜，对一般化学消毒剂敏感，100℃ 5分钟或60℃ 10小时（注血液或血制品经60℃处理30小时可使HCV的传染性消失）的高压蒸气或甲醛熏蒸等均可灭活HCV，10%~20%氯仿处理可使其丧失感染性。

2.流行病学

HCV在全球范围内广泛存在，但其传播水平在不同地区有所不同，高收入国家以注射吸毒者和男同性恋为主，而中低收入国家则以医疗相关操作和日益增长的注射吸毒患者相关。中国疾病预防控制中心报告，2021年中国丙型肝炎发病数为202771例，发病率达14.3832/（10万），仍是我国重大传染病之一。

根据最新的HCV分类指南，HCV已被鉴定为8种基因型（1~8）及其86种相关亚型。其中，基因型1型在美洲、欧洲、澳大利亚和日本常见，基因型2型南美洲和亚洲更为普遍；基因型3型在印度和巴基斯坦流行率较高，基因型4型和基因型5型主要分布在非洲和中东地区。过去10余年，我国HCV感染者主要为1b基因型（58.2%），其次为基因型2型（17.5%），由于吸毒人群的增加，基因型3型和基因型6型占比正在逐年提升。不同基因型可能HCV感染者自然病程，病情进展和治疗反应有着不同程度的影响，随着口服泛基因直接抗毒药物的不断发展，基因型与临床治疗相关性正在削弱。

HCV是一种血源性病毒，常见的传播途径包括以下几种。①未经筛查的输血和血液制品输注：在过去，由于输血或使用血液制品而感染HCV的案例较为常见。然而，现代医疗实践中，通过严格的血液筛查和检测程序，成功降低了输血传播的风险。②注射毒品：注射吸毒者共用注射器时，病毒可以通过血液传播到其他人；③不安全的穿刺性医疗操作：医疗操作中可能发生事故，例如手术或牙科程序中的血液暴露，有可能导致HCV传播。因此，医疗机构应采取严格的感染控制措施，以减少这种风险。④器官移植：接受感染丙型肝炎病毒患者的器官移植也可能导致传播。与输血一样，对器官的严格筛查和检测有助于减少这种传播途径的风险。⑤个人卫生：某些情况下，如共用个人卫生用品（如剃刀、牙刷）时，可能存在微小血液接触，从而导致病毒传播。

此外，较少见的传播途径包括垂直传播和性传播。在母亲HCV RNA阳性的情况下，约5%的婴儿会感染HCV，与母体HIV共感染（10%）、母体HCV RNA水平较高（≥10^6拷贝/mL）、羊水穿刺、羊水破裂时间延长和侵入性胎儿监测等因素相关。性传播主要发生在男男性行为者中，HIV感染可增加HCV感染风险。

3.危害

根据世界卫生组织报告，2019年有5800万人患有CHC病毒感染，估计有29万人死于丙型肝炎病毒感染，其中中国、印度、巴基斯坦、俄罗斯和美国HCV相关疾病负担最重，占近80%。

（二）病因和发病机制

HCV相关的发病机制可归因于导致宿主肝脏感染的基因型类型。例如，1型基因型更具侵袭性，与HCC和肝硬化更直接相关，而3型基因型与脂肪变性和纤维化相关。此外，宿主的基因组成是影响HCV感染过程的主要因素。甲型肝炎病毒细胞受体1（heptitis A virus cellular receptor 1，HAVCR1）基因是T细胞免疫球蛋白和黏蛋白（T cell immunoglobulin domain and mucin domain，TIM）基因家族的成员，对不同基因型的HCV易感性各不相同。在HIV合并感染患者中，IL28B基因型与基因型3型感染的几率高于基因型1型或基因型4型相关。一项针对HCV基因型1型感染个体的研究结果显示，IL28B（IL28B，IFN-λ3）基因的多态性对CHC具有保护作用，并且是干扰素治疗反应的预测因子。IFN-λ3基因的遗传变异可能与急性HCV感染的自发清除有关。基因组广泛的研究表明，rs12979860和rs8099917与HCV感染的自发消退有关。此外，IFN-λ多态性与HCV的持续存在有关；USP18是干扰素刺激基因（interferon stimulated genes，ISGs）的抑制剂，存在上调。Wojcik等人证明，HAVCR1基因中的单核苷酸多态性rs6880859和rs953569分别与非洲和欧洲血统个体中HCV的持久性增加相关。HCV对线粒体动力蛋白相关蛋白1（dynamin-related protein,Drp1）的刺激是HCV毒力的一个主要因素，导致线粒体碎片不均匀。

（三）CHC临床表现、诊断标准和治疗原则

1.临床表现

HCV感染可导致急性和慢性肝炎。急性HCV感染患者典型症状为黄疸、发热、头痛、不适、厌食、恶心、呕吐、腹泻和腹痛，其中约70%感染者无显著症状。急性HCV感染发生后，部分患者可在6个月内出现HCV自发性清除。当HCV感染持续存在并发展为慢性HCV感染后，常伴随着进行性肝损伤，最终可能导致肝硬化及其相关并发症，肝细胞癌。

2.诊断标准

实验室检测方式主要包括以下几种。①HCV抗体检测：抗-HCV抗体检测主要包括酶免疫法（enzyme immunoassay，EIA），化学发光免疫分析法（chemiluminescence analysis，CLIA），酶联化学发光免疫分析（chemiluminescence enzyme-linked immunoassay，CLEIA），化学发光微粒免疫分析（chemiluminescence microparticle immunoassay，CMIA）和化学荧光分析（chemical fluorescence analysis，CL）。②HCV RNA检测：HCV RNA定量分子检测是诊断HCV感染的金标准一种方法，常用的方法包括COBAS Amplicor HCV检测和Abbott RealTime HCV分析等实时荧光定量逆转录聚合酶链式反应（reverse transcription quantitative real-time PCR，RT-qPCR）技术。③HCV RNA替代检测：由于HCV RNA分子检测存在检测费用昂贵，设备要求高等特点，在部分低中收入国家难以推广。HCV核心抗原作为HCV RNA的间接标志物，不仅与病毒血症水平相关，而且还可以通过其确定活动性HCV感染，因其可以降低设备相关经济成本，HCV核心抗原的检测正在成为资源有限地区的替代确诊方案。对于确诊的慢性HCV感染患者，可进一步进行RNA测序分析，通过与已知HCV基因型的参考序列比对，确定HCV的基因型，指导临床治疗。对于治疗效果欠佳的患者，HCV耐药相关基因检测十分必要。

目前常用的影像学诊断方法包括腹部超声检查、CT和MRI或MR等，可以帮助监测CHC的临床进展，判断有无肝硬化及其并发症，发现和鉴别HCC等占位性病变。另外，肝脏弹性检测可以协助诊断肝纤维化及肝硬化。

肝脏组织学检查也是一种常用的检验手段，对于CHC的诊断、炎症活动度和纤维化分期评价、疗效和预后判断等具有重要的作用。推荐采用国际上常用的METAVIR评分系统对肝组织炎症坏死的分级（G）、纤维化程度的分期（S）进行半

定量分析。组织学上肝硬化评价可分为活动期和静止期，建议采用Laennec肝硬化评分系统，即依据纤维间隔的宽窄、硬化结节的大小，将METAVIR肝纤维化分期中的F4细分为F4A、F4B和F4C。此外，采用计算机辅助数字化图像分析测定肝组织胶原面积比例（collagen proportionate area，CPA）用于肝纤维化定量评价，在判断临床预后、与肝纤维化无创检测相关性等方面可能优于METAVIR肝纤维化半定量分期。

综上，临床实践中，结合患者症状及体征，实验室及影像学等辅助检查结果综合分析，可诊断慢性HCV感染。对于病变程度严重，肝组织活检对于判定肝脏炎症和纤维化分期有极大的作用。

3.治疗原则

（1）抗病毒治疗：主要目的是清除体内的HCV。目前，直接抗病毒药物（direct-acting antivirals，DAAs）是治疗丙肝的标准疗法，这些药物能直接抑制病毒的复制。常用的DAAs包括索非布韦、达卡他韦、帕瑞特韦等。大多数患者经过12周的治疗可以达到持续病毒学应答（sustained virologic response，SVR），即病毒在治疗结束后12周内不可检测。

（2）个体化治疗：根据患者的具体情况，如病毒基因型、肝脏损伤程度、合并症、既往治疗史等，制定个性化的治疗方案。DAAs的选择、治疗时间长短以及联合用药的方案都会因人而异。

（3）定期监测：在治疗过程中，需要定期监测病毒载量、肝功能、肾功能等指标，以确保治疗的有效性并及时发现和处理可能的副作用。

（4）预防肝硬化和肝癌：对于已经出现肝硬化的患者，治疗的目标不仅是清除病毒，还需要密切监测肝脏的状况，预防肝癌的发生。

（5）生活方式管理：丙型肝炎患者应避免酒精摄入，保持健康饮食，适度锻炼，避免使用对肝脏有害的药物或物质。

（6）治疗后随访：即使治疗后病毒已经清除，也需要定期随访，以监测肝脏功能的恢复情况和预防复发。

二、肠道菌群与慢性丙型毒性肝炎

（一）肠道细菌与丙型病毒性肝炎

1.整体变化

随着病毒性肝炎的感染和进展，肠道微生物多样性显著降低。α多样性和微生物群【包括丁酸单胞菌属（*Butyricimonas*）、大肠埃希菌-志贺菌属（*Escherichia-Shigella*）、（*Lactobacillus*）和韦荣球菌属（*Veillonella*）】被确定为预测病毒性肝炎发展风险的潜在微生物标志物（AUC>0.7）。随着病毒性肝炎的发展，与微生物群落相关的微生物功能包括色氨酸代谢、脂肪酸生物合成、LPS生物合成和脂质代谢显著增加。

2.菌群成分变化

CHC患者的肠道微生物群变化主要包括Enterobacteriaceae和Bacteroidetes的增多，以及Firmicutes的减少。研究表明，CHC患者的肠道微生物群组成特殊，科水平上主要有Enterobacteriaceae、梭菌科（Clostridiaceae）、毛螺菌科（Lachnospiraceae）、Ruminococcaceae。与健康对照组相比，CHC Bacteroidetes水平显著升高丰富，属水平中普雷沃菌、不动杆菌、微络菌、考拉杆菌属（*Phascolarctobacterium*）和*Faecalibacterium*丰度较高。

3.某些菌群变化与CHC进展相关

CHC不仅可使肠道微生物群发生重构，同时随着疾病的进展，微生物群的多样性也渐进性降低，且与临床分期严重程度有关。临床横断面研究提示CHC患者肠道微生物群落的多样性明显较健康患者显著降低，在HCV相关肝硬化中进一步加重，表明慢性HCV感染与微生物群落模式改变有关，且随着疾病进展不断加重。健康对照组梭状芽孢杆菌纲含量显著，主要是Lachnospiraceae和Verrucomicrobiaceae；单纯慢性HCV感染，而无明显肝损伤患者Enterobacteriaceae和类杆菌属升高；而在HCV相关肝硬化及HCC患者中则主要表现为*Streptococcus*和乳杆菌属增加，*Ruminococcaceae*和*Lachnospiraceae*家族明显减少。值得注意的是，HCC较HBV相关肝硬化患者，唾液链球菌（Streptococcus salivarius）明显增多，表明唾液链球菌可能促进肝硬化向HCC阶段发展。而通过调节肠道有益菌的数量，如益生菌FK-23和发酵乳酸杆菌CQPC07，可显著改善CHC患者肝酶水平，减轻肝脏炎症。综上，肠道微生物群与

CHC之间存在密切关联，靶向肠道菌群可能是CHC新的治疗方向。

（二）肠道真菌与丙型病毒性肝炎

相较肠道细菌，尽管肠道真菌组所占例相对较小，但它们在健康和疾病中发挥着重要作用，与慢性肝病存在紧密联系，目前研究较多的主要为念珠菌属（Candida）和白色念珠菌（Candida albicans）。慢性HCV感染患者粪便真菌负荷明显高于健康对照组，Candida阳性率明显更高。另外慢性HCV感染患者血清中真菌产物β-葡聚糖水平升高，表明在慢性HCV感染患者表现出真菌产物向血清中的易位增加。尽管相较于其他慢性肝病患者，病毒性肝炎患者肠道真菌数量紊乱以及分布异常较少发生，但与肝炎病毒感染相关的变化仍会影响宿主的免疫系统和整体生理状况，从而对肠道真菌群落产生一定影响，具体机制尚待进一步研究。

（三）肠道病毒与丙型病毒性肝炎

尽管1个多世纪以来人们就知道病毒是人体肠道中的致病生物，但它们在人体机体稳态中的生理作用是近10年才发现的。噬菌体（Bacteriophage，Phage）肠道病毒组的主要成分，约占其成分的90%，而其他病毒，如诺如病毒（Norovirus，NV）、轮状病毒（Rotavirus，RV）和肠病毒（Enterovirus），则主要是人类胃肠炎的主要病原体。肠道病毒通过与肠道微生物群相互作用，介导微生物群发生变化，从而在维持肠道平衡中起到重要作用。部分非病原体非噬菌体的肠道病毒，如辣椒轻度斑驳病毒（*Pepper mild mottle virus*，PMMoV）、燕麦蓝矮病毒（*Oat bluc dwarf virus*，OBDV）、葡萄小行星花叶相关病毒等和微病毒科（Microviridae）Phage对人体肠道和机体健康具有有益的调节作用。此外，在Prevotella和拟杆菌属（*Bacteroides*）发现的阿尔帕病毒亚科（*Alpavirinae*）病毒，与微生物群代谢有关。关于HCV与肠道病毒之间的关系，目前尚无明确证据表明HCV会直接引起肠道病毒的变化。HCV主要感染肝脏，而且在肝细胞内复制。然而，慢性病毒感染可能会通过影响免疫系统调节，炎症反应，肠道黏膜屏障功能等方面而引起一系列生理和免疫系统的变化，进而可能在一定程度上影响其他器官和系统，包括肠道。尽管存在这些可能性，但目前尚缺乏直接证据表明HCV感染直接引起肠道病毒的变化。肠道病毒感染的因素可能更受到其他因素的影响，比如免疫系统的整体状况、个体的肠道微生物群落等。

肠道微生物群在慢性病毒性肝炎的发生发展中起着至关重要的作用。随着宏基因组学研究方法的不断进步，越来越多的细菌种类被予以鉴定、各细菌的功能和菌群间的因果关系也被逐渐揭开，慢性病毒性肝炎与肠道微生物研究有了显著进展。通过更深入的代谢学、基因学等研究，更为清晰的认识二者之间的关系，探索最佳的益生菌配方，以期为CHC的治疗提供助益。

三、肠道微生态调控丙型病毒性肝炎进展的机制

（一）肠道细菌调控丙型病毒性肝炎进展的机制

肠道菌群与人体健康关系密切，肠道及其微生物与肝脏之间通过门静脉、胆道以及胆汁分泌系统建立起的双向关系，为多种肝脏类疾病的发病机制和疾病进展提供了理论依据，同时对疾病治疗也有着重要意义。越来越多的证据表明，肠-肝轴对CHC的发生、发展、预后和治疗均具有深远的影响。首先，肠道菌群的失衡可能会影响肠道黏膜屏障功能，导致有害物质和微生物易于穿过肠道屏障进入血液循环，称为“肠道黏膜屏障功能的失调”。这些物质进入肝脏后诱导炎症反应，促进丙型病毒性肝炎的进展。其次，肝脏产生的物质，如胆汁酸，能够被肠道细菌利用，也会调节微生物群落的结构和功能。与之相对的，肠道微生物的代谢产物可以通过血液循环进入肝脏，影响肝脏的代谢状态。某些代谢产物具有抗炎或促炎作用，从而影响丙型病毒性肝炎的进展。

1.肠道屏障功能

肠道屏障是人体与肠菌共生的重要基础，包括黏液屏障、共生微生物、上皮细胞和免疫屏障，而这与肠道菌群直接相关。肠道上皮细胞之间的机械连接是细菌及其代谢产物的天然屏障，但它并非一个静态的物理屏障，而是肠道菌群和免疫细胞相互作用的结果，包括抗原的特异性免疫反应、免疫平衡耐受和免疫效应功能应答等方面。慢性HCV感染中，肠道微生态失调可导致大量LPS和其他细菌抗原（即PAMPs）释放，与肠道内的树突状细胞表面TLR和NOD样受体结合，激活胞质内下游核转录因子κB，使其产生并分泌炎性细胞因子和趋化因子，破坏肠道上皮的紧密连接。同时这些抗原通过增加的肠通透性到达体循环，刺激免疫反应，产生促炎因子，激活肝脏Kupffer细胞和肝脏星状细胞，促进肝纤维化的发生和发展。

2.代谢物

肝脏产生的胆汁酸能够被一些肠道细菌所利用，而胆汁酸也会调节微生物群落

的结构和功能。与HCV相关的胆汁酸代谢障碍可能是肠道菌群失调的关键因素。这种胆汁紊乱可能导致促炎细菌过度生长，包括卟啉单胞菌科（Porphyromonadaceae）和Enterobacteriaceae，同时减少次生胆汁酸的主要产生者Firmicutes。

与之相对的，肠菌代谢产生SCFAs可以通过控制调节性T细胞的分化、巨噬细胞的杀菌活性来增强肠道免疫屏障。SCFAs对于结肠调节性T细胞的诱导和分化至关重要，从而抑制炎症。SCFAs对结肠上皮细胞的营养和调节其pH也至关重要。此外，黏液屏障的组成也受到肠道菌群产生的SCFAs影响。慢性肝病患者存在肠道菌群失调和肠道屏障功能障碍，过度生长的细菌及其代谢产物穿透肠屏障进入门脉系统，触发内毒素血症，在肝库普弗细胞和其他免疫细胞中引起炎症反应，在肝星状细胞中引起纤维化反应。

在丙型病毒性肝炎发展过程中，Ruminococcaceae和Lachnospiraceae这两个厚壁菌门家族数量会发生改变，它们通过在人肠道中发酵碳水化合物，产生SCFAs，是SCFAs的主要生产者。因此，由于Ruminococcaceae和Lachnospiraceae的改变会导致SCFAs的缺失进而致使慢性HCV患者状态的恶化。这主要是由于pH调控的失衡，导致肠道氨吸收增加。而在慢性肝炎发展为肝硬化甚至HCC的过程中，唾液链球菌显著富集。该菌数量的增加，对先天免疫应答有下调作用；因此，它们的存在可能会加速HCC的进展。

（二）肠道真菌调控丙型病毒性肝炎进展的机制

肠道真菌紊乱同肠道细菌一样，可能通过影响肠道免疫系统，调节全身免疫反应。研究表明，肠道真菌与肠道免疫系统密切相关，通过调节免疫细胞的活性和免疫因子的分泌，影响全身免疫反应，从而对肝脏疾病的发展和进展产生影响。此外，肠道真菌可能与肠道黏膜屏障功能相关。肠道真菌的失调可能导致肠道屏障功能的破坏，增加有害物质的穿透，进而加重肝脏疾病的进展。Candida albicans已被报道在酒精性肝病中起着重要作用，抗真菌治疗可显著改善肝损伤。调节肠道真菌平衡，有可能维持肠道屏障功能的完整性，减少有害物质的穿透，从而对CHC疾病进展有着重要作用。

1.免疫系统识别真菌并产生免疫反应的途径

免疫细胞上的模式识别受体（pattern-recognition receptors，PRRs）可以感应真菌中的PAMPs并启动免疫反应。受体组包括C型凝集素受体，其中有甘露糖受体、

CLEC7a（Dectin-1）、CLEC4n（Dectin-2）、Mincle、DC-SIGN；TLRs，包括TLR2、TLR3、TLR4、TLR6、TLR7、TLR9；核苷酸结合寡聚化结构域样受体（NLRs），其中有NLRP3、NLRP4、NLRP6、NLRP10、核苷酸结合寡聚化结构域蛋白1（NOD1）和2（NOD2）；以及半乳糖凝集素3。一旦这些受体识别真菌，它们就会触发信号级联（如SYK-CARD9、RAF、MYD99、TRIF通路），产生细胞因子，如IL-1β、IL-6、IL-12、IL-23、转化生长因子-β和干扰素-γ，从而诱导产生IL-17A的Th17细胞和Th1细胞。这种炎症反应可导致肝胆疾病，包括丙型病毒性肝炎。

2.代谢物

对丙型病毒性肝炎有影响的真菌代谢物主要为念珠菌溶素和黄曲霉毒素。腹腔注射感染Candida albicans的大鼠出现肝脏脂肪变性、血清ALT水平升高、炎症标志物和明显的脂质过氧化。这些证据表明了Candida albicans会引起肝病。一种效应是其分泌的溶细胞毒素，即念珠菌溶素。念珠菌溶素独立于Clec7a作用于骨髓来源细胞，因为与灌胃念珠菌溶素阴性Candida albicans的相同嵌合体小鼠相比，用Clec7a缺陷小鼠的骨髓来源细胞移植并随后灌胃野生型念珠菌溶素阳性Candida albicans的小鼠中血清ALT水平、肝脏甘油三酯和炎症显著升高。在体外，念珠菌溶素可以通过剂量依赖性方式损伤原代肝细胞。Candida albicans是人类Th17细胞抗真菌反应的主要真菌诱导物。Th17细胞在原发性硬化性胆管炎（primary sclerosing cholangitis，PSC）中发挥作用，Candida albicans刺激外周血单个核细胞（peripheral blood mononuclear cells，PBMCs）导致PSC-PBMCs中Th17细胞的比率显著高于健康对照组的PBMCs。肠道中HD菌株的Th17细胞抗真菌反应依赖于念珠菌溶素。虽然在上述小鼠乙醇诱导的肝病模型中，念珠菌溶素没有改变肠道屏障功能，但类似的机制也可能导致肝病。念珠菌溶素激活NLRP3炎性小体，NLRP3炎性小体在NAFLD/NASH的发展中发挥核心作用。因此，有理由假设念珠菌溶素也参与了NAFLD/NASH的发病机制。同样，在小鼠模型中，Candida albicans诱导的HCC恶化被证明是NLRP6炎性小体依赖性的。

黄曲霉毒素主要由曲霉属真菌产生，通过诱导DNA链断裂、氧化应激、加合物形成和基因突变导致HCC的发生。黄曲霉毒素B_1（foodborne eoxin aflatoxin B_1，AFB1）诱导持续的单链和双链DNA断裂，从而诱导氧化应激和脂质过氧化。AFB1与DNA相互作用并形成DNA加合物，如2，3-二氢-2-（N7-鸟苷基）-3-羟基黄曲霉毒素B1。AFB1-DNA加合物与血小板反应蛋白解整合素金属肽酶5（a disintegrin and metalloproteinase with thrombospondin 5，ADAMTS5）的表达和多态性呈负相关，ADAMTS5是抑制肿瘤血管生成和转移的肿瘤抑制基因。ADAMTS5蛋白的缺失与HCC的进展和不良预后相关。AFB1的代谢活性形式可导致基因突变。类似地，AFB1诱导*p53*抑癌基因密码子249中G->T的突变。AFB1还通过激活致癌基因（包括*N-ras*、*c-Ha-ras*和*c-Myc*）促进HCC的形成。HCV和AFB1暴露对HCC的发展有协同作用。HCV感染单独导致HCC发生的相对风险为7.3，AFB1暴露单独导致HCC发生的相对风险为3.4，HCV和AFB1联合导致HCC发生的相对风险为59.4。这是由于几个机制：慢性HCV感染诱导细胞色素P450s（Cytochrome P450 enzymes，CYP450s）将无活性的AFB1代谢为致突变的AFB1-8，9-环氧化物；慢性HCV诱导肝细胞坏死并增加ROS和氮物种水平，增加AFB1诱导的p53 249ser突变的可能性；而去除AFB1-DNA加合物的核切除修复被HCV X蛋白抑制。

（三）肠道病毒调控丙型病毒性肝炎进展的机制

肠道病毒（例如*Enterovirus*）在调控CHC进展的机制方面的研究相对较少，但有一些假设和初步的研究结果指出的可能机制有如下几种。①免疫调节：肠道病毒感染可能通过调节宿主的免疫反应影响丙型肝炎的进展。肠道病毒感染可能引起免疫系统的激活和炎症反应，这些反应可能与丙型肝炎的病程进展相互作用。例如，肠道病毒感染可能导致免疫系统的过度激活，加剧肝脏炎症，并可能导致更严重的肝脏损伤。②竞争性排斥：有研究表明，某些肠道病毒与HCV之间存在竞争性排斥关系，即两种病毒在宿主内的存在可能相互影响。这种竞争性排斥可能导致其中一种病毒的复制受到抑制，从而影响丙型肝炎的进展。然而，具体的机制和影响仍需要进一步研究。③肠道-肝脏轴：肠道病毒感染可能通过影响肠道-肝脏轴的功能影响丙型肝炎的病理过程。肠道与肝脏之间存在密切的生物学联系，肠道病毒感染可能通过改变肠道菌群、影响肠道黏膜屏障和调节肠道免疫系统等途径，间接影响丙型肝炎的发展和严重程度。

总的来说，尽管有一些初步的研究结果和假设，但肠道病毒对丙型病毒性肝炎进展的确切调控机制仍然需要更多的深入研究来加以验证和阐明。对于理解这些机制可能为丙型肝炎的治疗和预防提供重要的线索和目标。（图6-2）

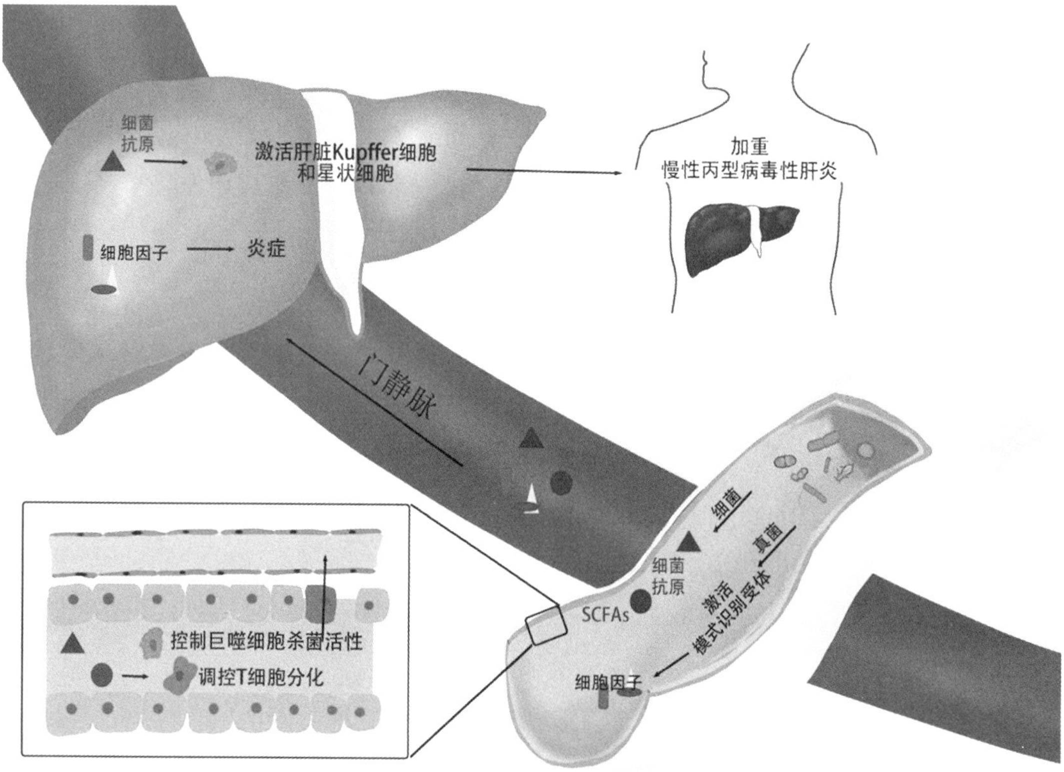

图6-2　肠道菌群影响丙型病毒性肝炎发展的机制

四、肠道益生菌群对丙型病毒性肝炎的改善作用

益生菌群通常被定义为当机体摄入足够量时，能调节并改善肠道菌群并对健康具有促进作用的一类具有活性的微生物，主要包括乳杆菌类、双歧杆菌类等。益生菌主要有以下几个方面的作用：①调节肠道菌群，调节肠道微生态紊乱。②改善肠道黏膜屏障的完整性，减轻肝脏炎症反应。③减少胆汁酸的生成，减轻机体氧化应激反应。④减轻胰岛素抵抗、抑制肝脏中脂肪酸的积累。⑤促进肠道微生物群产生SCFAs，抑制癌细胞增殖。越来越多的研究表明靶向人体肠道微生态的治疗手段在预防、治疗肝脏疾病方面具有一定的潜能。应用微生态制剂的治疗有助于重建肠道微生态平衡，防止细菌移位和炎症反应。下面将从肠道益生细菌、益生真菌及Phage三个方面具体讲述肠道益生菌群对丙型病毒性肝炎的改善作用。

（一）肠道益生细菌对丙型病毒性肝炎的改善作用

1.益生菌

（1）临床前应用：益生菌通过影响肠道细菌的定植和其代谢物及肠道屏障来发挥作用。研究指出，肠道微生物群在防止潜在致病微生物的定植时，从未消化的食物（如碳水化合物和其他营养素）中为肠壁提供能量，进而调节黏膜免疫系统，维持一个完整的胃肠道屏障。此外，WU等指出，益生菌能在复杂的肠道环境中竞争有限的生态位点，阻止病原菌在该位点黏附并繁殖。MACK在研究植物乳杆菌（*Lactobacillus plantarum*）299v胞外MUC3黏蛋白的分泌时发现，该菌株增强了覆盖在肠上皮层的黏液层功能，能有效阻止肠道内致病性大肠杆菌的定植。研究表明，益生菌能改变小鼠肠道内消化及免疫相关酶活性，促进B淋巴细胞向浆细胞分化，并刺激或增强IgA的产生。益生菌还能与树突状细胞相互作用，影响某些T细胞的增殖活性和免疫反应，使T细胞分化为Th1、Th2和Treg细胞，激活免疫系统，产生细胞因子，提高抗感染能力。目前，李兰娟院士团队发现唾液乳杆菌LI01具有改善肝功能、保护肠道屏障、减轻肝纤维化的作用，是一种有潜力作为预防或治疗肝硬化和肝衰竭的益生菌株。

（2）改善机制：益生菌进入肠道后与肠道细菌相互作用，进而对肠道起到增强化学屏障、机械屏障、生物屏障和免疫屏障等作用。益生菌与肠道细菌共生可促使纤维和其他营养物质的消化，从而增加能量和物质（多种酶和维生素、SCFAs等）的供应。益生菌能调节上皮组织的功能，如杯状细胞的黏液分泌、Paneth细胞的防御素释放和正常上皮细胞的紧密连接蛋白合成，也能调节和预防上皮细胞的凋亡。益生菌还通过诱导和维持肠道相关淋巴组织和刺激浆细胞免疫球蛋白A（immunoglobulin A，IgA）的产生，防止病原体在肠道内繁殖并调节黏膜免疫系统，增强肠道免疫屏障。益生菌与肠道细胞的相互作用表现为恢复肠道正常通透性、刺激黏液产生和促进黏膜再生，进而维持黏膜屏障完整性和肠道机械屏障功能；而肠道黏膜屏障的功能和完整性似乎与传染病、炎症和过敏性疾病密切相关。此外，益生菌可以阻止病原菌的黏附和定植。研究指出，有些益生菌为竞争结合位点而与肠道上皮细胞发生反应，进而抑制肠道病原菌的黏附和定植，例如，可以与宿主细胞发生非特异性结合的瑞士乳杆菌（*Lactobacillus helveticus*）。另外，益生菌的表层蛋白可增强其与上皮细胞的黏附能力，使得益生菌占位定植，从而阻止病原菌与肠道黏膜受体的结合。益生菌阻止了病原菌的定植，有效维持了肠道菌群的稳定，有利于改善病毒性肝炎。另外，肠道内的益生菌可通过直接或间接的方式影响机体单核细胞、巨噬细胞、T细胞、B细胞、自然杀伤细胞等多种免疫细胞的功能，从而起到调节免疫和控制炎症的作用。

然而，目前相关研究较少，仍需更多的大规模临床研究来确认肠道益生菌在CHC中的潜在作用。

2.益生元

（1）临床前应用：动物模型研究已初步验证了益生元在缓解HCV感染引起的肝脏损伤中的潜力。一项针对259例婴儿的实验表明，婴儿配方奶粉中的低聚半乳糖和低聚果糖与婴儿特应性皮炎、哮喘和荨麻疹的发生率降低相关。然而，关于益生元对丙型肝炎患者的具体作用机制、有效剂量及长期安全性，还需要更多的临床研究来证实。

（2）改善机制：①促进有益菌群的增殖。益生元可以在人体消化道中被益生菌利用，促进益生菌的生长繁殖，从而改善肠道菌群的平衡和健康。②防御病原体。益生元的摄入可以增加益生菌增殖产生的有机酸，进而降低肠腔内的pH，抑制病原菌的生长。同时，益生元帮助益生菌建立健康稳定的共生微生物群，也能降低入侵微生物的养分利用率，阻止入侵的有害微生物定植。③调节免疫功能。研究发现，益生元可以减少2型T辅助细胞的应答，从而缓解过敏症状。④改善肠道功能。益生元发酵能产生多种SCFAs，这些产物能调节肠道激素，从而调节肠道的运动，促进肠道蠕动，加速排便。同时，益生元还能起到保湿剂的作用，能够软化大便，使排便更顺畅。

3.合生元

（1）临床前应用：关于合生元对CHC的改善作用，目前的研究还相对较少，但有些初步证据表明合生元可能对肝炎的治疗和管理有积极影响：例如，①调节肠道微生态平衡。合生元的补充可能有助于调节肠道微生态平衡，促进有益菌群的增殖，抑制有害菌的生长，从而改善肠道健康状况。②增强肠道屏障功能。合生元可以通过增加有益菌群的数量和活性，增强肠道屏障功能，减少有害物质的渗透，从而减轻肠道炎症和全身免疫反应。③降低血清肝酶水平。未来仍需大量随机对照临床试验验证合生元对CHC的确切疗效，同时合生元的剂量、种类以及治疗持续时间等方面也需要进一步的研究和确定。

（2）改善机制：合生元是益生菌和益生元的复合制剂，在促进益生菌生长的同时，选择性地增加益生菌数量，使其作用更加显著和持久，其作用包括促进有益菌群的生长和活性、改善肠道健康、调节免疫系统、提高消化功能、降低肠道炎症等。通过提供多种类型的营养物质，合生元可以更全面地支持肠道菌群的多样性和稳定性，从而对整体健康产生积极影响。

（二）肠道益生真菌对丙型病毒性肝炎的改善作用

（1）临床前应用：肠道益生真菌在肠道微生物群中起着重要作用，与肠道细菌共同维持着肠道内环境的平衡。近年来，一些研究表明某些肠道益生真菌，如酵母菌（Yeast），具有抗氧化和抗炎的特性，有助于减轻肝脏炎症和纤维化，可改善慢性肝病进程。然而，关于肠道益生真菌对肝脏疾病改善作用的确切疗效及具体机制目前尚不明晰。饮食是决定肠道真菌组成的重要因素之一，高脂肪饮食会降低小鼠肠道中*S. cerevisiae*的丰度，富含碳水化合物的饮食与肠道Candida的丰度呈正相关，而高蛋白饮食与产甲烷短杆菌（Methanobrevibacter）和Candida的丰度呈负相关。人类饮食中开心果和杏仁的植物化学物质，也与青霉菌和Candida的含量呈负相关。

（2）改善机制：①调节肠道微生态平衡。肠道益生真菌可以抑制有害菌，通过竞争性抑制机制抑制病原菌在肠道中的定植和繁殖。这种机制帮助维持肠道菌群的平衡，从而间接改善肝脏健康。益生真菌还能够分泌特定的代谢产物，这些产物可以为有益细菌提供生长环境，增强它们的功能。②增强肠道屏障功能：益生真菌可以修复肠道上皮细胞，促进肠道上皮细胞的增殖和修复，从而增强肠道屏障功能，防止肠道通透性增加。同时，益生真菌可减少内毒素转移，通过增强肠道屏障，益生真菌可以减少肠道内的细菌和毒素（如LPS）进入血液循环，从而减轻肝脏的炎症反应。③调节免疫系统。促益生真菌可以通过与肠道免疫细胞的相互作用，促进抗炎细胞因子（如IL-10）的产生，减少由HCV感染引起的炎症反应。并通过调节T细胞、巨噬细胞等免疫细胞的功能，增强机体的免疫应答，帮助清除HCV感染。④减少氧化应激。一些益生真菌如Yeast具有抗氧化特性，可以通过中和自由基减少肝细胞的氧化损伤，从而保护肝脏免受进一步的损害。⑤影响胆汁酸代谢。益生真菌可能通过影响肠道微生物群的组成来调节胆汁酸的代谢，从而影响肝脏健康和HCV的病理进程。

（三）肠道噬菌体对丙型病毒性肝炎的改善作用

1.临床前应用

在肠道中，Phage可以通过感染细菌，调节特定细菌的数量来影响肠道中的微生物种群结构，进而在调节肠道免疫系统、抑制病原菌生长以及影响宿主代谢方面具有重要作用。研究表明，肠道Phage的存在与宿主的免疫功能、肠道疾病以及整体健康状态密切相关。然而，Phage在CHC中的确切作用尚未完全明确，更多的研究仍然需要进行，以充分理解Phage在CHC中的作用机制和潜在临床应用。

2.改善机制

①靶向裂解病原菌。Phage能够特异性地攻击并裂解病原菌，从而减少肠道中的有害菌群。例如，某些Phage可以靶向引发肠道炎症的致病性细菌，这有助于减轻肠道炎症和肝脏的负担。②促进有益菌群生长与定植。通过减少有害菌群，Phage可以间接促进有益菌群的生长和定植，恢复肠道微生态平衡。这种平衡的恢复对肝脏的健康至关重要，可能有助于减少HCV感染引起的肝脏炎症和纤维化。③减少内毒素生成。有害细菌产生的内毒素（如LPS）通过肠-肝轴进入肝脏，加剧肝脏的炎症和损伤。Phage通过减少有害细菌的数量，降低内毒素的生成，从而减轻肝脏的负担，减少HCV感染引发的炎症反应。

第三节　肠道微生态与急性甲型病毒性肝炎

一、甲型病毒性肝炎概述

（一）疾病概念

甲型病毒性肝炎是世界上最常见的传染性肝病之一，由甲型肝炎病毒（hepatitis A virus，HAV）感染引起的急性自限性肝脏炎症。HAV具有两种类型的传染性病毒颗粒：裸病毒和准包膜病毒颗粒。准包膜病毒颗粒具有脂质膜，存在于血液和培养上清液中。裸病毒是准包膜病毒颗粒在胆小管内胆汁酸的作用下去除包膜后形成的颗粒，通过粪便中排泄。HAV是一种长度约为7.5 kb的单股正链RNA病毒，属于小核糖核酸病毒科中的肝病毒属，其5’端与VPg蛋白共价连接，VPg蛋白在复制过程中充当RNA合成的引物，尾端以一个短的3’端非编码区以多聚A尾片段结尾。

HAV的开放阅读区被翻译成多肽，由病毒编码的蛋白酶分割成结构蛋白（VP0、VP3和VP1-pX）和NS（2B、2C、3A、3B、蛋白酶3C、RNA依赖的RNA聚合酶3D以及它们的所有前体和中间体）。当VP0被加工成为VP4和VP2蛋白质，VP1-pX（或VP1-2A蛋白）被加工为VP1蛋白时意味着HAV蛋白二十面体壳成熟。根据最新的国际病毒分类委员会报告，HAV现分为5个基因型，其中，只有基因型Ⅰ、Ⅱ和Ⅲ（进一步分为亚型A和B）感染人类。尽管存在多种基因型，但HAV只有一种血清型。

HAV在环境温度下稳定，耐酸、干燥和洗涤剂。食物（>85°C）加热1分钟，或用次氯酸钠（家用漂白剂）1：100稀释消毒1分钟可使HAV灭活。

（二）流行病学

HAV感染方式主要为粪-口传播，即由患者的潜伏期或急性期粪便、血液中的病毒污染水源、食物、用具及生活密切接触引发感染。HAV对各种外界因素有较强的抵抗力而能长期在外界环境中存活，能通过各种污染物品（日常用品、衣物、被单等）以及水和食物传播，也可经苍蝇携带而传播。所以改善卫生条件对预防甲肝有很重要的作用。此外，性接触也是HAV是一种传播途径，其中又以男男性行为最为常见。2016年6月1日至2017年5月31日期间，17个欧盟和欧洲经济区国家报告了4096例甲型肝炎疫情相关的病例，与高危性行为相关。同时，由于不会造成慢性肝损伤，所以甲型病毒的血源传播和垂直传播现象罕见。

甲型病毒性肝炎可通过疫苗预防；疫苗接种对于预防所有高危人群的甲型肝炎至关重要，尤其是儿童，疫苗接种后可以阻断HAV传播途径。而对于性传播途径，在推荐者接种甲型肝炎疫苗的同时，可辅以健康教育。甲型肝炎在世界范围内都有发生，但在不同地区流行率有较大差异，在经济卫生条件较差的地区，HAV更容易传播，流行率较高；而在美国、加拿大、西欧等发达国家，由于生活卫生条件较好，HAV不容易传播，且大部分感染者年龄较大。2020年，我国甲型肝炎报告发病例数仅为1.48万例。

（三）甲型肝炎的危害

HAV感染是自限性的，不会进展为慢性肝炎，患者常表现为急性肝炎，伴有肝功能异常，常表现为乏力、食欲不振、腹泻、黄疸、肝大等，一般不会造成生命危险。然而，部分患者会存在复发性肝炎或长期胆汁淤积性肝炎等并发症，严重者甚至会出现爆发性肝衰竭。暴发性肝衰竭是甲型肝炎最严重的并发症，定义为既往健康者出现严重急性肝病伴HE。危险体征包括兴奋、易怒、失眠、意识模糊和严重呕吐，威胁到患者的生命安全。此外，作为一种粪-口传染性疾病，甲肝病毒的传播速率较快，传播范围较广，容易造成集体暴发，需要严格管控。

（四）甲型肝炎发病机制

HAV感染个体内存在两种不同形式的感染颗粒，一种是裸露形式的HAV颗粒，另一种是可在感染宿主的血清和血浆中检测到的准包膜形式的HAV颗粒；其中，准包膜病毒粒子是包含在外泌体样囊泡中的裸颗粒。外泌体中的颗粒未成熟，含有VP1-pX蛋白；相反，粪便中的裸病毒粒子是成熟的，含有完全加工的VP1蛋白。HAV可以利用囊膜包裹甲肝病毒颗粒和裸露甲肝病毒颗粒的特定特性，分别进行免疫逃避和有效的病毒传播。在受感染的宿主中，准包膜形式的HAV的准包膜掩盖了衣壳，将其与靶向衣壳蛋白的中和抗体隔离开来。无包膜、裸露的HAV颗粒非常稳定，在从胆管到肠道的通道中通过胆盐的作用从外泌体中释放出来，通过肠道排出粪便，同时对其他宿主具有高度传染性。

HAV的感染周期从摄入裸颗粒开始。这些颗粒在环境中高度稳定，在室温下干燥60天后，仍然可以检测到高传染性滴度。HAV经口进入体内后，在酸性环境中存活下来，经肠道进入血液循环，引起病毒血症，约1周后到达肝脏，在肝细胞中复制。关于病毒如何通过肠道屏障进入血液，有几种假设。一种是裸病毒粒子可能通过胞浆糖蛋白受体感染肝细胞，该受体结合并内化IgA分子，聚合免疫球蛋白受体使用IgA介导的逆转向转胞吞作用使病毒进入肠细胞。另一种是成熟的裸HAV颗粒的3D结构已经解析，显示出光滑的表面，缺乏其他小核糖核酸病毒中常见的受体结合抑制，这将与这种进入途径相一致。此外，缺乏IgA的裸颗粒在整合素β1的促进下，通过网格蛋白和动力蛋白依赖性内吞作用进入肝细胞，并运输到晚期内体，在那里开始脱膜过程。准包膜病毒粒子也同样被内吞，但相反，它们会运输到溶酶体，在那里包膜被降解。

进入肝细胞内复制后，病毒以准包膜病毒粒子的形式出肝细胞。准包膜病毒粒子的生物发生涉及衣壳与转运所需的一些内体分选复合物（endosomal sorting complex required for transport，ESCRT）蛋白的相互作用。病毒从肝细胞中释放出来后，在胆管中暴露于高浓度的胆盐后失去其脂质包膜，通过胆汁排入肠道，一部分随粪便排出，另一部分通过肠肝循环回到肝脏，直到病毒中和。粪便排毒能维持1~2周。HAV是嗜肝病毒属，病毒侵犯的主要器官是肝脏，咽部和扁桃体可能是HAV肝外繁殖的部位。

在急性甲型肝炎期间，病毒粪便脱落和病毒血症的高峰之后是肝细胞损伤，表现为血清中肝酶升高，例如ALT。甲型肝炎消退后可发生粪便病毒脱落的临床复发，一些成年甲型肝炎患者也报告了长期病毒血症。HAV引起肝细胞损伤的机制尚未明确，然而，众所周知，肝损伤不是由HAV的直接细胞病变作用引起的。病毒复制和粪便排泄均在血清ALT水平升高之前达到峰值，这一事实间接支持了这一点。此外，HAV感染的细胞不表现出细胞病变作用，并且在体外感染HAV时，其代谢不受影响，进一步表明甲型肝炎肝损伤不是由病毒诱导的细胞病理学引起的。甲型肝炎似乎可归因于肝细胞感染的免疫病理学反应，涉及对病毒的先天性和适应性免疫反应，而不是病毒的直接细胞病变作用。事实上，研究表明，T细胞、细胞因子和趋化因子等因素在甲型肝炎期间的肝损伤中都可能发挥作用。

在甲型肝炎期间，肝脏中T细胞的出现暂时与血清ALT水平的增加相吻合，同时伴有粪便和血清中的病毒滴度开始下降，表明T细胞在肝损伤中起重要作用。非HAV特异性$CD8^{+}$T细胞通过“旁观者激活”效应裂解Huh-7细胞，HAV感染和未感染的肝细胞都可以作为非HAV特异性CD8 T细胞的靶标。多种细胞因子和趋化因子通过其效应和免疫调节功能也在免疫介导的宿主损伤中发挥作用。在甲型肝炎患者中，与健康对照组相比，几种细胞因子和趋化因子的血清水平升高，包括IL-6、IL-8、IL-18、IL-22、CXC-趋化因子配体（CXCL 9和CXCL10）。此外，甲型肝炎患者的血清颗粒酶B和可溶性Fas配体（参与T细胞毒性的分子）的水平也升高。其中，甲型肝炎患者的血清Fas配体和IL-18水平分别与血清ALT水平和总胆红素水平显著相关，表明不同的免疫机制可能导致甲型肝炎期间的肝细胞损伤和胆汁淤积性损伤。

此外，新的证据还证明几种宿主遗传因素与甲型肝炎的严重程度有关：HAV感染和未感染的肝细胞均被NK细胞杀死，因为它们被过度和不受控制的IL-18产生激活。因此，IL-18介导的针对肝细胞的细胞毒性活性不受控制可能是导致该特定患者肝脏破坏的原因。不仅如此，一项针对重症甲型肝炎患儿的流行病学研究发现，T细胞免疫球蛋白和黏蛋白结构域1（immune globulin and mucin domain 1， TIM-1）

中的6个氨基酸插入是与甲型肝炎严重程度相关的遗传因素。虽然没有详细讨论，但病毒因素也可能在调节疾病过程中发挥作用。例如，HAV蛋白酶加工中间体3ABC和3CD分别切割多种细胞因子MAVS和TRIF，从而抑制了对感染的先天反应。HAV也以准包膜病毒粒子的形式在血液中循环，这些病毒粒子不能被循环的抗HAV抗体识别，但可以激活浆细胞样树突状细胞产生I型干扰素。

尽管进行了数十年的研究，但甲型肝炎肝损伤的机制仍不完全清楚。虽然病毒特异性$CD8^{+}T$细胞长期以来一直被认为是HAV诱导的肝损伤的主要原因，但新的证据表明还涉及其他机制。这些机制不是相互排斥的，可以单独或联合作用以驱动患者的肝损伤。随着知识和技术的不断进步，越来越多的机制将会被发现，它们将为甲型肝炎的治疗方法提供新的线索和思路

（五）临床表现、诊断标准和治疗原则

1.临床表现

潜伏期：机体感染HAV机体后，有15~50天（平均30天）的潜伏期，在此期间，患者通常无明显不适。

感染前驱期：在4周的初始疾病潜伏期之后，则是HAV感染前驱期，在此期间，感染者可能会经历疲劳、食欲不振、恶心、呕吐、上腹部不适、发热和肌肉疼痛等非特异症状，持续时间1~2周。前驱期常有明显病毒血症，伴大量病毒随粪便排出或经唾液传播，是HAV感染高风险期。HAV感染前驱期传播风险最高。

急性期：在这个阶段，患者可能出现肝功能异常，并出现典型的急性肝炎症状，如黄疸、尿色加深、腹部不适和肝大。

恢复期：急性期持续数周至数月后进入恢复期，患者肝功能异常和症状会逐渐恢复。

虽然近90%的6岁以下儿童感染HAV后无明显症状，但成年人感染HAV后往往伴随临床症状，表现复杂、并发症多、症状重、病程长的特点，老年患者感染HAV后临床预后较差，住院和死亡的显著风险增加。HAV感染致重型肝炎是较为罕见，发生率小于1%。在急性HAV感染后3~12周，3%~20%的患者可能会发生复发性肝炎，但症状较初次发作轻微。与CHB及CHC不同，HAV不会引起慢性感染。此外，急性甲型肝炎的肝外表现很少见，偶有格林-巴利综合征、皮疹、胰腺炎、关节炎、心肌炎、急性肾损伤、溶血和混合性冷球蛋白血症等全身或局部表现。

2.诊断标准

临床上对甲型病毒性肝炎的诊断主要包括以下几个方面。

（1）病史：近期是否接触过可能的传染源，如与甲型肝炎患者的接触、食用受污染的食物或水等。

（2）体格检查：是否存在黄疸，肝脏肿大，腹部压痛等。

（3）实验室检查：包括血清生化指标检查，如肝功能测试（ALT、AST、胆红素水平）、凝血功能检查、HAV标志物（抗HAV IgM、IgG抗体），以及其他可能的检查，如血液培养等。

（4）影像学检查：如超声检查、CT扫描等，用于评估肝脏的形态结构和功能状态。

（5）病毒学检查：包括HAV RNA的检测，可通过PCR等方法进行。

结合患者临床表现及辅助检查结果，可以做出甲型急性肝炎的临床诊断。

3.治疗原则

甲型病毒性肝炎为自限性疾病，预后良好，一般不需要特殊的抗病毒治疗，通常采用支持性治疗。

症状较轻的患者，可以选择疗养，定期到门诊复查。期间要进行适当的休息和合理的饮食摄入。如食欲缺乏者，应摄入易消化、富含维生素的食物；若食欲明显减退且有恶心呕吐者，可短期静脉滴注葡萄糖液、维生素和电解质等，避免摄入酒精和对乙酰氨基酚等肝毒素症状较严重的患者，如血清胆红素超过180μmol/L或凝血酶原时间延长，或伴有脱水、严重虚脱、凝血功能障碍、脑病或其他肝功能失代偿等的急性病例，应采取住院治疗。当转氨酶值正常或接近正常时，患者可以考虑出院。

肝功能受到损害的患者，应采取相应保肝治疗，可适当选用谷胱甘肽、双环醇等。如伴有肝内胆汁淤积的患者，可以采用熊去氧胆酸等；在长期胆汁淤积形式中，建议使用皮质类固醇（40mg泼尼松），以加速黄疸和瘙痒的消失。在急性肝衰竭的严重病例中，患者应收入重症监护病房，并应考虑肝移植。

二、肠道微生物与甲型病毒性肝炎的关系

肠道微生物群已被证明对多种肝脏疾病相关并发症的发生和发展具有重要影

响。肠道和肝脏通过胆道系统、门脉静脉和全身血液循环形成双向关系。肝脏通过胆汁酸和其他代谢介质调节肠道稳态，而微生物及其代谢产物通过门静脉转移到肝脏，影响肝脏的微环境和功能。肠道菌群失调会增加细菌易位和肠漏的风险，从而增加肝脏对病原体和菌群代谢物的暴露，导致肝脏环境中由主要细胞因子（例如IL-1，IL-6和TNF-α）驱动的促炎性细胞信号传导；在持续性促炎状态下（例如酒精、药物），ROS的产生，促进肝损伤和纤维化，进而导致肝病发生及恶化，出现肝硬化、肝癌及其相关并发症等。

尽管早期的研究已经揭示了肠道菌群失调在慢性感染HBV、HCV、酒精性肝病及非酒精性脂肪性肝病中的作用，但目前尚未有关于HAV患者肠道微生物组分析的报道。这可能是由于甲型肝炎是一种急性自限性感染，其临床样本收集困难。不仅如此，在急性甲型肝炎患者中发现的肠道菌群失调与慢性肝病患者大为不同。曾有实验为了监测HAV感染对肠道微生物组的影响，进行了16S核糖体RNA测序，并研究了门水平的微生物分布。肠道微生物中的优势门是Firmicutes、Proteobacteria、Bacteroidetes和Actinobacteria；在监测了急性HAV感染期间和感染恢复后肠道微生物组的连续变化后，实验观察到低丰度门在临床开始时的暂时富集，例如梭杆菌门和脱硫杆菌门。此外，在分析的患者中，有观察到Actinobacteria富集和Proteobacteria丰度较低，还有患者出现了Bacteroidetes的富集和Proteobacteria的丰度较低。HAV感染对肠道微生物组的影响不仅在急性HAV感染期间持续存在，而且在临床症状恢复后很长一段时间内持续存在。

三、肠道微生态调控甲型病毒性肝炎进展的机制

（一）屏障功能与免疫途径

肝脏和肠道通过门静脉循环相连。在这个系统中，血液从肠道流经门静脉，在肝脏的窦状动脉中进行解毒，然后进入肝静脉，然后返回心脏和肺部。当发生生态失调、炎症和TJ功能障碍等疾病时，肠道通透性增加，肠道屏障受到损害，细菌和微生物毒素容易发生易位，进入门静脉循环并进入肝脏，对肝脏造成损害。除此之外，肝脏作为一个先天的免疫器官，它所产生的免疫分子和在其体内常驻的免疫细胞有部分与肠道相通。例如，巨噬细胞作为先天免疫的关键组成部分，其活化受到肠道细菌代谢产物如LPS的调控，当肠道细菌组成发生改变时，很可能会通过免疫

途径对肝脏产生损害。但截至目前，对于肠道细菌从免疫途径和屏障功能方面对甲型病毒性肝炎的影响，还没有发现具体的机制。

（二）代谢物途径

1.胆汁酸代谢

胆汁酸是两亲性生物洗涤剂，主要在脂质代谢中发挥作用，但也在整个身体中发挥广泛的调节功能。它在肝脏中由胆固醇通过两种途径——经典途径和替代途径形成初级胆汁酸。胆汁酸在回肠远端被重吸收，主要通过顶端钠依赖性胆盐转运蛋白（apical sodium-dependent bile acid transporter，ASBT）或回肠胆汁酸转运蛋白（ileum bile acid transporter，IBAT）的主动转运。未被重吸收的胆汁酸可作为微生物代谢的底物，并发生生物转化为次级胆汁酸。

当胆汁酸通过肠道时，肠道微生物组会参与胆汁酸的转化，调节肝脏中胆汁酸的合成和重吸收。据报道，肠道微生物群主要由细菌属Lactobacillus、Streptococcus、葡萄球菌属（Staphylococcus）和韦洛菌属(Veillonella)的成员组成。回肠中的细菌主要由Enterobacteriaceae、Enterococcus、Bacteroides、Clostridium、Lactobacillus和Veillonella组成。这些细菌共同负责通过水解酶从甘氨酸或牛磺酸中解偶联胆汁酸和羟基氧化。大多数胆汁酸（95%）在远端回肠中被重吸收并通过肝脏再循环；然而，少量一直延伸到结肠，在那里它们作为肠道细菌各种生物转化反应的底物。肠道中的大多数革兰阳性菌具有胆盐水解酶活性，而革兰阴性菌中只有拟杆菌可以将结合的胆汁酸水解为非结合的胆汁酸。

在急性甲型肝炎患者中，HAV感染会导致肝功能迅速下降，出现胆汁淤积，也可导致肠道pH降低，影响肠道中的微生物组成。研究表明Bifidobacterium在弱酸性环境中生长良好，但Proteobacteria在环境pH 5.5时生长较pH6.7时较差。HAV感染后，肠道菌群失调高峰通常出现在急性期之后2~4周，主要表现为Proteobacteria减少，而Bifidobacterium增加，这与HAV感染后肠道pH的降低相一致。由前文可知，特定细菌参与特定类型胆汁酸的代谢。综上，急性HAV感染所致异常胆汁分泌异常可能与肠道微生物态改变有关。

2.脂质代谢

脂质代谢包括脂肪酸、甘油三酯和胆固醇等脂质的生物合成和降解。专门的脂蛋白促进脂质从肠道到肝脏（大多数脂质转化的部位）以及肝脏和外周组织之间的运输。一项研究表明，肠道微生物群会影响宿主脂质代谢。与CONV-R小鼠相比，无菌（germ-free，GF）小鼠通过多种机制的组合免受饮食诱导的肥胖，包括脂肪酸氧化增加和脂肪细胞中甘油三酯沉积减少。此外，对喂食常规食物的GF和CONV-R小鼠的脂质组学分析表明，肠道微生物群会影响宿主组织和血清中的脂质组成，并增加循环中甘油三酯的清除率。相反，在高脂肪饮食的小鼠中，循环甘油三酯、高密度脂蛋白和总胆固醇水平会因肠道菌群而增加。CONV-R和GF小鼠的比较也表明，肠道菌群诱导肝脏产生单不饱和脂肪酸和延伸PUFA，肠道微生物群产生的醋酸盐被用作肝脏脂肪酸合成的前体。不仅如此，肠道微生物群还通过与饮食的相互作用影响宿主脂质代谢和脂质组成。最近的一项研究中，CONV-R和GF小鼠被喂食补充了胆汁酸的棕榈油或猪油饮食（均富含饱和脂质）。他们发现，肠道微生物群仅在喂食猪油的小鼠中增加了肝脏甘油三酯和胆固醇酯水平，并且定植状态对肝脂质有重大影响。在另一项研究中，CONV-R和GF小鼠被喂食猪油或鱼油饮食，还发现微生物群下调胆固醇生物合成并增加肝脏胆固醇水平，特别是在喂食猪油的小鼠中。

脂质对于病毒复制至关重要，免疫系统的抗病毒作用也需要脂质的参与。在一项对感染了甲型病毒性肝炎的雏鸭的研究中，检测到的差异代谢物中脂质占很大比例。肉碱作为β氧化长链脂肪酸的载体，在实验组中积累显著，且在实验组甘油三棕榈油酸酯、甘油磷酸胆碱、磷脂酰胆碱、胆固醇衍生物和胆碱水平降低。这表明，DHAV-1感染促进了脂肪酸的β氧化，磷脂代谢途径在DHAV-1的复制中起着重要作用，肠道细菌群对于脂质代谢的影响可能参与了HAV感染促进肝病的部分机制。

与肠道细菌相似，肠道真菌与肠道病毒的生态失衡也会在免疫和肝脏代谢物方面影响肝脏功能，且当肠道屏障遭到破坏时，即使对人体无害的真菌和病毒进入肝脏也会造成肝脏的破坏。例如，在酒精性肝病的患者体内，真菌通过与细菌的相关网络对尿囊素的降解产生影响，从而影响酒精性肝病的进展。但到目前为止，由于对甲型病毒性肝炎肠道菌群的研究较少，在肠道真菌和病毒如何影响甲型病毒性肝炎的机制方面还没有较为明确的答案。

四、肠道益生菌群对甲型病毒肝炎的改善作用

益生菌一词源于希腊语，意思是“生命”，后来被定义为“活的微生物，当达到足够的量时，能够对健康产生积极影响”。一些常用的益生菌微生物是鼠李糖乳杆菌（*L. rhamnosus*）、罗伊乳杆菌（*Limosilactobacillus reuteri*）、*Bifidobacterium*和某些干酪乳杆菌（*Lactobacillus casei*）菌株、嗜酸乳杆菌（*Lactobacillus acidophilus*）组、凝结芽孢杆菌（*Bacillus coagulans*），这些益生菌单独或者组合存在于食品中，尤其是发酵乳制品，其产生的作用具有特异性，与单独使用或组合使用有关，与人的体质也有关。益生元则是一种无法被人体消化的物质，主要是纤维，其通过选择性地刺激结肠中某些微生物属的生长和/或活性，来间接地影响人体健康。当益生菌与益生元协同组合，则诞生了合生元这一概念。观察显示，益生菌在肠道中存活存在困难，当引入益生元后，能有效地促进其在结肠的植入，维持肠道稳态和健康的身体。根据这一原理开发出的合生元产品，通过选择性地刺激一种或有限数量的促进健康的细菌，改变它们生长和/或激活代谢的活性，能够有益地影响宿主胃肠道中活微生物膳食补充剂的存活和植入。

在关于肠道菌群调控甲肝进展机制研究中可以发现，肠道微生态对甲肝的影响与肠道屏障、肝脏的免疫功能、肠道菌群的含量组成甚至与代谢产物如胆汁酸和脂肪关系密切。而在几项关于肠道功能的研究中观察到，食用益生菌可以促进营养实践、黏膜屏障修复、提供短链酸而预防细胞凋亡以及改善肠上皮活力，稳定生理腔通透性并降低氨的吸收。这些功能减轻了病原体的紧密连接干扰，有益于减缓甲肝进展。在益生菌的抗易位作用中，诱导厌氧菌和革兰阳性菌生长，限制革兰阴性菌和防止病原体黏附也与患甲肝时人体肠道菌群的变化产生联系。菌群细菌数量的控制还可以减少内毒素和其他来自细菌的有毒化合物，如乙醇、苯酚、吲哚。在甲型病毒性肝炎的发病机制中，细胞免疫和体液免疫起到了重要作用，而表达Fiber2的益生菌*Lactobacillus*和粪肠球菌（*Enterococcus faecalis*）被证明可以刺激强大的体液和细胞免疫反应，通过适度增强炎症因子的表达来激活抗病毒保护。

但到目前为止，关于益生元、益生菌和益生元对甲型肝炎的改善没有明确证明的机制，肠道益生真菌和Phage对HAV的改善机制研究也较少。

第四节　肠道微生态与急性戊型病毒性肝炎

一、概述

（一）概念

急性戊型病毒性肝炎由戊型肝炎病毒（hepatitis E virus， HEV）感染所致急性病毒性肝炎。HEV是一种小型无包膜病毒颗粒，直径为27~34 nm，具有单链正义核糖核酸基因组。HEV基因组具有称为开放阅读框（open reading frame， ORF）的不连续区域，在这些区域中，ORF1编码非结构（功能）蛋白（如RNA依赖性RNA聚合酶，甲基转移酶等）；ORF2编码病毒衣壳蛋白，具有高度免疫原性，针对该蛋白的抗体具有中和与保护功能；ORF3编码在病毒颗粒释放中起重要作用的功能性离子通道；最近发现的ORF4是HEV基因型1型（hepatitis virus genotype 1，HEV1）所独有的，在HEV RNA聚合酶的正常功能中起着关键作用。

（二）流行病学

迄今为止，在确定的8种不同基因型中，HEV1、HEV2、HEV3和HEV4是导致人类感染的最常见基因型。HEV1和HEV2在发展中地区普遍存在，尤其在地区供水受污染时可导致疾病的大规模暴发，常导致自限性急性病毒性肝炎，但接触传播较少，而在妊娠期间的垂直传播是明确的，会使孕妇和婴儿患病且死亡率较高。相比之下，HEV3和HEV4是人畜共患的，人和动物常通过饮用被污染的水或食用被病毒感染动物的肉类而患病，常发生在发达国家。HEV的易感人群主要是孕妇、婴儿、老年人及免疫功能低下的人，合并其他慢性肝病的患者以及与HEV感染动物密切接触的工人。除此之外，病毒血症患者的感染血液或血液制品也可以被视为急性HEV感染的可能途径。通过接种戊型肝炎疫苗、保持良好的个人卫生习惯、饮用安全水源、避免食用生的或未熟透的水产品和肉类，以及注意个人卫生和环境卫生可以有效预防戊型肝炎的发生和传播。特别是在风险较高的人群中，定期接种戊型肝炎疫苗是非常重要的预防措施。

（三）危害

人群普遍对HEV易感，（Acute Hepatitis E，AHE）的临床表现多为自限性，患者大多可以自行康复，治疗上以一般治疗和对症支持治疗为主。但在老年患者和有基础慢性肝病的患者中，重叠感染 HEV 则可能出现病情重、病程迁延不愈等情况；特殊人群如孕妇感染 HEV 后则容易发生肝衰竭。这对于部分存在免疫缺陷的患者而言，如 HIV 感染者、器官移植后接受免疫抑制剂治疗的患者，感染 HEV 后也可以发展为慢性戊型肝炎。

（四）发病机制

HEV 感染后，绝大部分表现为无症状（亚临床）隐性感染或急性肝炎，仅有不到 2% 的感染者会出现症状。影响 HEV 感染后损伤严重程度的病毒和宿主相关因素尚未确定。目前对 HEV 感染的发病机制了解大部分来自对非人类灵长类动物的研究，肝脏的损伤一般都是由病毒引起的免疫应答导致，而非病毒直接破坏肝细胞。HEV 感染可分为 3 个不同的时间阶段，包括潜伏期、急性期和恢复期。感染后约 7 天，病毒在肝脏内开始复制。虽然感染肝细胞的比例尚不清楚，但可以在肝炎症状出现前几天在血清中检测到 HEV RNA。血清 ALT 水平随症状发作而升高，ALT 和血清 HEV RNA 水平在感染后 4~8 周达到峰值。在免疫功能正常的感染者中，病毒复制持续数周，在血清中检测不到 HEV 病毒后，HEV RNA 继续在粪便中脱落数周。在免疫系统受损的患者中，HEV RNA 颗粒可在血清和粪便中长时间保持可检测。

另外，极少部分 HEV 感染能导致慢性感染，即病毒复制和肝脏炎症持续时间大于 3~6 个月，并可进展为肝纤维化和肝硬化，这与宿主的免疫反应有关，仅在免疫抑制患者中被描述。某些特殊情况，如妊娠合并戊型肝炎，可引起急性肝衰竭；此外，还可主要表现为肝外损害，包括胎盘、中枢神经系统和肾脏。然而，导致肝外疾病的致病机制仍然不明确。此外，多项研究证实，肝病患者存在不同程度的肠道菌群紊乱，炎症因子和免疫细胞参与多种生理病理过程，与肝病的发生发展密切相关。

（五）临床表现、诊断和治疗原则

1.临床表现

一般来说，HEV 感染后绝大部分患者表现为无症状（亚临床）隐性感染或急性肝炎，极少部分能形成慢性感染，并可进展为肝纤维化和肝硬化。然而，急性黄疸型肝炎见于近 5%~30% 的 HEV 感染患者，前驱期的非特征性症状主要有不适、发热、身体疼痛、恶心和呕吐，随后是持续约 1 周的黄疸期，主要以尿黄和黄疸为标志，恢复期内黄疸逐渐消退。一般来说，HEV1 和 HEV2 相较于 HEV3 和 HEV4 引起更严重的急性肝炎表现。尽管如此，HEV3 和 HEV4 可能导致老年男性严重急性 HEV 感染和合并其他慢性肝病患者的慢加急性肝衰竭。HEV 感染除导致肝损伤外，还可能导致其他系统损伤，如吉兰-巴雷综合征、神经痛性肌萎缩、淋巴瘤、胰腺炎、血小板减少症、病毒性脑膜炎、甲状腺炎、心肌炎、冷球蛋白血症、肾小球肾炎、过敏性紫癜和重症肌无力等。

2.诊断标准

HEV 感染的潜伏期通常为 2~6 周。HEV 感染发生 3 周后可在血液中检测到 HEV RNA，随后检测到抗 HEV IgM、HEV IgA 和抗 HEV IgG 抗体。血清中抗 HEV IgM 抗体阳性被认为是急性 HEV 感染的重要标志物，大部分在 3 个月内抗 HEV IgM 由阳性转为阴性，少数戊型肝炎患者抗 HEV IgM 可持续阳性超过 6 个月或者 1 年，甚至数年。因此，一般情况下，抗 HEV IgM 阳性考虑为急性感染或近期感染。抗 HEV IgA 亦是 HEV 急性或近期感染的指标，但在实际应用中，抗 HEV IgA 的阳性率较低。而抗 HEV IgG 抗体存在时间相对持久，其亲和力随着时间的推移而增加。

酶免疫测定是诊断 HEV 感染中最广泛使用的血清学方法，用于鉴定抗 HEV IgG 和 IgM 抗体。然而，仅仅检测抗 HEV IgM 和抗 HEV IgG 抗体不能作为诊断的唯一依据，主要原因如下：①抗体的特异性不足；②在诊断患者 HEV 感染后，抗 HEV IgM 可能会消失或尚未变为阳性，同时抗 HEV IgG 抗体不能提供终身免疫力，血清中的抗体水平会随着时间的推移而降低；③少数戊型肝炎患者抗 HEV IgM 可长期存在，但肝功能正常，HEV RNA 持续阴性，说明体内并无病毒存在；④抗 HEV IgG 滴度低于 7 IU/mL 不足以排除之后再次发生急性或慢性感染的可能性。此外，除了检测抗 HEV 抗体，酶免疫测定还可用于检测 HEV 衣壳抗原，以提高检测的灵敏度。

HEV RNA 检测可用于 HEV 感染的确诊，特别是，在免疫抑制疾病患者（例如实体器官移植受者）的急性和慢性 HEV 感染中，血清学检测结果通常为阴性。HEV 主要在肝细胞内复制，可分泌进入血液循环，也能分泌到胆汁进入肠道，随粪便排出。因此，血清、粪便和肝组织均可作为检测材料，但常以血清为主。该方法特异性强、灵敏度高，最低检测下限可低至 < 50 IU/ml，临床适用性较高，目前已经有商业化诊断试剂。

3. 治疗原则

AHE的治疗主要是支持性的，因为大多数患者会自行恢复。以下是一般情况下采取的治疗措施：休息和饮食调理，确保充足的水分摄入，避免对肝脏有害的药物和饮食，观察并处理症状，如有需要，可以使用对症治疗来缓解症状，如控制恶心、呕吐或其他不适感，定期复查监测病情进展和肝功能的恢复情况，必要时进行血液检查和医学影像检查。对于极少数病情较重或合并其他健康问题的患者，可能需要住院治疗，并在专业医疗监护下进行治疗。对于这些患者，治疗重点将放在支持肝功能、控制并发症和提供必要的医疗支持上。总之，大多数AHE患者会自行康复，而且并不需要特殊的抗病毒治疗；而对于个别严重病例或存在并发症的患者，医生会根据具体情况制定个性化的治疗方案。目前，关于AHE的药物研发和疫苗研制仍在积极进行中。

二、肠道菌群与急性戊型病毒性肝炎

（一）急性戊肝过程中肠道菌群变化

近年来肠道菌群紊乱被认为在各种肝病中着重要作用。然而，关于肠道微生物群在HEV感染患者中的作用仍然知之甚少，肠道菌群是否促进普通型AHE进展为HEV相关急性肝衰竭尚不可知。

研究显示，普通型AHE和HEV相关急性肝衰竭患者肠道菌群的α多样性指数和β多样性指数无显著差异；而在门水平上，肠道菌群丰度则存在明显不同。HEV相关急性肝衰竭患者的Proteobacteria丰度显著增加，而Firmicutes的比例明显较低。先前的研究发现，Firmicutes的丰度在CHB患者中降低较低，而Bacteroidetes的丰度则显著增加。此外，Firmicutes水平较高的肝硬化患者肝衰竭发生率显著降低。因此，Firmicutes丰度降低可能是AHE患者进展急性肝衰竭危险因素。另外，相较于普通型AHE，HEV相关急性肝衰竭患者中黄豆科和Streptococcaceae的丰度增加，而乳酸杆菌科（Lactobacillaceae）和Streptococcaceae的丰度降低。乳酸杆菌在维持人类和高等动物的健康方面发挥着重要作用。Gu等人报道称，L. rhamnosus颗粒可以恢复微生物群的平衡，并以剂量依赖性方式改善慢性酒精性肝损伤。Inoue等人发现与健康人相比，丙型肝炎病毒感染者的细菌多样性较低，Clostridium种类较少，Streptococcus和Lactobacillus种类较多。Bajaj等人表明鼠李糖乳杆菌GG（Lactobacillus rhamnosus GG，LGG）在肝硬化患者中是安全的，耐受性良好，并报告说其使用与内毒素血症、肠道生态失调、HE的改善有关。HEV相关急性肝衰竭和普通型AHE患者的肠道菌群在属水平上也存在显著差，如窄食单胞菌属（Stenotrophomonas）丰度显著增加，而Streptococcus、亚多利格球菌属和Lactobacillus的丰度明显较低。综上，粪便微生物群样本中不同菌群的丰度改变可用于区分HEV相关急性肝衰竭患者和普通型AHE，为AHE进展为肝衰竭的临床预防和治疗提供帮助。

（二）肠道菌群变化预测急性戊肝进展的作用

许多研究已经证实，肝病患者通常存在不同程度的肠道微生物群紊乱，参与肝脏的多种生理和病理过程，这与肝病的发生和发展密切相关，具有潜在的诊断价值和治疗作用。来自33例AHE患者和25例健康对照的高通量16S核糖体核糖核酸基因测序显示，Shannon和Simpson指数在AHE组和HCs组之间的细菌多样性没有显著差异。然而Proteobacteria、γ-变形菌纲（Gammaproteobacteria）和Enterobacteriaceae在AHE中丰度明显高于HC组，同时HEV-RNA阳性患者与HEV-RNA阴性患者之间也存在不同。此外，与使γ-干扰素治疗的AHE相比，Proteobacteria、Gammaproteobacteria、黄色单胞菌科（Xanthomonadaceae）和Enterobacteriaceae在高剂量IFN-γ组中更为丰富。Gammaproteobacteria的丰度被认为与血清丙氨酸转氨酶和总胆红素水平呈正相关。因此，Gammaproteobacteria的丰度被认为在区分AHE患者和HC患者有着重大意义，并能更好地预测AHE患者的严重程度。此外，针对AHE和AHE相关急性肝衰竭（acute liver failure，ALF）的高通量测序结果显示，AHE组和HEV-ALF组的α和β多样性指数没有显著差异，但与AHE组相比，HEV-ALF组Gammaproteobacteria、Proteobacteria、Xanthomonadaceae和Stenotrophomonas丰度明显增加，而Firmicutes，Streptococcus，罕见小球菌属（Subdoligranulum）和Lactobacillus则呈现下降趋势。此外，HEV-ALF组Th淋巴细胞水平显著低于AHE组，而Lactobacillaceae和Gammaproteobacteria的相对丰度与Th淋巴细胞、血清INR和肝性脑病严重程度呈正相关。同时，AHE存活患者的Lactobacillus含量显著高于死亡患者。综上，肠道菌群被认为与HEV感染的恶化有关，具有区分AHE和AHE-ALF潜能，有助于探索AHE患者疾病进展与肠道菌群之间的关系，为AHE提供新的诊断和治疗策略。

从AHE发展到HEV-ALF的T细胞水平模式尚不清楚。我们比较了AHE组和

HEV-ALF 组之间的 Th、CTL 和 NK 淋巴细胞水平。只有 HEV-ALF 组的 Th 淋巴细胞水平显著低于 AHE 组。Pal 等人报告了 AHE 孕妇中存在 Th2 细胞偏倚，Th1 细胞因子的产生减少和 Th2 细胞因子的产生增加。另有报道，免疫功能低下猪的 HEV 感染降低了血清 Th1 细胞因子（IL-2 和 IL-12）和 Th2 细胞因子（IL-4 和 IL-10）的水平，特别是在感染的急性期。此外，Lactobacillaceae 的相对丰度与 Th 淋巴细胞水平呈正相关，而 Gammaproteobacteria 的相对丰度与 Th 淋巴细胞水平呈负相关。我们还观察到 Lactobacillaceae 在高 Th 淋巴细胞组中富集，这进一步证实了 Lactobacillus 可以诱导人外周血单核细胞引发 Th 型细胞免疫反应。因此，我们提出 Lactobacillus 可能抑制 Th 细胞的产生，从而影响 T 细胞对 HEV 的抑制和杀伤。总体而言，需要对结果的推测进行更多讨论。

（三）肠道菌群在急性戊型肝炎中的应用

HEV 是一种引起全球肝病负担的重要病原体。最近的证据表明，与其他病毒性肝炎相比，HEV 感染在非免疫抑制的患者中引起的急性肝衰竭的发病率似乎较高，表明其潜在的严重威胁。肠道微生态是 HEV 感染患者发展为急性肝衰竭的潜在机制之一。对这些机制的更深入了解将有助于我们理解 HEV 感染的病理生理过程，并为诊断、治疗和预防提供新的目标。因此，对 HEV 感染患者肠道微生物的研究将是未来的研究方向之一。

第七章　肠道微生态与肝硬化

第一节　肝硬化概述

一、概念

肝硬化是各种慢性肝脏疾病不断进展，正常的肝脏结构被假小叶所取代出现弥漫性肝纤维化和肝内外出现血管增殖的病理阶段。肝硬化通常起病隐匿，发展缓慢，临床上根据患者症状将肝硬化分为代偿期肝硬化和失代偿期肝硬化。代偿期肝硬化患者大部分无明显症状，可能持续数月至数年，患者死亡风险较低。当疾病进展到失代偿期肝硬化阶段，患者常出现明显临床症状，主要表现为肝功能减退和门静脉高压两个方面，可出现脾亢、腹水、食管胃底静脉曲张等并发症，严重者可伴有消化道出血、腹腔感染，HE，肝肾综合征等严重并发症，患者死亡风险增加。

二、流行病学及危害

在2017年GBD研究中，估计全球有1.12亿人患有代偿性肝硬化，相当于每10万人口的代偿性肝硬化年龄标准化患病率（age-standardized prevalence rate，ASPR）为1 395例。肝硬化是世界第11大常见死因，是45~64岁人群的第三大死因，同时还是50~74岁人群残疾相关寿命年（DALYs）的第七大因素，在25~49岁年龄范围内排名第12位，在所有年龄段中排名第15位。2019年全球与肝硬化相关的死亡人数估计为1 472 000人。这个数字自2010年以来增加了10%，但年龄标准化死亡率（age-standardized mortality rate，ASDR）有所下降。预计在未来10年内，肝硬化导致的死亡人数将继续增加。

三、肝硬化的常见病因及病理进程

（一）肝硬化的病因

导致肝硬化的病因通常包括病毒性肝炎，酒精性肝病，非酒精性脂肪肝病，自身免疫疾病，胆汁淤积性疾病，铁或铜代谢紊乱等。其中，病毒性肝炎、酒精性肝病和非酒精性脂肪肝病被认为是肝硬化的主要原因。大多数患者肝硬化只有单一病因，也有部分患者存在多个病因同时作用的情况，如HBV、HCV重叠感染；乙型肝炎或丙型肝炎患者长期大量饮酒等。此外，在主要病因的基础上，一些协同因素可以促进肝硬化的发展，如肥胖、胰岛素抵抗、某些具肝损伤作用的药物（如对乙酰氨基酚）等。

（二）肝硬化的病理进程

肝硬化是一种在慢性肝损伤患者中发生的修复性反应。代偿性肝硬化没有明显的病理生理特征，而失代偿性肝硬化主要表现为两种类型的病理生理改变：门静脉高压和肝功能下降。肝硬化病理进程主要包括以下几点：肝星状细胞的激活、正常肝细胞外基质的降解及纤维瘢痕组织的积累、血管扭曲和变形以及细胞因子的释放。

1. 肝星状细胞激活：肝硬化发展的中心环节。肝星状细胞受到细胞因子的刺激，转化为促纤维化的增殖性类肌纤维母细胞样细胞，随后其参与了肝纤维化的形成和肝结构的重建，并显著增加了肝窦压力，一方面通过增殖和细胞外基质分泌增加肝窦压，另一方面通过细胞收缩增加肝窦压。

2. 肝细胞外基质的降解及纤维瘢痕组织的积累：肝硬化发展的主要原因。当肝细胞受损时，细胞外基质（主要为Ⅰ、Ⅲ、Ⅴ和Ⅺ型胶原）的含量显著增加，并沉积在基底膜和内膜下。与此同时，组织基质金属蛋白酶抑制剂的负性调节抑制了基质的降解。持续增加且无法降解的细胞外基质是肝纤维化和肝硬化形成和发展的主要因素，因此促进基质降解也是抗纤维化治疗的重要方向。当肝细胞反复发生坏死和修复，Ⅰ和Ⅲ型胶原的水平显著增加，并在整个小叶中沉积，形成越来越多的纤维瘢痕组织，持续促进肝纤维化和肝硬化的发展。

3. 血管扭曲和变形：随着肝窦压力增加以及胶原在血窦空间的持续沉积，内皮细胞的孔隙明显减少，肝血管发生扭曲变形，导致血液和肝细胞之间的物质交换受损。

4.细胞因子的释放：当肝脏受到炎症或损伤时，附近的肝细胞、Kupffer细胞、血窦内皮细胞和血小板通过旁分泌作用分泌各种细胞因子，如肿瘤坏死因子α、转化生长因子β、胰岛素样生长因子。异常分泌的细胞因子一方面激活肝星状细胞促进肝纤维化进展，另一方面通过炎症通路（如NF-κB）促进肝细胞凋亡并造成肝功能损害。

早期，不断沉积的胶原积累最终形成纤维组织小束，但此时增殖的纤维组织尚未连接形成纤维间隔，此时称为肝纤维化。随着病情进一步发展，小叶中央和门区的纤维间隔连接在一起，导致肝小叶结构和血液循环的重建，最终进展为肝硬化。

四、肝硬化的临床表现，诊断与治疗原则

（一）肝硬化的临床表现

1.代偿期临床表现。大部分代偿期患者无症状或症状较轻，可有腹部不适、乏力、食欲减退、消化不良和腹泻等症状，多呈间歇性，常因劳累、精神紧张或伴随其他疾病而出现，休息及助消化的药物可缓解。患者营养状态尚可，肝脏是否肿大取决于不同类型的肝硬化，脾脏因门静脉高压常有轻、中度肿大。肝功能试验检查正常或轻度异常。

2.失代偿期临床表现。失代偿期患者症状较明显，主要表现为肝功能减退和门静脉高压。肝功能减退的患者可出现消化吸收不良、营养不良与肌少症、黄疸、出血和贫血、内分泌失调、不规则低热和低白蛋白血症等。门静脉高压的患者可出现食管胃底静脉曲张出血、腹腔积液、脾大、脾功能亢进、肝肾综合征、肝肺综合征等，是继病因之后推动肝功能减退的重要病理生理环节，为肝硬化患者的主要死因之一。

3.并发症。肝硬化患者还可出现大量的并发症，这些并发症与肝硬化患者肠道屏障功能损害、肝功能减退和门静脉高压症有关。部分并发症如HE为肝硬化患者的主要死因之一。

肝硬化患者常出现的并发症有食管胃底静脉曲张、胆石症、自发性细菌性腹膜炎、HE、门静脉血栓或海绵样变、电解质和酸碱平衡紊乱、肝肾综合征、肝肺综合征和原发性肝癌等。

（二）肝硬化的诊断

代偿期肝硬化患者无明显临床表现，因此肝硬化的早期诊断较为困难，发现时已经是失代偿期。病史和体检可以识别患有肝硬化或有肝硬化风险者，长期饮酒、慢性肝炎病史等均是肝硬化的危险因素，提示肝硬化的体检结果几乎只见于失代偿期肝硬化患者中：肝掌；Terry 甲；伴有肝肺综合征时可出现杵状指。肝硬化的其他体征包括黄疸、男性乳房发育症、第二性征丧失、蜘蛛状血管瘤等。肝硬化周围表现的确切原因尚不清楚，例如蜘蛛痣，以前归因于雌激素代谢受损，目前发现其可能与血管内皮生长因子 A 表达增加有关。腹部检查有时可显示腹部水母头征（因脐部放射的血流而扩张的腹部静脉）。此外，查体可显示左肝叶肿大和脾肿大。

目前，肝组织穿刺活检仍被认为是诊断肝硬化的金标准，但由于其有创操作性和风险性，目前逐步被无创方法取代。非侵入性无创检查方法迅速发展，目前常见的非侵入性诊断工具包括血清学测量、基于影像的指标（如 FIB-4）、弹性成像技术（如振动控制的瞬态弹性成像、磁共振弹性成像）等。其方便无创的特点为肝硬化的早期诊断提供了帮助。

（三）肝硬化的治疗

目前，肝硬化治疗的目标是控制病因和管理并发症并降低死亡率。在确诊为肝硬化后，应尽早开始全面治疗，重点放在病因治疗上。控制病因可以减缓肝硬化的进展，改善预后，甚至可能逆转纤维化。对于处于失代偿期的患者，治疗策略应侧重于预防进一步失代偿，而不是在并发症发生时进行治疗（有关并发症的详细治疗，请参考指南，此处不赘述）。肝移植是治疗失代偿性肝硬化最有效的方法，但遗憾的是，由于肝源短缺和沉重的经济负担，它不能广泛应用于所有患者。失代偿性肝硬化的最终治疗主要针对肝脏内的病理变化，通过抑制炎症，促进纤维化逆转，调节门脉和动脉循环和调节细胞数量和功能来恢复肝脏结构的完整性。然而，目前还没有这样的治疗手段。近年来肠道微生态与肝脏之间的研究越来越深入，发现许多肠道微生物参与了肝脏疾病的发生发展，为理解肝硬化发病机制、研发新的防治手段提供更多思路。

第二节 肠道微生态与肝硬化的关系

一、肠道菌群的整体变化

在肝硬化中，肠道菌群变化的一个共同特征是微生物多样性的显著降低；这随着肝硬化的进展而加剧，特别是在失代偿期肝硬化中表现明显。多样性降低的主要表现为有益菌的减少、机会致病菌的增多。

二、肝硬化时肠道细菌的改变

在慢性肝病的肝硬化早期阶段便可以观察到微生物群的变化，有些变化甚至在肝损伤发生之前就已经出现，且不同慢性肝病的肠道微生物群变化不同（表7-1）。这在酒精相关慢性肝病和非酒精性脂肪性肝病中表现尤为明显。例如与健康人群相比，患有非酒精性脂肪肝病或非酒精性脂肪性肝炎的患者，*Faecalibacterium*、*Lactobacillus*、Ruminococcaceae 等的比例减少，而 Fusobacteria、*Escherichia*、梭杆菌科（Fusobacteriaceae）的丰度增加。而在酒精性肝病或酒精性肝炎的患者中，消化球菌属（*Peptococcus*）、Clostridiaceae、*Lactobacillus*、*Bacteroides*、*A. muciniphila* 的比例减少，草酸杆菌属（*Oxalobacter*）、*Adlercreutzia*、Ruminococcaceae 等的丰度增加。

与代偿性肝硬化患者相比，失代偿性肝硬化患者粪便中 *Bifidobacterium*、*Ruminococcus*、肉毒杆菌（*Clostridium botulinum*）、*Listeria* 和丁酸球菌属（*Butyricicoccus*）的丰度下降，而生孢梭菌（*Clostridium sp.*）、*Clostridium* 的丰度升高。研究还发现，在由不同病因引起的肝硬化患者中，有益菌属——阿克曼菌（*Akkermansia muciniphila*）的数量明显减少。此外，一些研究揭示了肝硬化患者肠道微生物群丰度的特定变化，包括 Proteobacteria、Fusobacteria、Streptococcaceae 和 Enterococcaceae 丰度的增加，以及 Bacteroidetes、韦荣球菌科（Veillonellaceae）、Ruminococcaceae、阿克曼菌门（Akkermansia）、Lachnospiraceae 和罗斯菌属（*Roseburia*）丰度的减少，并且研究人员认为这些变化与肝硬化的病因无关。这种变化不仅出现在那些病因与微生物组直接相关的患者（如酒精相关或非酒精性脂肪肝病相关肝硬化），也出现在那些肝脏疾病的病因与微生物组没有直接联系的患者中，如乙肝和丙肝肝硬化患者。

肝硬化中微生物群变化的相似性非常重要，这证实了微生物组的变化与肝脏疾病本身有关，而不是受病因的影响而变化。

三、肝硬化的肠道真菌及病毒组的改变

（一）肝硬化的肠道真菌的改变

研究发现，在肝硬化中，真菌多样性有所下降，这种变化随着抗生素和质子泵抑制剂的使用而变化，并且随着时间的推移，微生物群的变化减少并趋于稳定。有趣的是，在另一项针对与HBV相关的肝硬化患者的研究中，与健康对照组相比，真菌的丰度和多样性有所增加。在与HBV相关的肝硬化中，检测到假丝酵母菌（*C. parapsilosis*）、背景光滑念珠菌（*C. glabrata*）、热带念珠菌（*C. tropicalis*）、酿酒酵母（*S. cerevisiae*）、酵母属（*Saccharomyces*）和*Candida*的丰度更高。有害真菌的增多增加了肝硬化患者感染的可能性。一项研究表明，感染*Candida*的肝硬化患者的死亡率为55%，是未感染Candida的肝硬化患者的4.4倍。

（二）肝硬化的肠道病毒组的改变

肠道病毒组构成了肠道微生物群的一小部分，但近期的研究报告了其在肝硬化中的变化。针对产生神经活性代谢产物的细菌的Phage变化与肝硬化和HE患者的认知变化有关。针对*Streptococcus*的Phage的改变与肝硬化患者的HE进展有关。另一项研究对失代偿期肝硬化患者进行了8周的利福昔明治疗，随后发现针对*Streptococcus*、假单胞菌属（*Pseudomonas*）和*Enterobacteriaceae* spp71的Phage功能丧失，这可能促进了这些潜在致病细菌的富集。目前的研究集中在肠道病毒组的变化上，但肠道病毒组的变化如何影响肝硬化的进展尚不清楚。

表7-1 已报道的不同病因所致肝硬化中菌群的改变

病因	样本	测序方式	门/科/属水平菌群变化
酒精性肝病	34名健康对照者，37名酒精性肝硬化患者，68名戒酒后酒精性肝硬化患者。	16S rRNA测序	门水平：Proteobacteria↑ Verrucomicrobia↑ Woeserchaeota↑ 科水平：Peptostreptococcaceae↑ Ruminococcaceae↓ Prevotellaceae↓ Lachnospiraceae↓ Bacteroidaceae↓ Pasteurellaceae↑

续表

病因	样本	测序方式	门/科/属水平菌群变化
酒精性肝病	60名健康对照者72名非肝硬化患者，27名酒精性肝硬化患者。	宏基因组分析	属水平：*Bifidobacterium*↑ *Lactobacillus*↑ *Ruminococcus*↑ *Streptococcus*↑ *Alistipes*↓ *Bacteroides*↓ *Butyrivibrio*↓ *Coprococcus*↓ *Eubacterium*↓
自身免疫性肝病	10名健康对照者，11名非肝硬化患者，27名自身免疫性肝硬化患者。	16S rRNA测序	门水平：Firmicutes↑ Proteobacteria↑ 属水平：*Bacteroides*↑ *Faecalibacterium*↑ *Blautia*↑ *Streptococcus*↑ *Haemophilus*↑ *Veillonella*↑ *Eubacterium*↑ *Lachnospiraceae*↑ *Butyricicoccus*↑ *Prevotella*↓ *Dilaster*↓ *Parabacteroides*↓
慢性乙型病毒性肝炎	32名健康对照者，31名乙型病毒性肝硬化患者	qPCR	门水平：Bacteroidetes ↓ Firmicutes ↓ Lachnospiraceae ↓ Rikenellaceae ↓ Ruminococcaceae ↓ Veillonellaceae ↑ Porphyromonadaceae ↓ 科水平：Bifidobacteria↓ 属水平：*Actinobacteria* ↑ *Bacteroidetes* ↓ *Firmicutes* ↓ *Proteobacteria* ↑
慢性乙型病毒性肝炎	21名健康对照者，25名乙型病毒性肝硬化患者	16S rRNA测序	门水平：Bacteroidetes↓ Firmicutes↓ Proteobacteria↑ Actinobacteria↑ 科水平：Pasteurellaceae↑ Enterobacteriaceae↑ Campylobacteraceae↑ Streptococcaceae↑ Leptotrichiaceae↑ Odoribacteraceae↓ Rikenellaceae↓ Barnesiellaceae↓ Paraprevotellaceae↓ Clostridiaceae↓ Ruminococcaceae↓ Moglibacteriaceae↓
非酒精性脂肪肝病	51名健康对照者，17名非肝硬化患者，25名非酒精性脂肪肝肝硬化患者	16S rRNA测序	科水平：Peptostreptococcaceae↑ Streptococcus↑ Rikenellaceae ↑ 属水平：*Catenibacterium*↑ *Faecalibacterium*↑ *Prausnitzii*↑ *Gallibacteriu*↑ *Megasphaera*↑ *Mogibacterium*↑ *Bacillus*↓ *Lactococcus*↓
非酒精性脂肪肝病	30名健康对照者，28名非酒精性脂肪肝肝硬化患者	宏基因组分析	科水平：Eubacteriaceae↑ Coriobacteriaceae↓ Muribaculaceae↓ Odoribacteraceae↓ Prevotellaceae↓

续表

病因	样本	测序方式	门/科/属水平菌群变化
原发性胆汁性肝硬化	66名健康对照者，13名原发性胆汁性硬化肝硬化患者	16S rRNA 测序	属水平：*Alistipes*↓ *Barnesiella*↓ *Odoribacter*↓ *Butyricimonas*↓ *Succinivibrio*↓ *Gemmiger*↓ *Blautia*↓ *Dorea*↓ *Anaerostipes*↓ *Coprococcus*↓ *Butyricicoccus*↓ *Sporobacter*↓ *Faecalibacterium*↓ *Ruminococcus*↓ *Oscillibacter*↓ *Collinsella*↓ *Enterorhabdus*↓ *Slackia*↓ *Victivallis*↓ *Bacteroides*↑ *Aquabacterium*↑ *Haemophilus*↑ *Morganella*↑ *Lactobacillus*↑ *Weissella*↑ *Acidaminococcus*↑ *Veillonella*↑ *Enterococcus*↑ *Streptococcus*↑ *Scardovia*↑ *Fusobacterium*↑ *Treponema*↑

第三节　肠道微生态调控肝硬化进展的机制

一、肠道屏障结构在肝硬化中受损

肝硬化患者的整个消化道，包括胃、十二指肠、小肠和大肠，都显示出异常的肠道通透性增加。在一项前瞻性研究中，与健康对照组相比，35%的肝硬化患者乳果糖和甘露醇的排泄率显著降低，55%的患者D-木糖排泄异常，这表明肝硬化患者肠道上皮紧密连接异常，进而导致通透性增加。通常，肠道屏障损害与肝硬化进展是并行的，当肝硬化进展到失代偿阶段，出现腹水和食管-胃静脉曲张等并发症时，肠道屏障损害变得尤为严重。

肠道屏障对于防止病理性细菌易位和维持免疫稳态至关重要。在肝硬化的发展过程中，肠道微生物群的失衡联合病因共同损害了肠道屏障的结构和功能。肠道微生物群失衡导致肠道上皮细胞间的紧密连接蛋白，occludin和claudin-1的表达降低并增加肠道通透性，而增加的肠道通透性诱发更严重的肠道炎症和细菌移位。此外，肝硬化的不同病因可协同增加肠道通透性。如在酒精性肝病中，乙醇对肠道屏障的直接损害加剧了细菌移位，且长期饮酒将导致更严重的肠道微生物群失调，这将进一步损害肠道屏障。

与此同时，肠道微生物群产生的有益代谢物，如SCFAs等，在肠道微生物群失衡时产生减少，加剧肠道屏障损害。

二、免疫途径

（一）肠道免疫

正常情况下肠黏膜可允许少量内毒素通过，对维持肝脏网状内皮系统处于激活状态有一定意义。但在病理情况下，细菌移位的数量显著增加，过度激活了炎症反应，甚至引发全身炎症反应综合征。面对细菌入侵及其产物，免疫系统担任了先锋的职责。生理情况下，激活的肠道树突状细胞负责产生TNF-α对抗入侵的细菌，但在肝硬化存在的情况下和细菌移位的发生过程中，肠道树突状细胞功能被损害，无法控制细菌移位。树突状细胞产生的TNF-α通过TNF-α/TNFR1信号传导途径激活了大量的肠道巨噬细胞，随后IL-8、CCL2、IL-6和NO等细胞因子被大量分泌用于对抗移位的细菌及产物。细胞因子的分泌连同肠道Claudin-2的表达增加加剧了肠道屏障功能受损，形成了恶性循环。研究还发现，肠上皮淋巴细胞和基底膜下淋巴细胞因过量的细菌及其产物刺激，进展为异常的炎症模式，过度激活的淋巴细胞产生过多的IFN-γ和IL-17，如γδT细胞和NK细胞的扩增产生IFN-γ，促进了黏膜紧密连接解体，进一步破坏了肠道免疫屏障功能。此外ILC3细胞分泌的IL-22减少则使得肠道RegIIIγ表达减少，加速了细菌移位到肝脏的过程。

在先天免疫方面，Paneth细胞分泌的抗菌肽在肝硬化中减少，包括α-5、α-6和α-7防御素、溶菌酶等。Vasculin-1是一种抗菌肽，由FXR转录调节，具有选择性地降解革兰阴性细菌并调节肠道炎症的作用。在肝硬化伴腹水的大鼠回肠中，Vasculin-1的表达出现下降。还有报道发现在肝硬化患者中，α-5和α-7防御素的表达与循环内毒素之间存在负相关，循环内毒素越多，α-5和α-7防御素表达越少。除Paneth细胞外，其他肠黏膜免疫组分也发生了变化，如RegIIIβ/γ和sIgA的合成和释放较健康人减少，这意味着中性粒细胞、B细胞和其他上皮细胞的抗菌功能受损。而肝硬化患者B细胞功能受损的报告验证了这一点。综上所述，肝硬化的进展导致了肠道微生物群的失调和肠道屏障功能的破坏，进而引发全身免疫异常和细菌移位，形成恶性循环。

肠道菌群失衡导致肠道黏膜先天性和适应性免疫反应的失调，进而促进了细菌黏附、定植和肠道通透性的增加。随着肝硬化的进展，失调的黏膜免疫系统可导致上皮紧密连接紊乱、抗菌肽分泌减少和树突状细胞吞噬功能受损。这反过来又促进了细菌和细菌产物进入全身循环。肝硬化与全身性炎症密切相关，随着肝硬化加剧及并发症如感染、肾衰竭和HE的出现，全身炎症程度会增加。系统性炎症的主要诱导物之一是肠道源性PAMPs，它通过受损的肠道屏障从肠道经门静脉转移到肝脏和体循环。失代偿阶段肠道屏障功能的衰退造成细菌从肠道移位到肠外空间和其他器官，发生自发性细菌性腹膜炎等并发症，进而导致全身炎症、动脉血管舒张和器官衰竭。

（二）肝脏免疫

肠道屏障失衡和肠道微生物群失调会间接损害肝功能。为了应对这些病理条件，肝细胞和肝脏中的免疫细胞可能失去正常功能，并转变为促炎和促纤维化表型，从而促进肝硬化的进展。肝星状细胞是肝纤维化过程中的关键细胞，来源于肠道的LPS可以刺激静止的星状细胞中的TLR4，并通过MyD88-NF-κB依赖的方式激活这些细胞，导致纤维生成转化并加速肝纤维化。此外，炎症条件下由肝内其他细胞分泌的促纤维化细胞因子，如TGF-β和IL-17，也能够作为是肝星状细胞和胶原生成的强大激活剂。

肝细胞是肝脏的主要组成部分，在健康状态下担当着关键的免疫监测任务。然而，最近的研究表明，在存在病原相关分了模式（pathogen-associated molecular patterns，PAMPs）和损伤相关分子模式（damage-associated molecular patterns，DAMPs）的情况下，肝细胞可能会加速肝硬化的进程。例如，当肝细胞中的TLR4-NF-κB通路被激活时，会促进非酒精性脂肪肝炎小鼠模型中Jagged1/Notch信号传导，从而诱导骨桥蛋白依赖性的肝星状细胞激活和进行性纤维化。同时，受损的肝细胞线粒体释放的DAMP可以直接激活肝星状细胞，进一步推动肝纤维化的发展。这种mito-DAMP在小鼠模型和患有非酒精性脂肪肝及晚期纤维化的人类患者中都呈上升趋势。

肝脏巨噬细胞在肝硬化中发挥重要作用。肝脏巨噬细胞包括枯否细胞和单核细胞来源的亚组，它们在维持免疫稳态中扮演着重要角色。在肝硬化环境下，肠道屏障受损导致细菌过量移位，使得巨噬细胞的细菌清除能力减弱，从而加速了I型IFN介导的IL-10表达，增加了肝硬化患者细菌感染的风险。此外，这些巨噬细胞也表达高水平的MER酪氨酸激酶，它抑制对PAMPs的反应，从而降低了抗菌活性。除了细菌清除能力降低外，激活的巨噬细胞还可通过分泌促炎介质（如TNF、IL-1β、IL-6、IL-8和ROS），以及TGF-β1和PDGF促进肝星状细胞和肌成纤维细胞的激活和存活，进而导致肝硬化的进展。此外，细菌移位和组织损伤诱导的巨噬细胞产生的炎症小体也加剧了肝脏炎症和损伤。这些炎症小体可以被PAMPs、DAMPs、ROS、胆固醇晶体和其他PRR配体激活，从而在caspase-1的促炎细胞因子（如IL-1β和IL-18）产生后启动，加剧了肝脏炎症和纤维化的进程。

肝窦内皮细胞和巨噬细胞一起组成了肝脏内主要的清除系统。肝窦内皮细胞通过诱导对来自食物或共生细菌的无害抗原的耐受性，维持肝星状细胞的静止状态，从而维持了肝脏的免疫稳态。然而，在急性或慢性肝损伤的情况下，肝窦内皮细胞会发生多种形态和功能上的异常改变，转变为促炎、促纤维化和促凋亡表型。在肝硬化中，肝窦内皮细胞会出现毛细血管化，这是一种主要以窗孔损失和基底膜发育为特征的转变。毛细血管化的肝窦内皮细胞无法为下方的肝细胞提供足够的氧气，导致细胞凋亡和坏死，并最终释放DAMPs。DAMPs和肝窦内皮细胞衍生信号（如TGF-β）共同激活促纤维化的肝星状细胞，并促进胶原蛋白的生成，推动肝纤维化的进展。此外，内皮型一氧化氮合酶活性降低和血管收缩剂增加，功能失调的肝窦内皮细胞也加剧了血管收缩，导致肝脏血流动力学发生不利变化，加速了门静脉高压的发生。

自然杀伤T细胞是一类能够识别内源性或外源性糖脂抗原的先天性淋巴细胞，这些抗原的识别依赖于CD1d分子。在肝脏免疫调节中，自然杀伤T细胞扮演着重要的角色。一旦被不同的抗原或细胞因子激活，I型自然杀伤T细胞能够进一步激活其他自然杀伤细胞、树突状细胞、B细胞和T细胞，并促使中性粒细胞和单核细胞向肝脏聚集，从而加剧肝脏的炎症反应。最新的研究指出，在小鼠肝纤维化模型中，自然杀伤T细胞通过与NLRP3炎症小体的相互作用，进一步促进了炎症反应的发生。此外，I型自然杀伤T细胞还能够通过激活Hedgehog通路来促进肝纤维化的发展。

中性粒细胞通过肝窦内皮细胞表达的黏附分子ICAM-1和VCAM-1被招募到肝脏，然后通过吞噬作用和释放溶菌酶、ROS等来抵抗细菌感染。此外，它们还能形成中性粒细胞胞外陷阱，用于捕获和消除病原体。中性粒细胞在肝硬化中发挥重要作用，如在非酒精性脂肪性肝炎中发生明显浸润和激活，导致肝细胞死亡和肝纤维化。肝硬化中，中性粒细胞受到肠肝轴失调的影响，导致炎症相关的肝细胞损伤和肝星状细胞激活。此外，慢加急性肝衰竭患者的肝内中性粒细胞表达CXCR1和CXCR2增加，这些受体在中性粒细胞募集和炎症介质产生中发挥重要作用。

肠道屏障受损和随后的炎症反应导致大量释放PAMPs和DAMPs，改变了肝脏的免疫环境，从健康的耐受状态转变为促炎和促纤维化状态。肝星状细胞的激活是主要机制之一，推动着肝硬化的进展。在这一转变过程中，先天免疫系统起主导作用，而适应性免疫系统则发挥保护作用。

三、代谢途径

肠道微生物群通过从饮食产物中产生多种代谢产物，在消化道黏膜中发挥保护作用。这些代谢产物对肠道屏障功能和免疫反应有显著影响。

（一）胆汁酸

胆汁酸是一类在肝脏合成和积累的化合物，是胆汁的重要组成部分。除了它们的消化功能和直接抗菌作用外，胆汁酸还影响肠道环境。特别是，次级胆汁酸可以引起细菌膜不稳定和增加肠道通透性，这已在动物模型中得到证实。初级胆汁酸，如胆酸（CA）和鹅去氧胆酸（chenodeoxycholic acid，CDCA），以及一些次级未结合胆汁酸，如脱氧胆酸（cholic acid deoxycholic acid，DCA），可以通过肠道Caco-2细胞诱导occludin磷酸化来增加上皮通透性。有趣的是，随着肝病发展到肝硬化，由于持续的脱结合作用，总胆汁酸含量减少，但次级胆汁酸的形成相对较低，其背后的机制尚不清楚。

FXR是主要在肝脏、肠道和胆囊表达的核受体，对调节胆汁酸的合成、分泌和回收起着至关重要的作用。此外，FXR还可以调节肠道血管屏障的完整性。肠道微生物群可以通过与FXR的相互作用干扰胆汁酸的调节，从而影响肝硬化。具体而言，肠道菌群通过脱羟基作用将初级胆汁酸转化为次级胆汁酸，其中DCA在病理浓度下可通过抑制FXR信号通路导致胆汁酸合成限速酶CYP7A1表达上调，引发肝脏胆汁酸过度蓄积，进而激活Toll样受体4/核因子κB通路，促进肝星状细胞活化和胶原沉积。例如，在Fxr基因敲除小鼠中，肠道菌群失调导致的次级胆汁酸池扩张可诱发肝内胆汁淤积，并通过Yes相关蛋白（Yes-associated protein，YAP）信号促进肝细胞异常增殖及纤维化，而通过FMT或FXR激动剂（如OCA）干预可恢复FXR-

FGF15/19轴功能，抑制CYP7A1表达并减轻肝纤维化。

HE是肝硬化进展过程中常见的神经精神并发症，主要表现为高氨血症。在肝硬化患者中，血清结合胆汁酸水平升高。在HE期间，血液中胆汁酸的进一步增加可能导致大脑中胆汁酸的增加。其类似洗涤剂的性质，胆汁酸可以增加血脑屏障的通透性，导致脑损伤。在肠道细菌移位发生后，促炎致病细菌特别是Enterobacteriaceae过度生长并释放炎症物质，加剧肝组织的坏死。这是一个正反馈机制，将导致胆汁酸合成进一步受到抑制。

（二）短链脂肪酸

SCFAs，包括丁酸、丙酸和乙酸，是微生物发酵的最终产物，并参与多种生理功能。SCFAs参与维持肠道黏膜的完整性、调节黏液水平的固有肠道屏障功能、调节免疫系统和炎症反应，以及肠道激素的分泌。

肝硬化的患者肠道中产生SCFAs的代表性细菌的丰度减少，包括*Firmicutes*、Bacteroidetes和梭菌簇Ⅳ（Clostridium cluster Ⅳ）。SCFAs含量的减少导致肠道通透性增加，结果在循环中增加了有毒和促炎因子，这加剧了肝硬化的进展并诱发并发症。抗生素的使用可能导致SCFAs相关细菌的缺乏，但通过从富含Lachnospiraceae和Ruminococcaceae的供体中进行粪便微生物群移植可以恢复这些细菌的缺乏并增加SCFAs的丰度。

SCFAs的水平与肝硬化的进展和并发症有关。例如，肝硬化患者中循环的丁酸水平与门静脉高压、内毒素血症和全身炎症呈负相关；肠道SCFAs水平的减少会导致SCFAs受体GPR43的下调，从而导致肌源性标记物表达减少，最终加剧肝硬化小鼠的肌肉萎缩；在抗生素预处理的mdr2-/-小鼠中补充*Roseburia*可以减少肝纤维化、炎症和病原体易位。

（三）脂多糖、真菌代谢产物和病毒

肠道微生物群及其代谢产物也可能对身体产生负面影响。由致病细菌过度生长或微生物多样性减少引起的肠道菌群失调可能导致肠道微生物群失衡。而这些微生物或微生物产物会通过受损的肠道屏障进入血液循环，最终导致内毒素血症的发生。

LPS是革兰阴性肠道细菌外膜的糖脂成分。它由一个碳水化合物部分和一个脂质A部分组成。LPS的循环浓度非常低，通常低于20 pg/ml。一旦LPS穿过肠道屏障进入门静脉循环，它就会被特定的肝脏酶（如碱性磷酸酶）降解，或通过清道夫受体排入胆汁。在正常情况下，Kupffer细胞也可以迅速清除LPS。然而，在与脓毒症相关的胃肠道出血和肝功能障碍期间，肝细胞不能完全将内毒素代谢成胆汁。这不仅导致肝损伤，进一步加剧了肝硬化的进展，还导致了轻度内毒素血症的发生。这种由LPS引起的轻度内毒素血症可以在肝门静脉循环中检测到，并可能触发门静脉血栓形成。

真菌代谢产物的影响同样重要。Candidalysin是Candida albicans分泌的外毒素，与溶血素一起，可以直接损害肝细胞，可能导致肝功能恶化，影响酒精性肝炎患者的预后。以前的研究报告了在肝硬化患者中Candida albicans的富集，侵袭性念珠菌病与肝硬化患者的负面结果相关。

肠道病毒组研究仍处于起步阶段，噬菌体组变化与疾病之间的因果关系尚未建立。噬菌体组的变化是疾病的驱动因素还是疾病的后果，还有待观察。

（四）尚在研究的代谢物

吲哚衍生物在人体和微生物之间的色氨酸降解平衡中扮演重要角色，尽管其具体分类尚未完全明确。这些衍生物包括色胺、3-吲哚丙酮酸、吲哚、3-吲哚乙酰胺、3-吲哚乙醛、3-吲哚醛、3-吲哚乙酸、吲哚-3-乳酸、吲哚丙烯酸和吲哚-3-丙酸等多种代谢物。此外，吲哚在肝脏中会发生硫酸化。临床前研究还表明，其中某些代谢物能够增强肠道屏障功能。值得注意的是，肝性脑病患者体内羟吲哚的产生量较高，这一现象与肝病导致的情绪变化有关。另外，在门诊和住院的肝硬化患者中，出现不良预后的患者体内羟吲哚的产生量也相对较高。

胆碱化合物（trimethylamine N-oxide，TMAO）源自多种微生物类群的降解过程，其中间代谢物三甲胺（trimethylamine，TMA）会在肝脏中进一步氧化生成TMAO。研究表明，TMAO与代谢综合征之间存在密切关联，并且在轻微肝性脑病患者的体内水平较高。值得注意的是，在肝移植前，TMAO的水平通常会下降，但移植后会出现反弹现象。这些发现为我们理解TMAO在人体内的代谢过程及其与疾病之间的关系提供了重要的线索。

肠道菌群及代谢产物促进肝硬化发展的机制见图7-1。

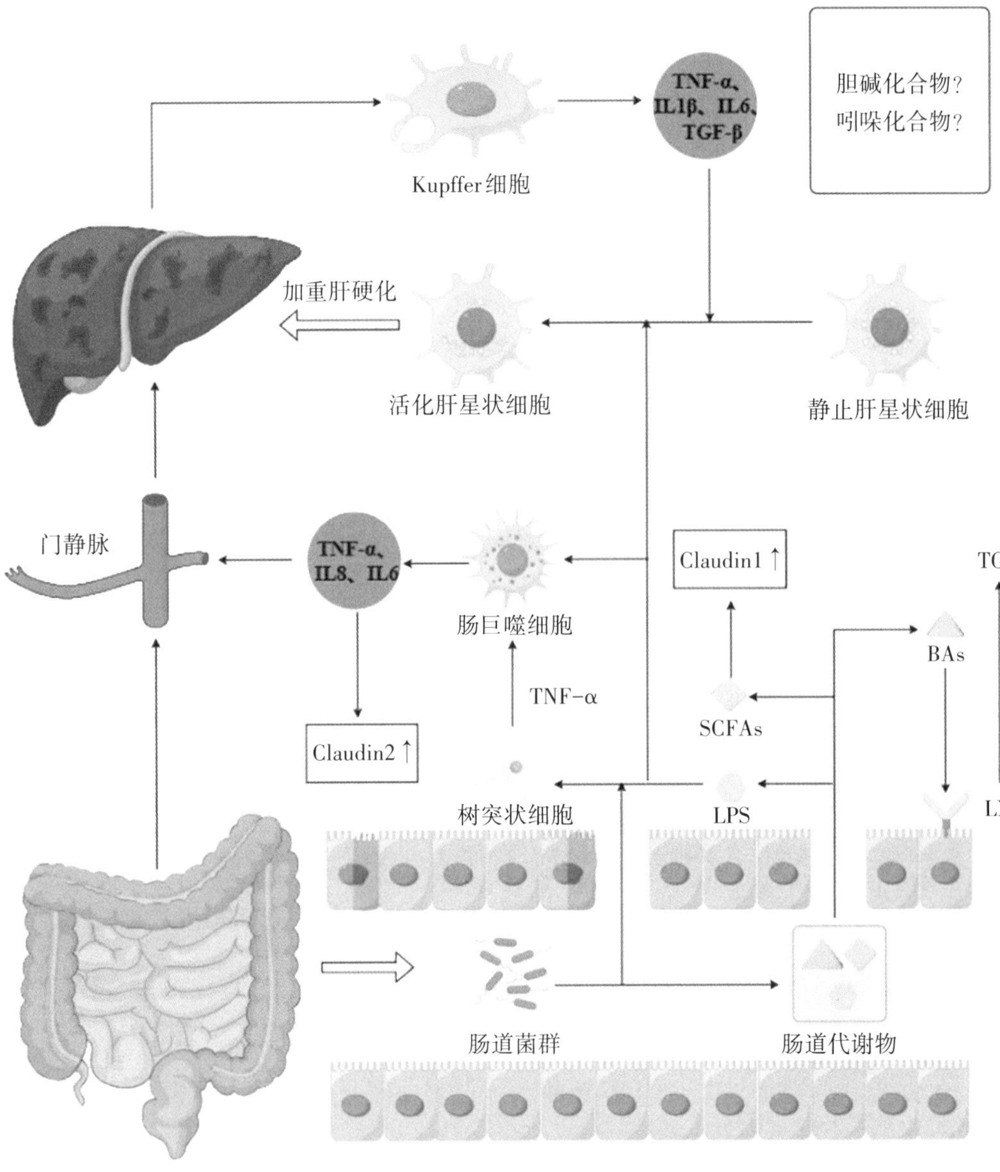

图7-1　肠道菌群及代谢产物促进肝硬化发展的机制

注：LPS，Lipopolysaccharide；　SPFAs，Short-chain　fatty　acid；　BAs，bile　acids；　FXR，Farnesoid　X　Receptor；　TG，Trilaurin。

第四节　肠道益生菌群对肝硬化的改善作用

一、益生菌

（一）益生菌的临床前应用

益生菌是指对人体有益的活菌，如来源于人体的细菌或酵母，在摄入后能够为人体带来健康益处。目前的研究显示，益生菌主要通过促进肠道内有益细菌的生长并减少有害细菌的数量，来调节肠道微生物平衡。

肠道益生菌在改善肝纤维化和肝硬化中的作用已在动物模型中得到验证。在胆管结扎模型中，给小鼠使用*Lactobacillus rhamnosus* GG后，其体内的胆汁酸从头合成量有所减少，同时血清生化指标明显好转，肝脏炎症、纤维化显著改善，这提示*Lactobacillus rhamnosus* GG在改善肝硬化中效果显著。在四氯化碳常构建的小鼠肝纤维化和肝硬化模型中，*Saccharomyces cerevisiae*和*Lactobacillus acidophilus*的混合物能够通过减少MAPK信号传导和增加SIRT1信号传导，保护小鼠免受炎症和肝脏氧化应激的影响；*Lactobacillus fermentum*和*Lactobacillus plantarum*的使用与AST、ALT、丙二醛（malondialdehyde，MDA）、超氧化物歧化酶（superoxide dismutase，SOD）、GSH和IL-1β水平的降低相关，而Bcl-2的水平则有所增加；*Ligilactobacillus salivarius* LI01和*Pediococcus pentosaceus* LI05有利于1a型胶原、金属肽酶组织抑制剂1和TGF-β的减少，延缓肝纤维化进程。同时，这些菌株还增加了肠道紧密连接蛋白ZO-1的表达，部分恢复了肠道屏障功能。此外，使用硫代乙酰胺诱导的大鼠肝纤维化模型发现，副干酪乳酪杆菌（*Lactobacillus paracasei*）、*Lactobacillus casei*和魏斯菌（*Weissella*）的混合物治疗可显著降低血清肝酶水平，减轻炎症和纤维化程度。

各种随机安慰剂对照的临床试验揭示了细菌益生菌对多种肝硬化病理状态的改善，如改善肠道屏障功能、调节过度免疫反应和降低门静脉高压。一项涉及肝硬化和肝性脑病患者的Cochrane分析比较了各种益生菌与安慰剂或无干预措施在不同病因的肝硬化和肝性脑病患者中的疗效。结果表明，益生菌有助于恢复，并可能减缓HE的进展，显著改善患者生活质量和血浆氨水平，但死亡率没有差异。目前常用的益生菌有Lactobacillus acidophilus、Lactobacillus casei、Bifidobacterium和大肠杆菌

Nissle 1917（Escherichia coli Nissle 1917，EcN）菌株等。VSL#3是一种专门用于治疗肝硬化的益生菌，由八种菌株组成。在印度进行的一项双盲研究中，肝硬化患者随机分为两组，每天接受益生菌VSL#3（n=66）或安慰剂（n=64）。经过6个月的治疗，每天接受VSL#3治疗的肝硬化患者因HE住院的风险显著降低。此外，VSL#3还显著降低了CTP评分和MELD评分，这在安慰剂组中没有观察到。另一项来自印度的随机对照试验表明，益生菌对肝性脑病患者有一定的效果，但其疗效不如传统疗法。还有报告称，VSL#3降低了食管和胃静脉曲张患者的血清和肝静脉TNF-α水平；且与普萘洛尔治疗相比，VSL#3可以进一步降低肝静脉压力梯度。在另一项临床试验中发现，Lactobacillus rhamnosus GG能够减少肝硬化患者Enterobacteriaceae的数量，降低内毒素血症和TNF-α的水平，促进Lachnospiraceae生长。因此，Lactobacillus rhamnosus GG被认为具有调节肝硬化患者肠道微生物组成及代谢的潜力。

（二）益生菌的作用机制

肝硬化患者可以通过补充Bifidobacterium、Lactobacillus和Lactococcus的益生菌混合物刺激中性粒细胞产生ROS物质，从而恢复中性粒细胞功能，减少感染的发生率。在动物模型中，VSL#3可以通过维持紧密连接的表达和抑制凋亡来防止肠道通透性的增加。假链双歧杆菌CECT 7765（B. pseudocatenulatum CECT7765）可以在肠道淋巴细胞和巨噬细胞中诱导TLR2介导的抗炎细胞因子谱的转变，改善肠道屏障完整性、减少肠道通透性、降低细菌易位和内毒素水平以及肝脏中的细菌抗原负荷，这在肝硬化患者和实验模型中都得到了证实。Lactobacillus rhamnosus GG也可以通过增强成纤维细胞生长因子15介导的负反馈效应来减少肝脏中胆汁酸的合成。Lactobacillus salivarius LI01通过稳定肠道屏障和恢复肠道细菌共生，减少小鼠的急性毒素诱导的肝损伤和高氨血症。

（三）益生菌的治疗潜力

潜在的真菌益生菌可能为肝硬化的治疗提供新的思路。布拉酵母菌（S. boulardii）是一种有益的酵母，已被用作临床实践中的益生菌，为使用肠道真菌群预防和治疗非酒精性脂肪肝病提供了重要的治疗途径。一项评估含有S. boulardii的益生菌对失代偿期肝硬化患者小肠细菌过度生长（small intestinal bacterial，SIBO）治疗效果的研究表明，在3个月的治疗后，益生菌组有80.0%的患者没有发生SIBO，而安慰剂组的数据为23.1%（$P = 0.002$）。与治疗前相比，没有发生SIBO的患者腹水和

HE的频率减少，血小板和白蛋白水平增加，总胆红素、血清LPS和全身炎症水平降低。然而，肠道屏障标志物claudin3没有变化，这与另一项关于S. boulardii对肝硬化患者肠道屏障通透性影响的研究报告一致。此外，双孢蘑菇也被报道可以剂量依赖性地降低CCl4诱导的肝纤维化小鼠血清中ALT和AST的浓度，减少肝细胞变性、坏死、炎症浸润和CCl4引起的肝损伤，增强抗氧化状态，改善脂质代谢。

值得一提的是，以前有报告称S.boulardii在免疫功能低下的患者中引起真菌血症，因此潜在的益生菌真菌应谨慎使用，特别是在肝硬化患者中。

二、益生元

（一）益生元的临床前应用

益生元，这一名词由Roberfroid和Gibson于1995年首次提出，并被定义为一种难以消化的食品成分。益生元的来源多种多样，包括母乳、大豆、菊粉、生燕麦、未精炼的小麦、未精炼的大麦、雪莲果、难消化的碳水化合物以及难消化的低聚糖等。

不可吸收的双糖（乳果糖和乳醇糖）被推荐作为HE的一线治疗方案，并已广泛用于肝硬化的治疗。一项系统综述显示，服用不可吸收双糖的人与服用安慰剂或未接受任何治疗的人相比，其死亡率较低且发生严重的并发症如肝功能衰竭、出血和感染的概率较低。不可吸收双糖还可以有效地预防HE的发展，表现为从急性期恢复的患者数量相比对照组增加。大蒜中的寡糖是一种来源于自然界的益生元，它可以被肠道中的某些益生菌，如Bifidobacterium和Lacto bacilli所利用，从而促进这些菌的生长，在急性肝衰竭模型中，摄入大蒜多糖能显著降低急性肝衰竭模型中AST、ALT、TGF-β1和TNF-α的水平。在CCl4诱导的肝硬化小鼠模型中，灰树花多糖能够降低AST、ALT、TBIL、MDA、TNF-α、IL-1β和IL-6的水平，同时增加SOD和谷胱甘肽过氧化物酶（glutathione peroxidase，GSH-Px）的活性，减缓肝硬化的进展。此外，在动物模型中，铁皮石斛多糖的摄入也能减轻组织纤维化，减少肠黏膜损伤。另一项研究发现，橄榄油与枸杞多糖的联合使用能够改善肝硬化大鼠模型中的肝细胞炎症、纤维化和死亡标志物，如TGF-β1、TNF-α和金属蛋白激酶组织抑制剂-1（tissueinhibitor of metalloproteinase-1，Timp-1）的水平降低，而IL-10、IL-10/TNF-α比例增加。菊粉是一种难以消化的多糖，存在于多种蔬菜中。研究表明，菊粉能够增加肠道SCFAs如丙酸、丁酸和戊酸的含量，其中丙酸和丁酸能够抑制肝脏中胆固醇的合成，并促进低密度脂蛋白胆固醇的分解，有利于维持脂质代谢稳定。乳糖醇是一种不可吸收的二糖，被推荐作为HE的治疗方法之一，因其具有减少肠道产氨和氨吸收的有益作用。一项针对肝硬化和HE的临床随机试验发现，乳糖醇的摄入量与生活质量的提升相关，并且与安慰剂组相比，食用乳糖醇可降低患者死亡。

（二）益生元的作用机制

益生元可以通过选择性刺激肠道细菌的生长或活性，对改善宿主健康具有积极作用。益生元在肠道中被微生物群分解，产生的如SCFAs等产物会进入血液循环，以保护胃肠道健康。多数益生元的作用机制与减少肠道通透性和缓解炎症反应有关。

例如，大蒜多糖可以通过调节肠道微生物群，增加*Lachnospiraceae*和*Lactobacillus*的数量，同时减少费克蓝姆菌属*Facklamia*和Firmicutes的比例来缓解急性肝衰竭。灰树花多糖通过抑制氧化应激和炎症反应，调节TGF-β1/Smad信号通路来缓解肝硬化进展。铁皮石斛多糖可以下调Bax和caspase-3蛋白表达的以及上调occludin、claudin-1、zonula occlusionnes-1和Bcl-2蛋白表达来减少肠道通透性，缓解肝硬化。

益生元在维护人体健康，特别是肝脏和肠道健康方面，具有广阔的应用前景。目前，许多研究正致力于探索新的多糖，以开发针对肝硬化及其并发症的有效治疗方法。

三、合生元

合生元的临床前应用及展望

合生元是指益生菌与益生元的协同组合，除了促进有益生菌生长外，合生元还能更有效地维护肠道稳态。一项研究中，肝性脑病患者接受了由4种益生菌（*Lactobacillus paracasei*、*Lactobacillus plantarum*、肠膜明串珠菌（*Lactobacillus mesenteroides*）、融合魏斯菌（*Weisella confusa*）与4种纤维（燕麦麸、果胶、抗性淀粉、菊粉）组成的混合物治疗。结果发现，随机分组的患者之间并未显示出显著差异。而另一项临床研究表明，对于患有轻微HE和非明显HE的肝硬化患者，使用和之前研究相同的四种益生菌和不同的3种纤维（β-葡聚糖、果胶、抗性淀粉）组成的混合物，能够有效降低血清总胆红素水平并提高白蛋白水平。

目前利用合生元治疗肝硬化仍处于起步阶段，少量的结果间也存在一定矛盾，其具体的作用机制还有待探索。

第八章　肠道微生态与肝癌

第一节　肝 癌 概 述

一、概述

肝癌（liver cancer）即肝脏恶性肿瘤，全球发病率第六位和死亡率第四位的恶性肿瘤，死亡率位居常见恶性肿瘤前列，可依据以下标准进行分型分类。

依发病原因分为原发性和继发性两大类。原发性肝癌是指肝细胞或肝内胆管上皮细胞发生的恶性肿瘤；继发性肝癌又称转移性肝癌，指身体其他器官起源的恶性肿瘤扩散或转移至肝脏，一般多来自胃、胆道、胰腺、结直肠、卵巢、子宫、肺、乳腺等器官的恶性肿瘤。

依肿瘤大小分为微小肝癌（直径≤2cm）、小肝癌（直径2～5cm）、大肝癌（直径5～10cm）和巨大肝癌（直径＞10cm）四类。

依生长方式分为浸润型、膨胀型、浸润膨胀混合型和弥漫型四型。

依癌细胞分化程度分为4级，Ⅰ级为高度分化，Ⅱ、Ⅲ级为中度分化，Ⅳ级为低度分化。

按病理分型分为大体病理分型和组织病理分型。大体病理分型分为小肝癌型、结节型、巨块型和弥漫型四种类型；组织病理分型分为肝细胞癌（hepatocellular carcinoma，HCC）、肝内胆管细胞癌（intrahepatic cholangiocarcinoma，ICC）和混合型肝癌（combined hepatocellular-cholangiocarcinoma，CHC）三种类型。

肝细胞癌临床较为常见，占75%～85%，即平时常说的肝癌，是指癌细胞来自肝细胞，异型性明显，呈多边形，排列呈巢状或索条状，血窦丰富。近年来，肝癌相关基础研究、转化研究和临床诊疗研究以HCC为主，因此本章围绕HCC进行阐述。

二、流行病学特征

了解肝癌的流行病学特征，如肝癌患者分布规律（包括地区分布、人群分布、时间分布等情况）及影响因素，有利于针对性防治肝癌。

地区分布肝癌地区分布不均匀，没有明显规律。在我国，肝癌主要高发于东南沿海地区，如江苏、福建、广东和广西等地，死亡率以上海、福建、江苏、广州、浙江最高，肝癌男性死亡率在40/（10万）以上，而低发区则在3/（10万）以下，如云南、贵州、甘肃和新疆。

年龄分布肝癌发生于2个月的婴儿至80岁的老人。而且从数据统计结果看，死亡率较高的地区，发病年龄和高发年龄往往偏小，而死亡率低的地区，死亡人群的年龄会偏大。

肝细胞癌是原发性肝癌最常见的类型，占75%～85%，每年约有84.1万例新发病例和78.2万例死亡病例，全球死亡率为9.1%，是全世界癌症死亡的第四大原因。近年来，肝癌发病率和死亡率均有缓慢上升趋势。流行病学研究发现，全世界每年平均约有25万人死于肝癌，而我国占其中的45%以上。此外，我国肝癌高发于江苏、福建、广东、广西等，提示东南沿海的环境因素，如黄曲霉毒素与饮水污染等，对肝癌的发病起重要作用。

三、危害

群体肝癌发病率、病死率均较高，仅原发性肝癌就位居我国第4位常见恶性肿瘤及第2位肿瘤致死病因，给社会带来沉重的负担。最新数据显示，在我国，肝癌年新发病例38.9万，年死亡病例33.6万。

个体肝癌具有高度的侵袭性，病程中患者的痛苦极大，一是肝癌本身的危害，如肝区疼痛、压迫性黄疸、乏力消瘦、抵抗力下降等；二是肿瘤转移对人体的影响，如引起骨骼系的转移、肺部或大脑等的转移，在肿瘤转移之处会引起相应症状；三是肝癌并发症对人体的危害，如上消化道出血、感染、肝性脑病，增加肝癌的病死率。此外，肝癌治愈率低，复发率高，需长期随访和监测，增加患者的经济负担。

四、常见病因及发病机制

目前认为原发性肝癌发病是多因素、多途径、多步骤的复杂过程，受环境和遗传双重因素影响。

肝炎病毒感染以乙型肝炎病毒（hepatitis B virus，HBV）感染和丙型肝炎病毒（hepatitis C virus，HCV）感染最为普遍。长期感染肝炎病毒可能导致肝硬化甚至肝癌。

肝硬化原发性肝癌合并肝硬化者占50%～90%，如乙肝和丙肝导致的肝硬化、酒精性肝硬化。一般认为血吸虫病性肝纤维化、胆汁性和淤血性肝硬化与原发性肝癌的发生无关。

脂肪肝长期的脂肪肝可能导致肝脏炎症和纤维化，进而发展成为肝硬化。。在肝硬化基础上，肝细胞可能会发生癌变，形成肝癌。

黄曲霉毒素有10多种，被认为与抑癌基因*p53*的突变关系密切。最常见的为黄曲霉毒素B_1，可诱发肝癌，且发病与摄入黄曲霉毒素量呈等级相关。

肠道菌群完整的肠道屏障功能和正常的肠-肝轴是保持肠道微生态平衡、维持机体稳态的重要条件。当屏障功能受损，菌群易位，内环境中微生物及代谢产物异常增多，继而通过肠-肝轴导致各种肝脏疾病的发生，推进肝脏疾病发展为肝癌。

其他因素年龄、性别、化学物、激素、酒精、营养和遗传等均与肝癌的发生有一定的关系。如酒精导致的肝损伤是慢性肝病和肝硬化的主要原因，当摄入过量时发生肝癌的危险升高；遗传性代谢性疾病，如糖原储积病在原来腺瘤性增生的基础上可引发肝癌。

五、肝癌临床表现、诊断和治疗原则

（一）临床表现

1.症状

早期肝癌起病隐匿，缺乏典型临床表现，临床表现明显者的病情多已属中晚期，主要表现如下。

（1）肝区疼痛肝区持续性胀痛或钝痛是肝癌最常见的症状。肝癌迅速生长使肝包膜紧绷导致肿瘤侵犯膈肌则会引起疼痛，可放射至右肩或右背；向右后生长的肿瘤可致右腰疼痛；如果出现包膜下出血或向腹腔破溃，可突然发生剧烈腹痛和腹膜刺激征。

（2）消化道症状肝癌会导致患者出现一系列的消化系统症状，如纳差、消化不良、恶心呕吐和腹泻等。

（3）恶病质病情晚期因肝癌生长和扩散、营养摄入不足、代谢异常等，多呈现恶病质。

（4）发热一般呈持续发热或午后低热或弛张型高热；肝癌的发热与肿瘤坏死产物吸收有关，也与抵抗力减弱继发各种感染有关，如肺炎、肠道感染。

2. 体征

早期肝癌常无明显阳性体征或仅类似肝硬化体征，中晚期肝癌通常出现典型体征，主要体征如下。

（1）肝大为中晚期肝癌最常见的体征，肝脏呈持续性增大，肋缘下触及，质地坚硬，表面凹凸不平。

（2）黄疸一般出现在肝癌晚期，常见于胆管细胞癌或弥漫性肝癌，表现为梗阻性黄疸或肝细胞性黄疸。

（3）肝硬化征象一般以脾大和腹水为最主要表现。

（4）出血倾向因凝血因子合成减少、脾功能亢进以及血液抗凝功能增强，肝癌患者往往表现出明显的出血倾向，如出现牙龈出血、皮下瘀斑等。

（5）肝癌结节破裂出血肝癌组织坏死、液化可致自发破裂或因外力破裂。癌结节破裂可局限于肝包膜下，产生局部疼痛；也可破入腹腔引起急性腹痛、腹膜刺激征和血性腹腔积液，大量出血可致休克、死亡。

3. 并发症

肝癌的并发症常有上消化道出血、感染、肝性脑病等，其中消化道出血是肝癌患者死亡的重要原因。

4. 转移

主要包括肝内转移和肝外转移，其中肝内转移发生最早且最常见。

肝内转移指肝癌细胞通过门静脉途径及其分支形成癌栓，癌栓脱落后在肝内引起多发性转移灶，癌栓也可阻塞门静脉主干从而引起门静脉高压。

肝外转移途径有血行转移、淋巴转移和种植转移。血行转移常转移至肺，其他部位有脑、肾上腺、肾及骨骼等。肝癌经淋巴转移少见，可转移至肝门淋巴结，也可转移至胰周、脾、腹膜后、主动脉旁及锁骨上淋巴结。种植转移少见，多见于中晚期病例，癌细胞从肝表面脱落可种植在腹膜、膈、盆腔等处，引起血性腹腔积液、胸腔积液，女性可出现卵巢转移。

5.伴癌综合征

由于癌组织代谢异常产生的异位激素或某些活性物质而引起内分泌或代谢异常的一组特殊症候群，其中自发性低血糖和红细胞增多症最为常见，其他如高钙血症、高脂血症、类癌综合征等较为罕见。

（二）诊断标准

肝癌的诊断依据主要包括临床表现和辅助检查，其中病理学诊断是金标准。常见检查如下。

（1）特异性实验室检查如血清的肿瘤标志物。甲胎蛋白（Alpha-FetoProtein，AFP）是诊断肝细胞癌最具有价值的肿瘤标志物，已广泛应用于原发性肝癌的普查、诊断、疗效判断以及复发预测。甲胎蛋白的含量持续上升或者超过500μg/L，则高度怀疑存在肝癌，但要注意排除妊娠和生殖腺胚胎瘤。其他常用的分子标志物还有α-L-岩藻苷酶、异常凝血酶原等。

（2）影像学检查包括B超、电子计算机断层扫描（computed tomography，CT）、多层螺旋CT（multislieces helieal CT，MSCT）、核磁共振成像（magnetic resonance imaging，MRI）、正电子发射计算机断层扫描（positron emission tomography/computedtomography，PET-CT）等。

（3）病理学检查超声或CT引导下肝穿刺组织学检查是原发性肝癌确诊的最可靠方法。该方法能够明确肝脏病变的性质，且同时可进行免疫组织化学检查，对判断肝癌的预后有很大帮助。但该检查属于创伤性检查，偶有出血或针道转移的风险，且存在一定假阴性率，阴性结果依然不能完全排除肝癌的可能。

（4）肠道微生物群检测值得注意的是，有研究报道肠道微生物群也能够作为HCC的生物标志物，因为肠道微生物群的变化与肝硬化/纤维化到癌症的肝脏疾病发展有关。在近期的研究中，研究人员已观察到肝硬化患者与HCC患者肠道细菌的差异，确定了30个最佳微生物标志物，并建立了诊断模型，验证了微生物标志物跨区域成功诊断HCC的可行性。肠道微生物群在疾病诊断中具有无创、高效、准确等优点，是一种极具潜力的诊断方式。

诊断标准：当辅助检查结果满足以下3项中的任何1项，即可诊断肝癌。①具有两种典型影像学［超声、增强CT、磁共振成像（MRI）或选择性肝动脉造影］表现，病灶直径>2 cm；②一项典型的影像学表现，病灶直径2 cm，甲胎蛋白（AFP）>400 ng/mL；③肝脏活检阳性。

（三）治疗原则

肝癌对化疗和放疗不敏感，常用的治疗方法有手术治疗和药物治疗。早期诊断、早期采用以手术切除为主的综合治疗，是提高肝癌长期治疗效果的关键。

1.手术治疗

肝癌手术治疗是患者获得长期生存最重要的手段，主要包括肝切除术和肝移植术。

2.药物治疗

靶向药物治疗指作用于癌细胞特定受体的肝癌治疗药物，主要有3种。第一种主要是多靶点酪氨酸激酶抑制药；第二种是安罗替尼、吉非替尼等一些表皮生长因子受体抑制药；第三种是瓦他拉尼、恩度等一些血管内皮生长因子受体拮抗药。

免疫治疗主要包括免疫调节剂、免疫检查点抑制剂、肿瘤疫苗、细胞免疫治疗。近年研究发现，肠道菌群通过调节宿主免疫应答和改变肿瘤微环境，通过调节肠道菌群的结构和功能，能够对肿瘤免疫治疗的疗效产生重要影响。

其他药物治疗。①抗病毒治疗：合并有乙肝病毒感染且复制活跃的肝癌患者，口服核苷（酸）类似物抗病毒治疗非常重要。这类患者的抗病毒治疗可以降低术后复发率，应贯穿肝癌治疗的全过程。②保肝治疗：肝癌患者中可能会伴随肝功能异常，因此应及时适当地应用保肝药物，以保护肝功能、提高治疗安全性降低并发症、改善生活质量。③对症支持治疗：包括控制合并糖尿病患者的血糖；处理腹水、黄疸、肝性脑病、消化道出血等伴随症状，在晚期肝癌患者中的积极镇痛、纠正贫血、纠正低白蛋白血症、加强营养支持等。

3.化学疗法

传统化疗药物，包括阿霉素、表柔比星、氟尿嘧啶、顺铂和丝裂霉素等，单药或联合治疗肝癌的疗效均不理想，且毒副作用大。新型化疗药物奥沙利铂的疗效优于传统化疗药物，且耐受性和安全性较好，在我国已被批准用于肝癌治疗。

4.放射疗法

利用高能量射线杀死癌细胞，适用于无法手术的患者，可作为主要或辅助治疗，缩小肿瘤或缓解症状，有外放射治疗和内放射治疗两种方式。

5.抗生素疗法

通过使用抗生素减少肠道细菌总数，去除移位能力强的细菌，进而减少细菌移位，抑制肠漏引起的促炎信号。

第二节　肠道微生态与肝癌的关系

一、肠道细菌

（一）整体变化

从整体上看，肠道微生物多样性下降。虽然肠道细菌主要归属为4个门，尤其是厚壁菌门和拟杆菌门，但无论是种多样性、属多样性还是门多样性，肠道微生物的多样性下降都和肝癌相关。

门多样性如Zhang等人通过比较原发性肝癌患者、肝硬化患者和健康对照组受试者的肠道微生物群，发现在门水平上，从健康对照组到肝硬化和原发性肝癌患者厚壁菌门（Firmicutes）的多样性下降。

α多样性、β多样性Zheng等人比较肝炎患者、肝硬化患者、肝硬化诱导的HCC患者、非肝硬化诱导的HCC患者和健康对照组的粪便微生物群，发现肝硬化患者粪便微生物α多样性显著降低，肝硬化与其他组间（肝炎、HCC、正常组）3门27属存在显著差异；与其他组相比，肝硬化组的β多样性存在较大差异；肝硬化诱导的HCC组肠道微生物多样性明显高于肝硬化组。

（二）菌群成分变化

近年来，多项研究显示HCC患者存在肠道菌群变化（表8-1）。主要表现在，门水平拟杆菌门（Bacteroidetes）、髌骨菌门（Patescibacteria）、变形菌门（Proteobacteria）、厚壁菌门（Firmicutes）和放线菌门（Actinobacteriota）升高；属水平克雷伯菌属（*Klebsiella*）、嗜血杆菌属（*Haemophilus*）、考拉杆菌属（*Phascolarctobacterium*）、肠球菌属（*Enterococcus*）、链球菌属（*Streptococcus*）、孪生球菌属（*Gemella*）、嗜胆

菌属（*Bilophila*）、拟杆菌属（*Bacteroides*）、梭杆菌属（*Fusobacterium*）、奇异菌属（*Atopobium*）、厌氧棍状菌属（*Anaerotruncus*）、葡萄球菌属（*Staphylococcus*）、不动杆菌属（*Acinetobacter*）和拉乌尔菌属（*Trabulsiella*）升高，颤螺菌属（*Oscillospiraceae*）、丁酸球菌属（*Butyricicoccus*）、厌氧棍菌属（*Anaerostipes*）、假单胞菌属（*Pseudomonas*）、链球菌属（*Streptococcus*）和双歧杆菌属（*Bifidobacterium*）降低；种水平上内脏臭气杆菌（*Odoribacter splanchnicus*）和双环瘤胃球菌（*Ruminococcus bicirculans*）升高。

表 8–1　与 HCC 相关的肠道菌群

研究者	样本	病因	检测方法	与 HCC 相关联的细菌
Ren et al.	HCC（150）， 肝硬化（40）， 健康对照（131）	HBV	16S rRNA 测序	*Klebsiella* 与 *Haemophilus* 增多（产生 LPS 的细菌）
Ponziani et al.	NAFLD 相关肝硬化-HCC（21）， NAFLD 相关肝硬化且无 HCC（20）， 健康对照（20）	NAFLD	16S rRNA 测序	在门水平上，Bacteroidetes 增多 在科水平上，Bacteroidaceae，Streptococcaceae，Enterococcaceae，and Gemellaceael 增多 在属水平上，*Phascolarctobacterium*，*Enterococcus*，*Streptococcus*，*Gemella*，与 *Bilophila* 增多
Behary et al.	NAFLD-HCC（32）， NAFLD-肝硬化（28）， 非 NAFLD 对照（30）	NAFLD	霰弹枪宏基因组测序	NAFLD-HCC（vs. 非 NAFLD 对照）：Enterobacteriaceae 增多，Oscillospiraceae and Erysipelotrichaceae 减少
Huang et al.	HCC（113）， 健康对照（100）	HBV	16S rRNA 测序	HCC：*Bacteroides*，*Lachnospiracea* incertae sedis，和 *Clostridium XIVa* 增多
Lapidot et al.	肝硬化（38）， HCC-肝硬化（30）， 年龄和 BMI 匹配的健康对照（27）	NAFLD 与 HCV	16S rRNA 测序	HCC-肝硬化：产生内毒素的细菌（i.e.，members of the family Enterobacteriaceae，*Fusobacterium*，and *Atopobium*）增多，产生丁酸的细菌（如 *Butyricicoccus*，*Anaerostipes*）减少

续表

研究者	样本	病因	检测方法	与HCC相关联的细菌
Liu et al.	健康对照（3）， HBV-HCC（35）， NBNC-HCC（22）	HBV相关HCC与NBNC-HCC	16S rRNA测序	B-HCC（vs. 健康对照）：*Prevotella*，*Phascolarctobacterium*，和*Anaerotruncus*增多 C-NBNC-HCC（vs. 健康对照）：*Escherichia-Shigella*和*Enterococcus*增多
Cho et al.	HCC（158）， 肝硬化（166）， 健康对照（402）	病毒与非病毒	宏基因组测序	HCC：*Staphylococcus*，*Acinetobacter*，*Klebsiella*，和*Trabulsiella*增多，*Pseudomonas*，*Streptococcus*，and *Bifidobacterium*减少
Huang et al.	正常肝脏28例， 瘤周组织64例， 原发性肝癌64例	病毒与非病毒	16S rRNA测序	HCC：门水平上，Patescibacteria，Proteobacteria，Bacteroidota，Firmicutes，和Actinobacteriota增多；HCC and peritumoral tissues：门水平上，Proteobacteria，Firmicutes，and Actinobacteriota增多，纲水平上，Bacilli and Actinobacteria增多
Li et al.	HCC（68）， 肝硬化（33）， 健康对照（34）	病毒与非病毒	宏基因组测序；液相色谱-质谱法测定代谢物	HCC：*Odoribacter splanchnicus*和*Ruminococcus bicirculans*增多，五种关键代谢产物（哇巴因、牛磺脱氧胆酸、甘鹅脱氧胆酸、茶碱和黄嘌呤）增多

二、肠道真菌

肠道细菌微生物组对肝病的影响已经得到了很好的证实。然而，长期以来真菌微生物组的影响一直被忽视。最近，一些研究揭示了真菌菌群在肝癌发生和发展中的作用。

研究发现HCC患者的粪便念珠菌和白色念珠菌的比例高于肝硬化患者，而哈萨克斯坦酵母属（*Kazachstania*）、德巴利酵母属（*Debaryomyces*）、嗜极菌属（*Xeromyces*）、不定型孢属（*Amorphotheca*）和芽生葡萄孢酵母属（*Blastobotrys*）的比例降低。

第三节　肠道微生态调控肝癌进展的机制

到目前为止，从人体研究和动物模型中获得的一些实验数据表明，肠道微生物群与HCC的发生有关。肠道微生态的失调导致肠黏膜屏障功能破坏，使得肠道内的细菌和其产生的代谢物进入血液循环系统，调节机体免疫状态、激活受体通路等从而引起低度慢性炎症反应、诱导DNA损伤和基因突变，从而影响肝癌的进展。

需要注意的是，尽管已有许多研究表明肠道菌群在肝癌进展中的重要作用，但仍然需要更多的研究来深入了解具体机制。肠道菌群与肝癌之间的关系是一个复杂的领域，未来的研究将进一步揭示其机制，并为肝癌的预防和治疗提供新的策略。

一、肠道细菌调控肝癌进展的机制

（一）肠道屏障损害

当肠道菌群种类或功能失调时，肠道屏障完整性遭到破坏、肠道通透性增加，进而破坏肠道屏障的紧密连接。因此发生细菌移位和脂多糖积聚，肠道细菌过度增殖、肠道菌群组成改变。微生物代谢物进入肝脏诱导胆汁酸代谢受损，促进全身炎症和肠道运动障碍。同时，HCC 患者通常伴有肝硬化等慢性肝病背景，肝脏对脂多糖和其他细菌产物的解毒、降解和清除功能受损，又进一步促进了肠道菌群诱导的HCC 发生发展。

（二）免疫途径

调节肿瘤免疫微环境：肝癌通常来源于伴有强烈免疫细胞浸润的炎症导致的肝纤维化和/或肝硬化，而先天性和适应性免疫应答都可能促进HCC发生或抑制其发展。目前研究已证明B细胞和T细胞［（尤其是CD4+T细胞（CD4-positive cells）］的HCC抑制作用，因此免疫状态可能对HCC有较大影响。而肠道菌群相关的微生物相关分子模式（microbe-associated molecular patterns，MAMPs）和细菌代谢物（如短链脂肪酸和胆汁酸），通过Toll样受体（toll-like receptors，TLRs）、G蛋白偶联受体41（G-protein coupled receptor 41，GPR41）、G蛋白偶联受体43（G-protein coupled receptor 43，GPR43）等受体在免疫细胞中发挥免疫调节功能，影响免疫应答，从而调节肝癌的发展。

调节免疫分子的产生：辅助性T细胞17（T helper cell 17，Th17）是辅助性T细胞的一种，通过产生促炎和促血管生成介质，参与HCC的发展。目前已经在HCC患者的肿瘤和血液中检测到Th17细胞水平升高，且发现Th17细胞水平与生存率呈负相关。健康肝脏中Th17细胞的丰度较低，大多数Th17细胞是通过与肠道微生物群的相互作用在肠道中产生的。Th17细胞分泌的IL-17A可能通过分泌血管生成介质和细胞因子促进肿瘤血管生成而发挥促肿瘤作用。

（三）Toll样受体信号通路

Toll样受体（Toll-like receptors，TLRs）是单个跨膜非催化性蛋白质，是参与非特异性免疫（天然免疫）的一类重要模式识别受体，也是连接非特异性免疫和特异性免疫的桥梁。肠道菌群失调将导致肠道内脂多糖(Lipopolysaccharides，LPS）水平升高，在门静脉循环的作用下出现LPS的肝移位，从而诱导肝脏Toll样受体4（TLR4）的高表达，持续激活Toll样受体信号通路，引发肝脏炎症及纤维化并诱发肝癌。Dapito等人还阐明了LPS诱导的TLR4激活是肝脏慢性损伤中肝癌发生所必需的，并且虽然TLR4对于HCC起始阶段不是必需的，但对于涉及肝细胞增殖和逃避细胞凋亡的HCC发展阶段是必需的。

（四）代谢物途径

肠道菌群代谢物由肠道菌群代谢产生。肠道菌群与宿主的相互作用往往通过肠道菌群代谢物来实现。就目前已经鉴定出的肠道微生物群代谢物来说，根据其来源和合成情况，可大致分为3类：肠道细菌从膳食成分中产生的代谢物（短链脂肪酸、色氨酸衍生物、三甲胺）、由宿主产生并经肠道细菌修饰的代谢物（胆汁酸）、肠道细菌重新合成的代谢物（内源性酒精、脂多糖、细菌毒素）。

1.短链脂肪酸

在肝癌中，短链脂肪酸（Short-Chain Fatty Acids，SCFAs）对保护肠道屏障、防止细菌进入血液循环有重要作用。丙酸盐是一种来自肠道微生物群的代谢物，可以抑制肝脏中癌细胞的增殖。结肠中的丁酸盐是紧密连接蛋白（tight junction protein，TJP）最重要的调节因子，可通过增加claudin-1和zonula Occludens-1（ZO-1）的表达和occludin再分配来增强肠道屏障功能，同时可逆转ZO-1的异常表达，减少脂多糖易位，抑制巨噬细胞激活、促炎细胞因子产生和中性粒细胞浸润，从而减轻肝损伤。Huang等还发现，丁酸盐可通过抑制Kupffer细胞中核因子激活的B细胞的κ-轻链增强复合物（Nuclear Factor kappa-B，NF-κB）的激活来抑制肿瘤坏死因子（tumor necrosis factor-α，TNF-α）、白细胞介素6（Interleukin-6，IL-6）和髓过氧化物酶活性，从而减少肝脏损伤，甚至肝癌的进展。但有研究发现，在生物失调、胆碱血脂和炎症的背景下，大量丁酸盐可能会促进肿瘤发生，超过它的益处，这一结论符合丁酸悖论，因此，SCAFs在人体的作用还需要进一步研究。

2. 色氨酸代谢物

吲哚及其衍生物，如吲哚-3-丙酸（Indolepropionic acid，IPA）、吲哚丙烯酸（Indoleacrylic acid，IA）等，能够调节肠道通透性，维持黏膜稳态，并诱导胰高糖素样肽-1（glucagon-like peptide-1，GLP-1）释放。这些物质以及甲基吲哚等通过作用于芳香烃受体（Aryl hydrocarbon receptor，AHR）影响免疫反应。色胺通过促进5羟色胺（5-hydroxytryptamine，5-HT）释放来刺激胃肠蠕动。色氨酸代谢物如IPA、吲哚乙醇（Indoleethanol，IE）、IA具有抗氧化和抗炎作用，而硫酸吲哚酚在高浓度下具有细胞毒性。3-羟基邻氨苯甲酸（2-Amino-3-Hydroxybenzoic Acid，3-HAA）在肿瘤组织中含量降低，外源添加3-HAA可通过与转录因子YY1结合，调节DUSP6基因表达，抑制ERK信号，促进肝癌细胞凋亡。此外，补充罗伊乳杆菌以产生色氨酸代谢物，能够抑制肠道菌群失衡小鼠的SREBP2表达和肿瘤发生。

3. 三甲胺

三甲胺（Trimethylamine TMA）是由肠道微生物将动物性食品中的肉碱、胆碱类化合物代谢而产生的，随后通过门静脉循环输送到肝脏，并在含黄素单加氧酶3（flavin-containing monooxygenase 3，FMO3）等单加氧酶作用下代谢为三甲胺-N-氧化物（trimethylamine-N-oxide，TMAO）。TMAO是许多慢性疾病的危险因素。

研究发现，高水平的TMAO与胰岛素抵抗有关，提示其可能导致非酒精性脂肪肝疾病（non-alcoholic fatty liver disease，NAFLD）的进展，同时导致与非酒精性脂肪性肝炎（nonalcoholic steatohepatitis，NASH）相关的HCC。另有一项前瞻性队列研究显示，较高的血清胆碱水平与更好的肝癌生存相关，特别是在有全身炎症状态的肝脏中。胆碱缺乏的饮食可引起异常的磷脂合成，长期以来一直被用于研究脂肪肝的机制及进展，虽然大多数停留在良性阶段，但仍可发展为肝纤维化、肝癌。还有研究发现，这与胆碱缺乏饮食导致Wnt/β-Catenin通路的下调导致肠道血管屏障（gut vascular barrier，GVB）的破坏和PV1（GVB的标记物）的上调、微生物失调有关，紧密连接蛋白和通透性标记物occludens-1在蛋氨酸胆碱缺乏（methionine and choline deficient，MCD）饮食的患者中较低。

4.胆汁酸

肠道菌群可影响胆汁酸池大小和成分，进而影响肝癌发生发展。

影响免疫功能：如梭状芽孢杆菌可影响初级胆汁酸代谢为次级胆汁酸，初级胆汁酸可增加肝窦内皮细胞CXC趋化因子配体16蛋白（C-X-C Motif Chemokine Ligand 16，CXCL16）的表达，促进肝脏自然杀伤细胞（natural killer cell，NKT）的积累，提高肝脏的抗肿瘤效应；而次级胆汁酸则起到相反的作用。一项实验表明，用抗生素（抑制细菌转化次级胆汁酸）或胆固醇（封闭所有胆汁酸）处理小鼠，观察到初级胆汁酸上调肝血管内皮细胞CXCL16，继而导致NKT细胞的募集，NKT细胞又反过来以CD1d依赖的方式杀死肿瘤细胞。Huang等通过对HBV相关肝癌和健康志愿者的粪便进行微生物组16sRNA分析发现，拟杆菌、毛螺菌科未分类属（*Lachnospiracea incertae sedis*）和XIVa梭菌在高肿瘤负荷的HCC患者中富集，揭示肠道微生物通过胆汁酸引起肿瘤免疫微环境的改变可能是与肿瘤负荷和不良临床结果相关的重要因素。

引起DNA损伤：另有研究发现，改变肠道微生物群可增加脱氧胆酸（Deoxycholic acid，DCA）水平，DCA可通过产生活性氧导致DNA损伤，DNA损伤是衰老相关分泌表型（Senescence-associated secretory phenotype，SASP）的关键诱导剂，其增强肝癌的致癌性，引起肝星状细胞（Hepatic Stellate Cells，HSCs）的SASP，促进HSCs在肝脏中分泌炎症和促肿瘤因子，促进肿瘤发生；而阻断DCA的产生和减少肠道菌群可以有效阻止小鼠肝癌的发展。在一项小鼠的NASH相关肝癌模型中发现，次级胆汁酸的积累可导致肝脏炎症和损伤，促进癌变。另一项研究以高胆固醇-高脂肪的非酒精性脂肪性肝炎（non-alcoholic steatohepatitis，NASH）饮食方式作为诱发因素研究非酒精性脂肪性肝炎（NASH）导致的HCC，发现抗生素可以抑制HCC的发生，同时伴随次级胆汁酸的骤降，次级胆汁酸如脱氧胆酸（DCA）激活了肝细胞的mTOR通路。

5.内源性酒精

肠道菌群能产生内源性酒精。研究发现，机体在摄入不含酒精的食物后，仍可以在血液中检测到酒精。内源性酒精在NASH及其进展为肝癌的发病过程中起重要作用：一是通过形成蛋白质和DNA复合物产生乙醛毒性，增加活性氧、脂质过氧化、炎症和免疫反应受损以及DNA甲基化修饰导致肝癌的形成；二是通过改变肠道菌群，导致肝脏疾病，酒精喂养诱导的小鼠发生ALD，大肠起始部位盲肠的小肠细菌过度生长，生态失调，厚壁菌门减少，拟杆菌门丰度相对增加；三是破坏肠道细胞壁间紧密连接，导致细菌移位，肠道屏障破坏，通透性增加，内毒素如LPS水平增加，刺激肝脏TLR受体，最终导致肝脏脂肪沉积和炎症，促进肝癌发生。

6.微生物相关分子模式（microbe-associated molecular patterns，MAMPs）

MAMPs是指完整的微生物细胞成分，它们能够在整个身体中被宿主发现。目前发现在肝癌中起作用的MAMPs主要有脂多糖（Lipopolysaccharide，LPS）、脂磷壁酸（lipoteichoic acid，LTA）、细菌DNA等。

LPS：革兰阴性菌的细胞壁成分，主要存在于肠道中，是MAMP易位最常用的标记物。慢性肝病（chronic liver disease，CLD）的肠道屏障破坏导致循环中产生高水平的MAMPs如LPS，从而通过多种机制促进CLD进展和HCC发生。当门脉LPS水平升高时，Toll样受体4（Toll-like receptor 4，TLR4）信号通路被LPS激活导致促炎免疫介质的产生，这可能促进了肝癌发生和发展。

脂磷壁酸：革兰阳性细菌的细胞壁成分，是引起炎症的关键细胞毒性因子，能激活炎症细胞从而引起炎症反应，导致宿主产生不同的免疫应答。有研究表明，LTA作为MAMPs另一大主要组成部分，通过影响肝星状细胞参与肝脏肿瘤免疫微环境的调控。肠道微生物群通过转移革兰阳性菌的组分LTA实现肝脏细菌移位，LTA与TLP2结合驱动环氧化物酶2通路，并协同肥胖诱导的肠道菌群代谢物脱氧胆酸来上调肝星状细胞的衰老相关分泌表型因子的表达，促使衰老的肝星状细胞产生前列腺素E2来抑制抗肿瘤免疫反应，最终促进肝癌的发展。

细菌DNA水平：为Toll样受体9（Toll-like receptor 9，TLR9）的激动剂，在慢性肝病发展过程中也逐渐升高。细菌易位可以导致LPS受体TLR4表达，继而诱导HCC形成。TLR4介导的HCC发生经由肝常驻细胞介导，促进慢性炎症与肝纤维化，同时上调肝星状细胞中的肝细胞分裂原——上皮调节蛋白的表达。TLR4不仅能够促进炎症基因的表达、促进肿瘤的增殖，而且能够防止其死亡，进而促进HCC进展。

7.细菌毒素

肠道细菌产生的细菌毒素主要有细胞致死性肿胀毒素（cytolethaldistendintoxin，

CDT）和大肠杆菌素（colibactin）等，它们能够直接损伤宿主DNA，从而促进肿瘤的发生发展。目前已在体外环境中证明，CDT能够作为核酸酶切割DNA，诱导核裂解和染色质破坏，并促进DNA片段化。由于DNA损伤，细胞激活DNA损伤应答机制，从而使细胞停止增殖、诱导细胞衰老。大肠杆菌素也有相似的作用。而且，CDT和大肠杆菌素还能够激活存活信号传导途径，从而使具有受损DNA的细胞继续存活，有利于肿瘤的发生与发展。

二、肠道真菌调控肝癌进展的机制

真菌及其产物会导致肝病，进而可能促进原发性肝癌的多因素、多途径、多步骤的复杂发病过程。肠道真菌调控肝癌进展的机制如下。

（一）免疫系统途径

免疫细胞上的模式识别受体（pattern recognition receptors，PRRs）可以感应真菌中的病原体相关分子模式（pathogen-associated molecular patterns，PAMPs）并启动免疫反应。受体组包括C型凝集素受体（C-type lectin receptors，Clrs）、Toll样受体（toll like receptors，TLRs）、核苷酸结合寡聚化结构域样受体（nucleotide-binding oligomerization domain-like receptors，NLRs）等。一旦这些受体识别真菌，它们就会触发信号级联（如SYK-CARD9、RAF、MYD99、TRIF通路），产生细胞因子，如白细胞介素1β（IL-1β）、IL-6、IL-12、IL-23、转化生长因子-β和干扰素-γ，从而诱导产生白细胞介素-17A（IL-17A）的T辅助细胞17（Th17）和Th1细胞。这种炎症反应可导致肝胆疾病。

（二）通过代谢物途径

1.β-葡聚糖

研究发现，β-葡聚糖可能通过诱导肝炎和肝纤维化等机制促进肝癌的发生。长期饮酒可增加小鼠体内真菌菌群及其β-葡聚糖的全身循环。使用抗真菌药物如两性霉素B或卡泊芬净可减少真菌过度生长和β-葡聚糖易位，预防乙醇诱导的肝病。抗真菌治疗还能调节真菌β-葡聚糖通过Kupffer细胞上CLEC7a受体激活的炎症反应，这一过程依赖于NOD样受体热蛋白结构域相关蛋白3（NOD-like receptor thermal protein domain associated protein 3，NLRP3）和caspase-1的激活，导致IL-1β的增加，进而引发肝细胞损伤。

2. 念珠菌溶素

念珠菌溶素是一种由白色念珠菌菌丝细胞分泌的非蛋白酶肽毒素，可能与该真菌引起肝癌的机制相关。研究发现，腹腔注射感染白色念珠菌的大鼠出现肝脏脂肪变性、血清ALT水平升高、炎症标志物和明显的脂质过氧化。念珠菌溶素会加重乙醇诱发的肝病，并与小鼠死亡率增加相关。在体外，念珠菌溶素可以通过剂量依赖性方式损伤原代肝细胞。可能机制如下。

调节Th17细胞抗真菌反应：辅助性T细胞17（T helper cell 17，Th17）通过产生促炎和促血管生成介质，参与HCC的发展。白色念珠菌是人类Th17细胞抗真菌反应的主要真菌诱导物，而肠道中HD菌株的Th17细胞抗真菌反应依赖于念珠菌溶素。虽然在小鼠乙醇诱导的肝病模型中，念珠菌溶素没有改变肠道屏障功能，但类似的机制也可能导致肝病。

激活NLRP3炎性小体：在小鼠模型中，已证明白色念珠菌依赖于NLRP6炎性小体诱导HCC恶化。此外，念珠菌溶素能够激活NLRP3炎性小体，且已知NLRP3炎性小体在NAFLD/NASH的发展中发挥核心作用。因此，可推测念珠菌溶素也参与了NAFLD/NASH的发病机制，进而可能有利于肝癌的发生发展。

3. 前列腺素

前列腺素（prostaglandin，PG）是一类有生理活性的不饱和脂肪酸，广泛分布于身体各组织和体液中。目前研究表明，真菌通过合成PG参与肝病致病过程，对肝癌有一定的促进作用。例如季也蒙念珠菌（*Meyerozyma guilliermondii*）能够通过合成前列腺素E2（Prostaglandin E2，PGE2）加重脂肪型肝炎和酒精性肝炎。

前列腺素促进肝癌的可能机制如下。

对炎症过程有关键影响：在一项研究中，与对照组相比，人NASH肝脏中PGE2合成关键酶环氧化酶2和微粒体PGE合成酶1（microsomal prostaglandin E synthase-1，mPGES-1）的表达增加，并与NAFLD活性相关。PGE2在肝硬化和终末期肝病急性失代偿患者中驱动免疫抑制，部分通过抑制巨噬细胞细胞因子分泌和细菌杀伤，使疾病进一步恶化。

与白色念珠菌协同作用：在PGE2介导下，白色念珠菌能够有效诱导Th17的活化，进而激活Kupffer细胞和肝星状细胞，分别促进肝脏炎症和纤维化，并通过IL-17损伤肝细胞，最终恶化肝脏疾病。PGE2还能够促进白色念珠菌在宿主肠道中的定植。

4. 黄曲霉毒素

黄曲霉毒素（Aflatoxin，AFT）是主要由曲霉属真菌产生的双呋喃环类毒素，通过诱导DNA链断裂、氧化应激、加合物形成、基因突变和激活致癌基因导致HCC的发生。其中以黄曲霉毒素B1（Aflatoxin B1，AFB1）的毒性最大，致癌性最强。

形成DNA加合物：AFB1与DNA相互作用并形成DNA加合物［如2，3-dihydro-2-（N7-guanyl）-3-hydroxy-aflatoxin B1］，促进HCC的进展和不良预后。AFB1-DNA加合物与血小板反应蛋白解整合素金属肽酶5（recombinant a disintegrin and metalloproteinase with thrombospondin 5，ADAMTS5）的表达和多态性呈负相关，而ADAMTS5是抑制肿瘤血管生成和转移的肿瘤抑制基因。因此，AFB1水平增高时，ADAMTS5蛋白表达量与多态性下降，进而促进HCC。

导致基因突变：AFB1的代谢活性形式可导致基因突变，促进HCC的发生。该突变倾向于GC碱基对突变，而非TA碱基对突变。由于AFB1诱导p53抑癌基因密码子249中G→T的突变，因此该突变被认为是AFB1引起的HCC的分子标记物。此外，AFB1诱导持续的单链和双链DNA断裂，从而诱导氧化应激和脂质过氧化，对肝癌的发生发展有促进作用。

激活致癌基因：AFB1还通过激活致癌基因（包括*N-ras*、*c-Ha-ras*和*c-Myc*），促进HCC的发生。慢性HBV感染诱导细胞色素P450s将无活性的AFB1代谢为致突变的AFB1-8，9-环氧化物；慢性HBV诱导肝细胞坏死并增加活性氧和氮物种水平，增加AFB1诱导的p53 249ser突变的可能性；而去除AFB1-DNA加合物的核切除修复被HBV X蛋白抑制。

5. 伏马菌素B_1

除了黄曲霉毒素，另一种天然存在的真菌毒素是由轮枝镰孢菌（*Fusarium verticillioides*）产生的伏马菌素B_1。主要污染粮食及其制品，并对某些家畜产生急性毒性及潜在的致癌性。2017年10月27日，世界卫生组织国际癌症研究机构公布的致癌物清单中，伏马菌素B_1被列入2B类致癌物。已有研究表明，其可诱导具有恶性潜能的肝细胞和胆管细胞肿瘤。

肠道菌群及代谢产物促进肝癌发展的机制见图8-1。

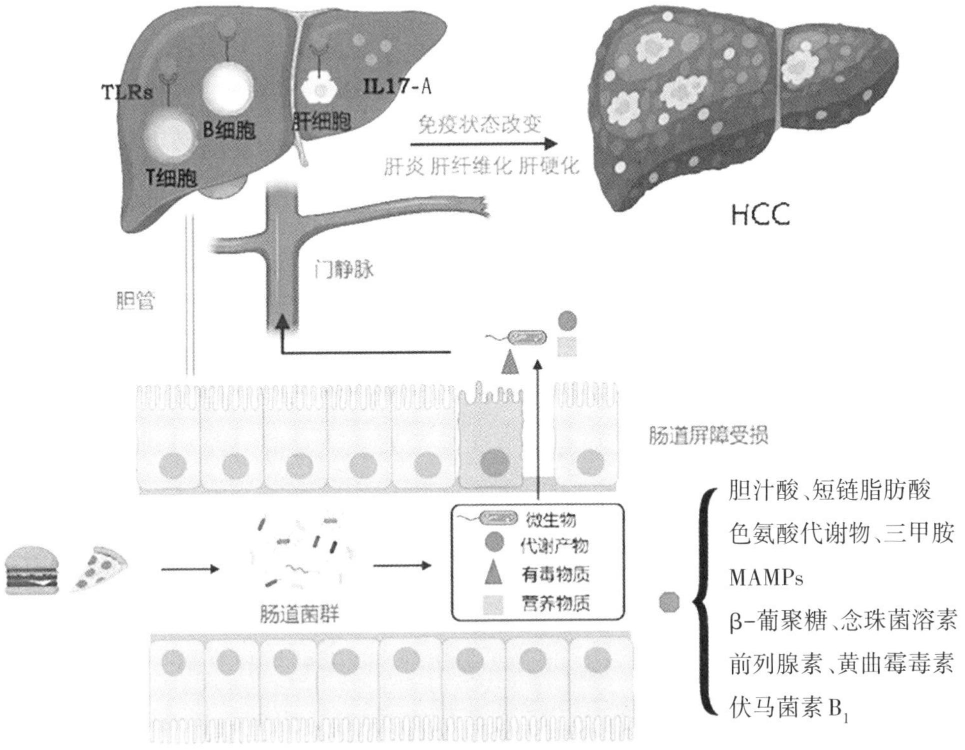

图8-1　肠道菌群及代谢产物促进肝癌发展的机制

注：HCC，Hepatocellular carcinoma，TLRs，Toll-like receptors。

第四节　肠道益生菌群对肝癌的改善作用

目前，肠道微生物调控已作为某些疾病的治疗方法应用于临床，现主要分为两类：①菌群活体及制剂，如粪菌移植、益生菌、益生元及合生元等；②抑菌药物，如利福昔明、Toll样受体激动/拮抗剂等。由于肠-微生物-肝轴对慢性肝病和肝细胞癌的发展具有重要作用，且益生菌、益生元、合生元以及粪便微生物群移植（FMT）安全性高、严重不良反应风险低，所以肠道微生态是一个很有前景的预防靶点。

一、细菌

（一）益生菌

1.临床应用

益生菌是由定植在人体内的菌群所组成的、对宿主有益的活性单微生物或组成明确的混合微生物，目前占据主导地位的是双歧杆菌和乳酸菌。目前的研究证明，益生菌能够减少癌症对机体的侵害，降低癌症转移风险，降低放化疗副作用。在免疫治疗过程中适当进行益生菌的补充，有助于增强癌症患者的免疫功能。

最近的研究支持上述观点。香港中文大学的研究人员在《柳叶刀》子刊上发表的研究显示，补充嗜酸乳杆菌可以抑制小鼠非酒精性脂肪肝病相关的肝癌。这种抑癌作用归因于嗜酸乳杆菌的代谢物戊酸。戊酸与肝细胞表面的G蛋白偶联受体结合，使致癌的信号通路失活，从而减少肝癌的发展。此外，戊酸还改善了肠道屏障的完整性和功能。华中科技大学同济医学院附属同济医院的研究团队在《细胞宿主和微生物》期刊上发表的研究成果显示，肝癌患者术后补充长双歧杆菌可以促进肝功能的恢复，并改善预后。这项研究通过回顾性和前瞻性队列研究确定了肝功能恢复对患者长期生存的重要性，并发现肠道中的长双歧杆菌与肝功能恢复密切相关。同时，在早期肝癌患者的临床研究中，口服含长双歧杆菌的混合益生菌被证明可以降低肝功能延迟恢复的风险，缩短住院时间，提高1年总生存率。

2.作用机制

促进营养吸收：通过调节肠道微生态平衡，促进营养吸收，保持肠道健康，从而改善宿主的健康状况。

结合和降解致癌化合物：通过结合和降解食物中的致癌和致突变物质，减少这些致癌物质对机体细胞的损害。

减轻肝脏和肠道炎症：益生菌通过调节肠道内的微生物群并影响T细胞的分化，改变肠道外肿瘤微环境中促炎细胞因子的含量，减轻肝脏和肠道炎症，进而预防或治疗HCC。目前，益生菌的研究只是基于小鼠HCC模型，在人体的相关数据尚不清楚。

减少血管生成因子的产生：给予益生菌后，小鼠肠道Th17细胞水平和Th17在肿瘤部位的募集减少，减少血管生成因子的产生，进而抑制HCC的发展。

短链脂肪酸的产生：已有研究在给予益生菌治疗的小鼠中，发现了丰富的短链脂肪酸。

（二）益生元

1.临床应用

益生元在肝癌中可以作为新的抗肿瘤治疗策略。在Bcr-Abl转染的BaF3细胞移植小鼠中，菊粉型果聚糖可降低BaF3细胞的浸润，减轻炎症，同时增加小鼠门静脉丙酸含量。丙酸可通过cAMP依赖性途径抑制BaF3细胞的体外生长。此外，当与丙酸结合的Gi/Gq蛋白偶联受体2（Free fatty Acid receptor 2，FFA2，又称GPR43）被激活时，它可以抑制BaF3和其他人体癌细胞的增殖。然而，目前关于单独使用益生元治疗肝癌的研究还比较有限。已有的研究主要集中在结直肠癌的研究上，但对肝癌的治疗也具有一定启示作用。

2.作用机制

益生元在癌症治疗中也表现出了极大的潜力，益生元抗癌作用的可能机制如下。

促进有益细菌生长：菊粉可以通过促进卟啉单胞菌科、拟杆菌科和普氏菌科的产丙酸的细菌的生长，同时抑制厚壁菌门细菌的生长，从而帮助预防糖尿病和肥胖等炎症性疾病。较高的厚壁菌门/拟杆菌门细菌比例会导致这些疾病的发生。因此，菊粉在维持肠道环境中这些细菌成员的低比例具有重要作用。

调节免疫反应：益生元能够促进短链脂肪酸的产生，而许多G蛋白偶联受体会与短链脂肪酸特异性结合，调节各种信号通路来抑制促炎细胞因子的产生。

二、真菌

（一）临床应用

在现有的研究中，多种肝胆疾病的实验模型显示，科学地调节肠道真菌群落是预防或治疗HCC的一种策略。然而，肠道真菌群落的调节具有两面性，它可能能够预防或改善HCC，但也具有一定风险。首先，抗真菌治疗本身会导致严重的肝毒性，甚至可能导致死亡。但各种啮齿类动物的研究表明，口服抗真菌药物两性霉素和卡泊芬净可以改善乙醇诱导的肝病或饮食诱导的脂肪性肝炎，预防其发展为肝癌。其次，某些种类的真菌会促进肝脏疾病的进展，例如给予白色念珠菌（*Can-*

dida albicans）或季也蒙念珠菌（*Meyerozyma guilliermondii*）会加剧实验性乙醇诱导的肝损伤。但如果同时用其他一些真菌进行干预，则可以改善各种实验性肝病。因此，特别是在免疫抑制或危重症患者中，必须考虑益生真菌给药的风险。因为这种给药可能与显著的死亡率和发病率增加相关，如酿酒酵母给药后可能诱发医源性酿酒酵母真菌血症。

总之，鉴于益生真菌治疗的两面性，科学地调节肠道真菌群落是改善HCC的一种很有潜力的方式，但不科学的治疗方式也可能加重肝脏疾病或诱发其他疾病。目前在肠道疾病（如肠易激综合征或炎症性肠病）的多个临床试验中发现真菌益生菌给药有益，但肝胆疾病中仍然缺乏稳定可靠的临床前证据，因此肠道益生真菌应用于肝癌治疗的研究还处于早期阶段，并未广泛用于临床治疗。未来，需要更多的人体试验来评估益生真菌在肝癌中的价值、探索更科学可行的益生真菌疗法。

（二）作用机制

布拉酵母菌（*S. boulardii*）：研究最多的酵母益生菌，它对于肝脏脂肪变性、肝炎、肝纤维化、肝硬化具有一定改善作用，从而预防肝脏疾病发展至肝癌。

酿酒酵母：施用酿酒酵母可减轻AFB1对仔猪的肝脏毒性，导致肝脏转氨酶和肝脏AFB1浓度显著降低，并可防止黄曲霉毒素中毒。

三、噬菌体

（一）概念及临床应用

噬菌体（phage）是侵袭细菌的病毒，必须在活菌内寄生，有严格的宿主特异性，可被用作抗菌药物。噬菌体疗法具有安全、无毒性、低副作用等优点，即使通过静脉注射进行噬菌体混合物给药，噬菌体疗法也被认为是安全的。目前的研究表明，使用噬菌体清除致病菌可以减少临床前模型中肝脏疾病的发生。但在临床实践中，噬菌体疗法的应用仍面临一些挑战，包括某些噬菌体的宿主范围较窄、给药途径如何选择、细菌宿主可能产生耐药性等，研究仍需进一步推进。

（二）作用机制

某些肠道细菌能够促进肝脏疾病的发生发展，如产乙醇的肺炎克雷伯菌（*Klebsiella pneumoniae*）与粪肠球菌（*Enterococcus faecalis*）。因此噬菌体能够通过其对致病菌的清除作用，治疗肝脏疾病，进而抑制HCC的发生发展。

第九章　肠道微生态与肝衰竭

第一节　肝衰竭概述

一、肝衰竭概念

肝脏的合成、解毒、代谢和生物转化等功能对于人体内环境稳态的维持具有重要作用。当肝脏受多种因素影响而引起严重损伤时，其生理功能可能出现严重障碍或失代偿，进而引发人体出现以黄疸、凝血功能障碍、肝肾综合征、肝性脑病、腹水等为主要表现的一组临床症候群，也就是肝衰竭。肝衰竭，尤其是急性肝衰竭，由于其发病迅速，预后较差，且尚无特效药物，一直以来都是临床研究的热点。此前，早在1970年，急性肝衰竭被首次描述成"暴发性肝衰竭（fulminant hepatic failure，FHF）"。近几年随着肠道微生物领域研究的进展，肠道微生物与肝衰竭的关系不断有文献报道，靶向肠道微生物也有望成为治疗肝衰竭的有效手段。

二、肝衰竭的分类

而依据起病的快慢、病情进展速度和基础肝病史的有无等因素，临床上又可将肝衰竭分为4类，分别是急性肝衰竭（acute liver failure，ALF）、亚急性肝衰竭（subacute liver failure，SALF）、慢加急性（亚急性）肝衰竭［acute（subacute）on chronic liver failure，ACLF或SACLF］和慢性肝衰竭（chronic liver failure，CLF）。

（1）急性肝衰竭起病急，病情发展迅速（2周内出现以Ⅱ度以上肝性脑病为特征的肝衰竭），患者往往没有基础肝病史，在组织病理学检查中，肝细胞往往呈一次性坏死，可呈大块（坏死范围超过肝实质的2/3）或亚大块坏死（坏死范围占肝实质的1/2～2/3），或桥接坏死（广泛的相邻成片的肝细胞坏死并伴肝实质结构的破坏），即使存活的肝细胞也存在严重变性，同时伴肝窦网状支架的塌陷或部分塌陷。

（2）亚急性肝衰竭与急性肝衰竭类似，亚急性肝衰竭的起病也较急，患者也没有基础肝病史，但其病情发展较急性肝衰竭较缓，患者一般2~26周出现肝衰竭的临床表现，组织病理学检查中，肝组织呈现新旧不等的亚大块坏死或桥接坏死，较为陈旧的坏死区域可见肝窦网状纤维的塌陷，或胶原纤维的沉积，存活的肝细胞则存在不同程度的再生，并且可见细小胆管增生和胆汁淤积。

（3）慢性肝衰竭在肝硬化基础上，缓慢出现的肝功能进行性减退引发的慢性肝功能失代偿，常伴有反复腹水和（或）肝性脑病等，慢性肝衰竭与肝硬化密不可分，在组织病理学检查上，慢性肝衰竭表现为弥漫性肝脏纤维化，肝脏内还可见异常增生结节，同时肝细胞出现不均一的坏死。

（4）慢加急性（亚急性）肝衰竭患者存在慢性肝病，但其起病较急，常在短期内出现急性肝功能失代偿和肝衰竭，其组织病理学也类似慢性肝衰竭，是在慢性肝病病理损害的基础上发生的不同程度的肝细胞坏死。慢加急性（亚急性）肝衰竭还可依据不同慢性肝病基础分为A、B、C三型。A型发生在慢性非肝硬化肝病基础上；B型发生在代偿期肝硬化基础上，且通常在4周内发生；C型发生在失代偿期肝硬化基础上。

三、肝衰竭的危害

临床上急性肝衰竭罕见，发病率低。但由于其病情发展非常迅速且极为凶险，加上其影响的器官系统范围广泛，治疗需要耗费大量资源，故急性肝衰竭患者的死亡率偏高。急性肝衰竭患者往往还会出现各种凶险的并发症，这些并发症通常涉及全身多个器官系统，影响范围广，也是急性肝衰竭患者死亡率高与预后差的主要原因。这些并发症的危害主要包括肝性脑病引发的神经系统损伤、凝血功能改变导致的凝血障碍、肝肾综合征导致的肾功能不全和肝肺综合征导致的心肺功能障碍。部分并发症对急性肝衰竭患者的影响是长期甚至不可逆的，会极大地影响患者的预后效果和生活水平。

肝硬化和慢性肝衰竭的主要并发症包括腹水、自发性细菌性腹膜炎、肝性脑病、门静脉高压症、静脉曲张出血和肝肾综合征。肝性脑病（HE）是肝硬化和慢性肝衰竭最重要的并发症之一。其特点是神经系统症状广泛，从轻微的认知障碍到昏迷不等。根据潜在肝脏疾病的类型，HE可分为A型、B型和C型。其中，C型主要发生在肝硬化和慢性肝衰竭患者身上，其主要特征是神经功能受损。它有两种表现形式：仅能通过心理测试诊断的轻微肝性脑病（minimal hepatic encephalopathy，MHE）和伴有不同程度症状的明显肝性脑病。无论是哪种类型的HE，都会对患者的预后造成极大挑战，不仅对患者的生存和生活质量有很大影响，也给护理人员带来沉重负担。

四、肝衰竭常见病因及发病机制

在发达国家，急性肝衰竭最常见的病因包括对乙酰氨基酚（APAP）中毒、缺血、药物性肝损伤、乙型肝炎病毒（HBV）和自身免疫性肝病。这五种病因引起的急性肝衰竭占据了发达国家急性肝衰竭病例的近80%。根据美国ALF小组登记处的统计数据，药物性肝损伤（DILI），包括对乙酰氨基酚和特异性相关病因（idiosyncratic related etiologies），在急性肝衰竭病例中占50%以上，其次是确定性病因（14%）、乙型肝炎（7.7%）和自身免疫性肝炎（5.9%），最后是较少见的病因，包括缺血、威尔逊病、Budd-Chiari综合征和与妊娠相关的肝衰竭（如HELLP综合征）。北欧国家和英国的统计数据也与这一美国小组的结果一致。以上数据显示，发达国家与病毒相关的ALF病例较少，这可能与疫苗接种计划的成功、血液制品控制的改善以及社会健康教育的提高等因素有关。与此相对，在发展中国家，甲型、乙型和戊型病毒性肝炎是其急性肝衰竭的主要病因。同样地，在我国引起急性肝衰竭的主要病因也是各种肝炎病毒，尤其是乙型肝炎病毒，其他常见病因包括药物性肝损伤、自身免疫性肝病及休克或低血压引起的缺血性肝损伤。

针对慢性肝衰竭，有统计数据表明，慢性肝衰竭患者的乙型肝炎病毒感染的发病率为71.25%，酒精性肝病发病率为11.25%，丙型肝炎病毒感染发病率为8.75%，自身免疫性肝炎发病率为2.50%，其他因素的发病率为6.25%。由此可知，乙型肝炎病毒感染、酒精性肝病和丙型肝炎病毒感染是慢性肝炎发病的3个主要病因。

不论引起肝衰竭的病因如何，其发病机制均涉及由受损肝细胞产生的细胞因子和其他介质介导的炎症反应。这些炎症反应导致肝脏的合成、代谢和免疫功能严重受损，肝细胞的再生受抑制，继而发展为肝外器官的损伤和多器官衰竭。下面将介绍肝衰竭及其并发症的具体发病机制：

（1）药物性肝损伤引发的急性肝衰竭过量服用对乙酰氨基酚（acetaminophen，

APAP）是发达国家引发急性肝衰竭的重要原因，通常情况下，APAP主要在肝脏中被清除，与O型硫酸（O-sulfuric acid）或葡萄糖醛酸结合后排入胆汁或尿液。在安全剂量下，只有少量的APAP通过细胞色素P450酶系（cytochrome P450，CYP450）代谢为N-乙酰基-对-苯醌亚胺（N-Acetyl-4-benzoquinone Imine，NAPQI）。而APAP服用过量或人体葡萄糖醛酸酯化和硫酸酯化能力饱和时，CYPs（哺乳动物主要为CYP-2E1和CYP-3A4）将成为APAP的主要代谢酶，并导致APAP大量生成NAPQI，而NAPQI是一种高活性的中间化合物，可导致细胞毒性。在早期，大部分NAPQI会迅速被解毒，并通过与谷胱甘肽（Glutathione，GSH）结合排入尿液。一旦谷胱甘肽储存耗尽，剩余的NAPQI就会在肝细胞中积聚，并与蛋白质的巯基共价结合，产生有害的APAP蛋白加合物（APAP-adducts，APAP-ADs），不可逆地导致肝细胞坏死。大量肝细胞坏死会导致多种损伤相关分子模式（damage associated molecular patterns，DAMPs）释放，从而激活巨噬细胞并诱发无菌性炎症。活化的巨噬细胞又会进一步产生多种趋化因子和细胞因子，诱导中性粒细胞、单核细胞和其他免疫细胞在肝内聚集，引发肝内和全身炎症反应，加重肝损伤。最后，当肝细胞损伤程度超过再生能力时，肝功能就会迅速衰竭。

（2）肝衰竭的各种并发症具体到前文提到的肝衰竭各种并发症的发病机制，其中，肝性脑病的发病机制尚未完全清楚，一般认为，肝衰竭导致的肝性脑病是血液中的氨在肝脏代谢异常引起的血氨浓度升高。氨进入脑组织后，可与脑中的α-酮戊二酸结合生成谷氨酸，氨又可与脑中的谷氨酸进一步结合生成谷氨酰胺进而消耗脑组织中的α-酮戊二酸。正常情况下，血液中的氨主要在肝脏进行代谢，在肝衰竭的情况下，血液中的氨代谢障碍使得血氨浓度升高，血氨突破血脑屏障，脑中的氨浓度也会相应增加，这使得脑细胞中的α-酮戊二酸减少，导致三羧酸循环减弱，ATP生成减少，脑细胞供能不足，从而引起大脑功能障碍。同时，脑中谷氨酸与谷氨酰胺的增多使得脑组织渗透压增大进而引起的脑水肿也可能是肝性脑病的发病机制之一。然而，血氨水平与肝性脑病严重程度之间的相关性仍存在争议。有一些研究认为神经炎症在这种情况下也起着关键作用。神经炎症是指中枢神经系统在受到多种损伤（如感染、创伤或接触有毒代谢物）后产生的炎症反应。小胶质细胞和星形胶质细胞是大脑的主要先天性免疫细胞，它们通过产生多种促炎细胞因子［如白细胞介素（IL）-1β、IL-6和肿瘤坏死因子（TNF）-α］、趋化因子［包括C-C趋化因子配体 2 Chemokine（C-C motif ligand 2，CCL2）、CCL5 和 CXC 趋化因子配体 1（CXCL1）］、次级信使［如一氧化氮（NO）和前列腺素］以及活性氧来发挥免疫功能。此外，内皮细胞和外周免疫细胞也对这种炎症状态有促进作用。在正常情况下，血脑屏障（Blood-Brain Barrier，BBB）能保护中枢神经系统（Central nervous system，CNS），防止潜在病原体进入脑循环。血脑屏障是由内皮细胞和星形胶质细胞组成的高度选择性结构，由紧密连接（TJs）蛋白（如 occludin 和 claudin-5）来保证血脑屏障的完整性。受伤和全身炎症后，TJs 会发生失调，影响 BBB 的完整性，增加其对有害分子的通透性，从而促进脑部炎症。同时，这些物质会促进小胶质细胞与星形胶质细胞的活化，而活化的小胶质细胞和星形胶质细胞反过来又会促进 BBB 功能障碍，加剧这一过程。长此以往，神经炎症的长期和过度激活便会引发脑损伤，造成突触损伤、细胞丢失和神经发生障碍，从而导致神经系统功能障碍，进而出现如焦虑、抑郁、记忆力减退和认知障碍的症状。而肠道微生物群是全身炎症发展和氨代谢的主要参与者之一，在神经炎症的发病机制中起着至关重要的作用。

肝衰竭并发的凝血功能障碍主要是严重受损的肝脏合成凝血因子障碍，血液中凝血因子减少，进而导致国际标准化比值（international normalized ratio，INR）延长。同时，肝脏损伤引起的纤维蛋白原合成减少也会导致凝血功能障碍。对于急性肝衰竭引起的代谢紊乱，最常见的代谢并发症包括低血糖、代谢性酸中毒和肾功能不全。低血糖通常是肝糖原储备耗竭和肝脏葡萄糖生成障碍的结果。代谢性酸中毒通常与对乙酰氨基酚中毒有关，或由循环障碍、败血症和肾功能不全引起。而肾功能不全通常是循环衰竭、败血症和弥散性血管内凝血的后遗症，或者是药物性肝损伤（drug induced liver injury ， DILI）的毒性效应。对于心肺功能障碍，急性肝衰竭患者通常处于高动力、高心输出量状态，且伴有全身血管扩张和平均动脉压降低。这些因素容易造成组织血流灌注不足，进而引起包括高血压、低氧血症和急性肺损伤在内的心肺功能障碍。

此外，也有文章指出，败血症也是急性肝衰竭患者最常见的死亡原因之一，甚至超过了脑部并发症。肝衰竭导致败血症主要与免疫失调和免疫系统瘫痪引起的继发性微生物感染有关。一项用饮用水替代硫酸葡聚糖溶液（dextran sulfate，DSS）的小鼠模型的实验发现，单纯的 DSS 损伤仅会诱发剂量和时间依赖性肠道炎症，即从无症状的肠道损伤发展到明显的腹泻，而不会诱发败血症。这一结果表明，仅有低剂量的DSS导致的肠道渗漏不足以诱发败血症，因此，其他因素，包括宿主免疫功能失调或肠道菌群失调，可能是诱发败血症的关键因素。后续也有实验表明，除非通过口服细菌［沙门菌属（*Salmonella*）或克雷伯菌属（*Klebsiella*）］引发肠道菌群失调，否则低剂量DSS给药破坏肠道屏障不会导致小鼠细菌性败血症。同时，多项研究也表明，与败血症相关的最常见的相关微生物包括金黄色葡萄球菌（*Staphylococcus aureus*）、肠球菌（*Enterococcus*）、大肠杆菌（*Escherichia coli*）、克雷伯菌和念珠菌。这表明肠道微生物群可能与肝衰竭的一些并发症有着密切联系。

（3）自身免疫性肝炎引发的急性肝衰竭：自身免疫性肝炎也可能导致急性肝衰竭。Concanavalin A（Con A）是一种最初从大豆中提取的凝集素。它被用于建立免疫性肝炎模型。Con A能迅速诱导小鼠肝脏中自然杀伤T（natural killer T cell，NKT）细胞和CD4阳性T细胞活化，并释放大量细胞因子造成肝损伤，因此能部分模拟人类急性自身免疫性肝病的发病机制。NKT细胞活化在Con A诱导的肝炎中起着关键作用，而肠道微生物群可调节NKT细胞的活化。有研究表明，与无特定病原体（specific pathogen free ，SPF）小鼠相比，无菌小鼠（germ-free mice，GF mice）对Con A诱导的肝损伤并不敏感。这主要是因为GF小鼠肝脏中的NKT细胞在Con A处理后未被激活。同时，与GF小鼠相比，Con A可显著增加脂多糖（LPS）的循环，并提高SPF小鼠CD1d显示的糖脂抗原水平。肠道微生物衍生抗原（糖脂）也是肝脏NKT细胞的重要激活剂，它们可以激活肝脏NKT细胞来介导Con A诱导的急性肝衰竭的发生。这表明人体自身的免疫系统在急性肝衰竭的发生和进展过程中起到了重要作用。

五、肝衰竭临床表现、诊断和治疗原则

临床上诊断急性肝衰竭往往需要依据患者的病史、临床表现和辅助检查结果等进行综合分析判断。《肝衰竭诊治指南（2018年版）》中对各种肝衰竭的诊断标准都有详细介绍。

急性肝衰竭患者有以下临床表现：①极度乏力，并伴有明显厌食、腹胀、恶心、呕吐等严重消化道症状；②短期内黄疸进行性加深，血清总胆红素≥10×正常值上限（upper limit of normal ，ULN）或每日上升≥17.1μmol/L；③有出血倾向，PTA≤40%（或INR≥1.5），且排除其他原因；④肝脏进行性缩小。

亚急性肝衰竭患者有以下临床表现：①极度乏力，并伴有明显的消化道症状；② 黄疸迅速加深，血清总胆红素≥10×ULN或每日上升≥17.1μmol/L；③伴或不伴肝性脑病；④有出血表现，PTA≤40%（或INR≥1.5），并排除其他原因。

慢加急性（亚急性）肝衰竭主要表现为急性黄疸加深和凝血功能障碍，同时还可出现肝性脑病、腹水、电解质紊乱、感染、肝肾综合征、肝肺综合征等并发症，以及肝外器官功能衰竭。具体来说：①患者黄疸迅速加深，血清总胆红素≥10×ULN或每日上升≥17.1μmol/L；②有出血表现，PTA≤40%（或INR≥1.5）。

慢性肝衰竭患者可出现：①血清总胆红素升高，常＜10×ULN；②白蛋白明显降低；③血小板计数明显下降，PTA≤40%（或INR≥1.5），并排除其他原因者；④有顽固性腹水或门静脉高压等表现；⑤肝性脑病。同时在组织病理学检查中还可观察到慢性肝衰竭患者存在弥漫性肝脏纤维化，以及异常增生结节形成，可伴有分布不均的肝细胞坏死。

目前肝衰竭的内科治疗尚缺乏特效药物和手段。原则上强调早期诊断、早期治疗，首先明确病因，再去除诱因并采取相应的病因治疗和综合治疗措施，同时要积极防治并发症。肝衰竭诊断明确后，应动态评估病情、加强监护和治疗。

第二节　肠道微生态与肝衰竭的关系

一、肠道细菌与肝衰竭

（一）整体变化

有研究使用急性肝衰竭模型小鼠研究其肠道内微生态的变化，α多样性分析结果显示，与对照组相比，肝衰竭小鼠回肠中细菌的丰度和多样性均有所增加；结肠中细菌的丰度减低但多样性增加，丰度差异无统计学意义。北美的一项研究随访了肝硬化患者，发现出现ACLF的患者肠道内微生物的β多样性与未出现ACLF的患者相比具有显著差异，而α多样性则较为相似，同时，ACLF患者的肝硬化菌群失调比值（cirrhosis dysbiosis ratio，CDR）也较低。一项针对HBV相关的ACLF患者的研究发现，与对照组相比，ACLF患者体内的微生物多样性明显下降。此外，许多研究中都提及肝衰竭患者相较于健康人，其循环细菌DNA（circulating bacterial DNA）显著增加。这些都表明肠道微生物的丰度和多样性的改变与肝衰竭具有密切联系。

（二）菌群成分变化

肠道细菌对肝衰竭进程的调控很大程度上体现在相关菌群的成分变化，相关研究也较多。许多综述都提到肝衰竭患者与健康人在肠道菌群组成上的差异，包括肠道原生菌群的减少以及潜在致病菌群的增加。肝衰竭患者肠道内菌群在门、属、种水平上的具体的变化总结如表9-1。

表9-1　肝衰竭患者肠道细菌变化

水平	菌种名称	变化情况
门水平	Proteobacteria, Bacteroidetes	↑
	Firmicutes	↓
	Fusobacteria	↑ ↓
	Euryarchaeota	—
属水平	*Stenotrophomonas, Bacteroides,Veillonella*，*Faecalibacterium*，*Enterococcus*	↑
	Lactobacillus, Subdoligranulum, Streptococcus, Eubacterium_coprostanoligenes_group, Blautia, Prevotella, Bilophila, Acidaminococcus, Leuconostoc	↓
	Alloscardovia	+
		—
种水平	*s_uncultured_bacterium_f_Lachnospiraceae*，*Alistipes senegalensis*，*Faecalibacterium prausnitzii*，*Parabacteroides merdae*	↓
	s_uncultured_bacterium_g_Bacteroides，*Lactobacillus casei paracasei*，*Enterococcus faecium*	↑

注：“↑”表示该种菌在肝衰竭患者肠道中较健康人群增多，反之“↓”表示在肝衰竭患者肠道中减少，而“↑↓”表示该种菌的变化在不同试验中存在争议，“+”表示该种菌只在肝衰竭患者中检出，健康人群中未检出，反之“—”表示只在健康人群中检出。

（三）某些菌预测疾病严重程度

有研究报道，人体肠道内乳杆菌属和γ-变形菌纲的相对丰度水平与Th淋巴细胞、国际标准化比值（INR）和肝性脑病的严重程度均呈正相关，同时，幸存病例中患者肠道内的黏膜乳杆菌（*Lactobacillus mucosae*）的含量也要高于死亡病例。还有报道表明瘤胃球菌属（*Ruminococcus*）的丰度与肝损伤程度呈正相关，可以在一定程度上预测肝衰竭严重程度。有研究显示巴斯德菌科（Pasteurellaceae）可以预测

ACLF患者的死亡率。还有研究表明伯克氏菌科（Burkholderiaceae）与HBV引起的ACLF患者体内的趋化因子IP-10呈正相关，且依据普雷沃氏菌科（Prevotellaceae）的相对丰度还能独立预测患者28天的死亡率。

此外，在肝硬化和慢性肝衰竭患者中，有益菌如毛螺旋菌（Mucispirillaceae）+瘤胃球菌（Ruminococcus）+梭菌簇XIV（Clostridium Cluster XIV）+韦荣球菌（Veillonella）与潜在致病菌（肠杆菌+拟杆菌）之间的比例，即肝硬化菌群失调比值（CDR），与终末期肝病模型（model for end-stage liver disease，MELD）评分和内毒素成反比。

同时还有研究发现部分HE患者肠道中存在较多产生尿素酶的细菌，如变形菌，且认知能力更差。同时，有研究表明，与无HE的肝硬化或慢性肝衰患者相比，有HE的患者中韦荣氏球菌的数量有所增加、患者认知能力更差且患者内毒素血症和炎症（以血清中IL-6、TNF-、IL-2和IL-13的水平为指标）的严重程度均有所增加。该研究还显示，产碱杆菌科（Alcaligeneceae）、紫单胞菌科（Porphyromonadaceae）和肠杆菌科（Enterobacteriaceae）菌群的相对丰度与患者炎症指标和认知能力之间存在明显的相关性。另一项研究比较了患有和不患有HE的肝硬化或慢性肝衰患者与健康对照组的乙状结肠黏膜微生物组。与非HE患者相比，HE患者的MELD评分和认知能力更差，同时血清中的IL-6和内毒素水平更高。此外，有分析表明，肠球菌（*Enterococcus*）、巨球形菌（*Megasphaera*）和伯克霍尔德菌（*Burkholderia*）等在HE中过度表达的菌属与炎症和认知能力差也存在相关性。

二、肠道真菌与肝衰竭

肠道真菌作为肠道微生态的重要组成部分，虽然所占比例很低，但其在包括慢性肝衰竭在内的慢性肝病中的作用不容忽视。在生理条件下，真菌细胞壁上的多种成分，包括β-葡聚糖（β-glucan）、酵母聚糖（zymosan）、甘露聚糖（mannan）、壳聚糖（chitosan）、DNA和RNA，可被宿主细胞识别，从而激活先天性免疫和获得性免疫。这种反应可抑制肠道真菌的过度生长或外源性病原体的增殖。当宿主自身免疫系统不足或受到外界因素影响时，包括真菌在内的肠道微生物群的组成可能发生变化，进而可能通过肠-肝轴引发一系列肝脏疾病。同时，真菌对肝衰竭患者的影响还体现在治疗过程中的继发性真菌感染，尤其是肝移植后由于免疫抑制而高发的真菌感染。有文章表示，念珠菌引起的真菌血症是急性或慢性肝损伤人群中最常见的侵袭性真菌感染（invasive fungal infections，IFI），占所有侵袭性念珠菌病（invasive candidiasis，IC）病例的70%以上。急性肝衰竭患者，尤其是在吞噬功能受损、需要进行侵入性手术和接受抗生素治疗的情况下，对念珠菌属感染的易感性较高。

有研究表明，肠道真菌以及相关代谢物能调节APAP诱发的肝衰竭进程。该研究发现，APAP引发的肝损伤有昼夜变化，相较于在早上服用，在夜晚服用APAP将会造成更严重的肝损伤，但在经过药物治疗后，在夜晚服用和在早上服用APAP对肝脏的毒性作用相似。通过测序和代谢组学分析，研究人员发现早上服用APAP的小鼠肠道微生物代谢物与夜晚服用APAP的小鼠相比存在显著差异。具体来说，夜晚服用APAP的小鼠肠道内1-苯基-1，2-丙二酮（PDD）的含量明显高于早上服用的小鼠。单独使用PDD并不会造成明显的肝损伤，但PDD能协同增强APAP引发的肝损伤。这表明肠道内某些菌群能通过PDD调控肝衰竭进程。同时，该研究进一步发现酵母菌能降低肠道中的PDD水平，从而明显减轻对乙酰氨基酚引发的肝损伤。这表明酵母菌可能也对肝衰竭患者的病程起到一定的调节作用。

有文献报道，肝硬化患者肠道中的担子菌（Basidiomycetes）丰度明显降低，而子囊菌（*Ascomycota*）具有绝对优势。同时，子囊菌属与终末期肝病的发病率呈正相关，并可预测晚期肝硬化患者的短期住院率。

有统计表明，由酒精引起的慢性肝病或肝衰竭患者的肠道中念珠菌属（*Candida*），尤其是白念珠菌（*C. albicans*）存在过度生长的情况，与此相对，非酒精对照组的肠道中的真菌则以青霉菌为主。同时，有实验表明，酗酒者在戒酒2周后，其肠道中白念珠菌的种类明显减少。此外，在长期食用乙醇的小鼠中，其肠道内的一种共生真菌，季也蒙毕赤酵母菌（*Meyerozyma guilliermondii*）的相对丰度比食用正常饮食的对照组小鼠有着明显增加。以上信息表明，部分念珠菌属的真菌以及季也蒙毕赤酵母菌在由酒精引发的慢性肝病或肝衰竭的进程中起到一定作用。但就目前证据而言，念珠菌的过度增殖程度与肝病的进展无关，不论是单纯肝硬化或者由肝硬化进展为慢性肝衰竭的患者，其肠道内念珠菌属的增殖情况无显著差异。

一项关于胃肠道真菌与不同程度乙型肝炎病毒（HBV）感染相关性的研究认为，由乙型肝炎引发的肝硬化和慢性乙型肝炎或肝衰竭患者肠道内的真菌多样性高于HBV携带者和健康对照组，其中乙型肝炎肝硬化的真菌多样性最高和种类组成最复杂。此外，乙型肝炎肝硬化或肝衰竭患者肠道的真菌丰度也明显高于其他组别，这一结果同样说明真菌数量的增加与HBV感染者病情的严重程度显著相关。这可能在某种程度上揭示慢性肝衰竭患者的疾病进程。

三、肠道病毒与肝衰竭

肠道病毒（enterovirus，EV）感染是新生儿ALF最常见的病因之一。它们占病毒引起的新生儿ALF的3%–50%。肠道病毒，如柯萨奇病毒（Coxsackievirus）A组4、9、10、20、24，B组1～5，在引起全身感染时常累及肝脏，并发肝炎，亦有病毒性肝炎的一系列临床表现。埃可病毒（echoviruses，ECHO）1、4、6、9、11、14型均引起肝炎。其中的11型正是引起新生儿严重肝炎甚至肝衰竭的重要病原体。患儿在感染该种病原体后肝脏出现大片坏死，可在2～6天内死亡。统计表明，严重的新生儿播散性感染和急性肝功能衰竭还与埃可病毒6、7、9、10、11、12、14、19和30型有关。有研究人员在2021年回顾了有关新生儿EV感染的研究，并报告了237例严重病例。他们发现，这些发热病例中有65%出现肝炎或凝血功能障碍。同时，在80%以上感染EV并伴有发热和肝炎的新生儿中发现了柯萨奇病毒B组（Coxsackievirus B，CVB）和埃可病毒。埃可病毒可导致新生儿急性肝功能衰竭的播散性感染。有很多研究印证了这一观点。此外，一项实验使用柯萨奇病毒腺病毒受体（coxsackievirus and adenovirus receptor，CAR）抗体治疗感染CVB3的小鼠，治疗后小鼠血液中谷草转氨酶（aspartate aminotransferase，AST）、谷丙转氨酶（alanine aminotransferase，ALT）和乳酸脱氢酶（lactatcdehydrogenase，LDH）水平降低，死亡率下降。这些研究和统计数据表明肠道病毒，特别是柯萨奇病毒和埃可病毒，对新生儿急性肝衰竭的影响不可忽视。

第三节　肠道微生态调控肝衰竭进展的机制

一、屏障功能

肠道屏障功能对于肝衰竭的调控通过多条途径实现。①血液循环。肠道屏障被破坏或者说肠道通透性的增加则会导致更多的分子（包括PAMPs甚至微生物）通过肠壁进入血液循环，这也被称为“肠漏”。多次外伤或大手术后的患者可能会出现一系列的肠道功能紊乱，进而导致肠道屏障被破坏，而肠道屏障的严重破坏会加重或导致败血症及相关的多器官功能衰竭（mrltiple organ failure，MOF）或“肠源性败血症”，这也是急性肝衰竭患者常见且致命的并发症之一。②免疫细胞介导的炎症反应。肠系膜淋巴结（mesenteric lymph node，MLN）也是肠道免疫中的重要组成部分，当肠道屏障功能失调时，细菌或细菌产物就会通过门静脉循环到达肝脏，引起门静脉菌血症和内毒素血症。此时MLN已无法遏制被释放的细菌或细菌产物，肝脏被迫充当起免疫屏障的作用。肝脏中的常驻巨噬细胞或Kupffer细胞可有效吞噬并杀死细菌，从而限制细菌进入全身循环。此外，肝脏合成的急性期蛋白LPS结合蛋白（lipopolysaccharide bindingprotein，LBP）能与细菌内毒素LPS结合，并促进与Toll样受体4（TLR4）的结合，从而增强Kupffer细胞的吞噬能力。然而，肝脏中和细菌或细菌产物的能力也是有限的，如果肠道屏障持续受到破坏，就会导致局部的肝脏炎症。这将进一步促进全身炎症细胞（如中性粒细胞、T细胞和单核细胞）的招募和在肝脏部位的集聚，使得肝脏炎症持续存在。持续的肝脏炎症是导致肝细胞凋亡和坏死的基础，并很可能进一步发展成为肝衰竭和全身性疾病。

二、免疫途径

肠道微生态能通过激活免疫细胞释放炎症细胞因子来调控肝衰竭进展。肠道菌群失调、SIBO和肠道屏障功能障碍会导致细菌转运增加，并在血液循环中释放细菌产物，如LPS、肽聚糖、鞭毛蛋白和细菌DNA。这些PAMPs会与肝脏网状内皮细胞（如Kupffer细胞）膜上的TLR-4相互作用。这种相互作用反过来又有利于激活NF-kB和MyD88，引发免疫细胞释放TNF-α、IL-6和IL-1β等炎症细胞因子，进而导致肝脏及全身性炎症。动物模型也已证实，上述循环炎症细胞因子（TNF-α、IL-6和IL-1β）可下调脑内皮细胞的紧密连接蛋白claudin-5和occludin，进而导致血脑屏障破坏，这使得炎性细胞因子、离子和免疫细胞等更多循环中的有害分子进入大脑，进一步影响血脑屏障的通透性，并通过激活小胶质细胞和星形胶质细胞促进脑部炎症，从而诱发肝衰竭患者的神经系统并发症。此外，最近数据表明，对乙酰氨基酚诱导肝细胞坏死后，单核细胞衍生的巨噬细胞（monocyte-derived macrophages，MoMFs）会以CCR2依赖性方式被招募，并聚集在坏死区域周围，从而加剧肝损伤。

同样的，暴露于肠道的外源性病原菌也可加剧Con A诱导的肝损伤。这同样可能是由于树突状细胞（dendritic cells，DCs）的活化增加，从而增强了肝脏NKT细胞对肝实质细胞的细胞毒性，这表明肠道细菌及其相关代谢物能通过激活某些免疫细胞从而加剧肝衰竭。

除了肠道细菌，肠道真菌也被认为能通过免疫途径调控肝衰竭进展。真菌细胞壁中的1，3-β-葡聚糖能通过受损的肠黏膜经门静脉进入肝脏，与肝脏中的库普弗细胞（Kupffer cell）表面的CLEC7A结合，刺激库普弗细胞分泌白细胞介素-1β（IL-1β），进而导致肝细胞的变性和坏死。慢性乙型肝炎引起的肝硬化或肝衰竭也被认为与肠道真菌以及宿主免疫反应缺陷有关。甘露糖结合蛋白是一种模式识别受体，它能与真菌细胞壁上的甘露糖结合并触发宿主免疫反应，从而在对抗真菌病原体中发挥关键作用。在HBV感染过程中，甘露糖结合蛋白的缺乏或功能障碍可能导致对真菌的防御能力减弱，从而导致这些病原体的增殖。

三、受体途径

有证据表明，肠道细菌能对胆汁酸进行生物转化，将营养物质和包括初级胆汁酸在内的代谢底物转变为各种生物活性代谢物（如乙酸盐、丙酸盐、丁酸盐、次级胆汁酸和氨基酸），这些生物转化可通过法尼醇X受体（farnesoid X receptor，FXR）和G蛋白偶联膜受体5（G protein-coupled membrane receptor 5）来调节胆汁酸的信号特性，调节宿主体内的各种代谢途径，进而对肝病进程起到调节作用。同时，多项研究表明，肠道菌群失调和肠道屏障完整性的丧失与微生物相关分子模式（microbe-associated molecular patterns，MAMPs），如脂多糖（LPS），通过门静脉转运到肝脏有关。在肝脏中，MAMPs又能通过病原体识别受体引发炎症造成肝损伤。此外，NACHT、LRR和PYD结构域蛋白6（NLRP6）炎性小体传感器分子的缺失也会导致肠道菌群失调和肠道屏障功能紊乱，这些因素都能通过MAMPs引发肝损伤。

除此之外，肠道病毒，尤其是上文提到的CVB3，主要与特定受体（柯萨奇病毒和腺病毒受体）和宿主细胞上的共受体（衰变加速因子——DAF或CD55）结合。与受体结合后，病毒进入宿主细胞的细胞质，在那里利用宿主细胞的细胞器为自己服务，合成无活性的病毒蛋白质和负链RNA。最后，产生多个正链RNA分子，非活性病毒蛋白被裂解，进而被激活，形成完整的病毒。CVB3会释放促炎细胞因子并激活单核细胞，导致组织因子上调，最终激活凝血级联反应。此外，细胞因子还会刺激内皮细胞产生纤溶酶原激活物抑制剂，从而减少纤溶，这一过程很可能与肝衰竭的并发症之一——败血症有关。在一项实验中，RT-PCR检测结果显示CVB3感染者体内病原体中VP1基因呈阳性。该基因编码病毒帽蛋白VP1，可诱导细胞周期停滞在G1期，并上调特定蛋白，如热休克蛋白70（HSP70）的表达，从而增强病毒复制能力，促进CVB3病原体对细胞的侵染。这使得感染迅速发展为败血症，导致进行性肝衰竭。

四、代谢物途径

（一）SCFAs

正常情况下，肠道微生物群中的细菌成分90%由厌氧菌（如拟杆菌和厚壁菌）组成，其次是变形菌和放线菌。这些肠道微生物群参与未消化碳水化合物的代谢，产生短链脂肪酸（SCFAs），如丁酸盐、丙酸盐和乙酸盐，这些物质不仅可以作为机体和肠细胞的能量来源，还能保证肠道屏障的完整性并维持肠道蠕动。丁酸盐主要由真菌产生，而乙酸盐和丙酸盐主要由拟杆菌合成。丁酸盐通过调节紧密连接蛋白（如claudin-1和zonula occludens-1）来维持肠道屏障的完整性。在肝脏中，SCFAs可控制肝糖和肝脂的平衡：丙酸盐参与葡萄糖生成，而丁酸盐和乙酸盐则调节脂肪生成。虽然肝脏通过门静脉从肠道获得约70%的血液供应，但肝脏只能接触到少量细菌和细菌产物，这些细菌及细菌产物通过细菌转运途径（细菌及其产物通过肠道屏障迁移到肠系膜淋巴结（MLN）或门静脉系统的过程）进入肝脏。

有研究表明，SCFAs，尤其是丁酸盐，可调节免疫反应，进而调节肝脏炎症。而肠道原生菌群中有益菌的丧失可导致SCFAs生成减少，初级胆汁酸转化为次级胆汁酸，进而加剧了肠道菌群失调，改变了肠道屏障的完整性，降低了肠道蠕动，这同时也促进了小肠细菌过度生长（small intestinal bacterial overgrowth，SIBO）。这些改变增加了细菌转运的速度，促进了内毒素血症，同时使得大量病原体相关分子模式（PAMPs）到达MLN，从而通过门静脉循环扩散到肝脏。一旦进入肝脏，PAMPs就会通过Toll样受体（TLRs）与Kupffer细胞等常驻免疫细胞相互作用，进而促进依赖MyD88和不依赖MyD88的分子通路，从而激活NF-kB并释放TNF-α、IL-1β、IL-6、IL-18等炎性细胞因子、CXCL1、CXCL2、CCL2、CCL5、CCL3、CCL4等趋化因子、NO和活性氧。这些机制导致肝脏慢性炎症，在恶性循环中加重肝功能损害，并引发全身性炎症。所有这些涉及肠道微生物群组成和功能的改变都与慢性肝脏疾病包括肝硬化和慢性肝衰的并发症（包括高血压）密切相关。

（二）内毒素

肠道内有害菌产生的内毒素也与急性肝衰竭的产生密切相关，内毒素是革兰阴性细菌细胞壁中的一种成分叫作脂多糖（LPS），其是导致肝脏及全身性炎症的主要因素之一。静脉注射LPS会引起全身炎症反应，导致IL-6和TNF-α血清水平升高。LPS与炎性细胞因子及其他因子（如谷氨酸）一起，可促进小胶质细胞活化，从而释放更多炎性细胞因子，导致神经元损伤。在大脑中，LPS还可与TLR-2、TLR-4和CD14等内皮细胞膜受体结合，导致神经炎症的次级介质释放以及氧化应激反应。细菌死亡溶解释放的内毒素进入血液中还会造成严重的内毒血症，肠源性内毒素血症的发生是肝衰竭发生过程中重要环节。内毒素血症可能是通过与特异性识别受体——Toll样受体（TLRs）相互作用而引发肝损伤的。TLRs作为病原体传感器，有助于适应性免疫反应和炎症调节，同时，TLRs易受到肠道菌群变化的影响，进而可能导致内毒素血症，从而进一步加剧肝损伤。内毒素进入血液后主要与肝内Kupffer细胞表面的Toll样受体结合，刺激其产生TNF-α，诱导肝细胞坏死或凋亡；同时Kupffer细胞产生的其他细胞因子可促进肝细胞大量生成左旋精氨酸，转化大量的NO，其代谢终产物瓜氨酸和NO_2/NO_3，抑制肝细胞线粒体呼吸，ATP生成减少，从而抑制白蛋白和凝血因子的合成。内毒素还通过直接损害肝窦内皮细胞，激发施瓦特曼（Shwartzman）反应等致肝内微循环障碍。日本学者的研究显示大鼠肝衰竭模型的肝血窦内有大量的纤维蛋白沉积，因此推断由于肝血窦大量纤维蛋白沉积造成的微循环障碍，激发肝脏局部的Shwartzman反应，是诱发肝衰竭的重要机制之一。

（三）内源性对甲酚

内源性对甲酚是肠腔中的一种蛋白质残留物，在被吸收到肝脏中后，对甲酚能通过肝细胞中的磺基转移酶转化为对甲酚硫酸盐。而对乙酰氨基酚也是磺基转移酶的底物，二者竞争性结合磺基转移酶，也就是说，对甲酚会降低磺基转移酶磺化对乙酰氨基酚的能力。同时，肠道中的对甲酚主要由艰难梭菌等肠道微生物产生，这些包括艰难梭菌在内的肠道菌群紊乱可能使得个体对APAP毒性效应的敏感性发生变化，进而增大APAP诱发急性肝衰竭的可能性。

（四）大豆皂苷Ⅱ

有研究发现LPS/D-GalN给药能迅速改变肠道微生物的功能，这可能会进一步影响肠道大豆皂苷Ⅱ的水平。而大豆皂苷Ⅱ能通过靶向Y-Box结合蛋白1和Nlrp3炎性体发挥抗炎作用，这表明肠道微生物功能的改变可能通过影响大豆皂苷Ⅱ的水平，进而影响机体的炎症反应与抗炎反应，以此调控肝衰竭进展。

（五）3-羟丁酸（3-hydroxybutyric acid）

3-羟基丁酸或者说β-羟丁酸是主要的酮体分子，主要是在肝脏中合成的，不仅能作为供能物质，还能参与基因的表观修饰调节，被认为与糖尿病以及部分中枢神经的症状有关。有研究发现，梭菌纲（c_Clostridia）和梭菌目（o_Clostridiales）的肠道微生物群紊乱与血浆代谢物3-羟丁酸（3-hydroxybutyric acid）的改变之间存在密切联系。这说明梭菌纲和梭菌目的菌群也能通过调节功能代谢物3-羟丁酸的产生进而调节肝衰竭进程。

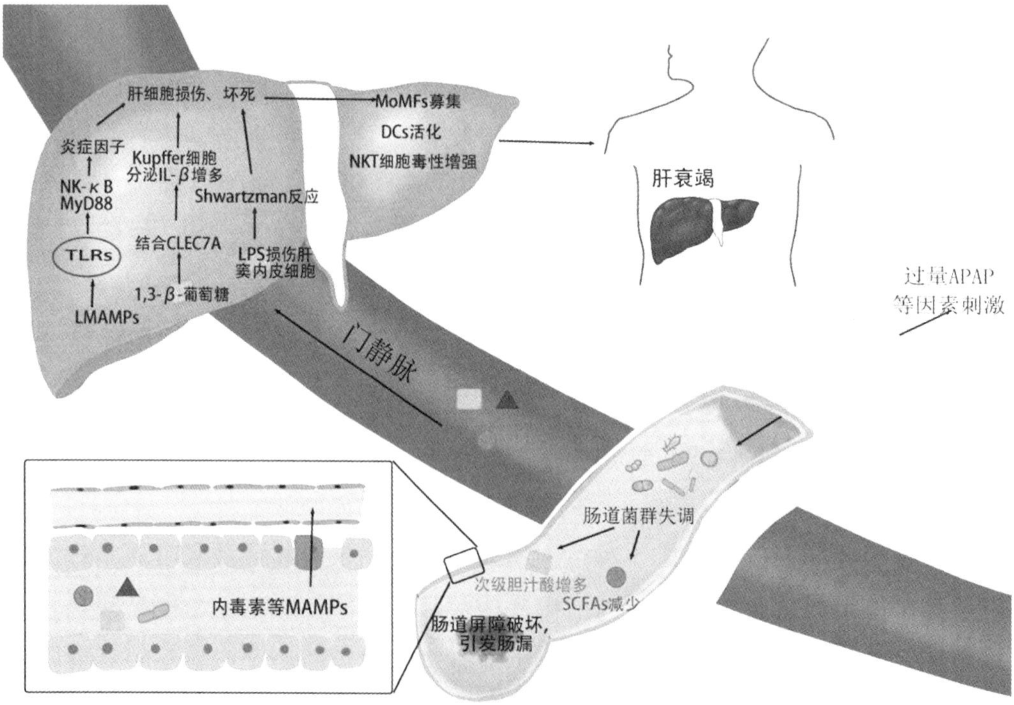

图9-1 肠道微生物调节肝衰竭机制图

注：MAMPs，Metabolism-Associated Molecular Patterns，TLRs，Toll-like receptors，SCFAs，Short-chain fatty acids，MoMFs，Monocyte-derived macrophages，DCs，Dendritic cells。

第四节　肠道益生菌群对肝衰竭的改善作用

一、肠道益生细菌对肝衰竭的改善作用

（一）益生菌

1.临床应用

益生菌是促进宿主健康的活细菌。尽管传统益生菌（如乳酸杆菌和双歧杆菌）的有益作用已被记录了几十年，但其作用机制直到最近才开始被阐明。现有文献已经报道许多可能改善肝衰竭的益生细菌，其中就包括唾液乳杆菌Li01（Lactobacillus salivarius Li01）、益生菌干酪乳杆菌Zhang（Lactobacillus casei Zhang）、青春期双歧杆菌CGMCC 15058等。这些益生菌被认为在急性肝衰竭、药物引发的肝衰竭以及自身免疫性肝病引发的肝损伤方面具有广阔的应用前景。

一项针对一种由五种芽孢杆菌的孢子组成的益生菌胶囊的研究显示，这一胶囊可改善组织病理学肝损伤，降低促炎细胞因子水平，这表明芽孢杆菌孢子对APAP引起的急性肝损伤也可能具有保护作用。同时，有数据显示，在D-半乳糖胺（D-Calactosamine，D-GalN）给药前15天口服蜡样芽孢杆菌（*Bacillus cereus*），也可以降低血浆内毒素水平、强化肠道屏障功能和改善肠道微生物群，从而显著改善肝损伤和炎症过程。此外，罗伊乳杆菌（*Lactobacillus reuteri*）DSM 17938可缓解肠道菌群失调，减少炎症因子的转录，减轻D-GalN诱导的大鼠肝损伤。有实验用罗伊乳杆菌处理APAP诱导的肝损伤模型小鼠，发现小鼠体内APAP的降解量增加了68%。同样，青春期双歧杆菌（*Bifidobacterium adolescents*）CGMCC15058、长双歧杆菌R0175（Bifidobacterium longum R0175）和布拉酵母菌（Saccharomyces boulardii）也可减少D-GalN诱导的大鼠肝损伤中细胞毒性因子和炎性细胞因子的增加。

除此之外，在自身免疫性肝病引发的肝损伤方面，外源性益生菌或益生元也被认为能改善肝损伤。针对Con A诱导的免疫性肝损伤。根据目前的实验证据而言，肠道微生物群可能会影响Con A对小鼠急性肝损伤的易感性和严重程度。

利福昔明作为一种广谱口服抗生素，自1987年首次上市以来，在临床上常被用于治疗肠道相关疾病，利福昔明在临床试验中还可用于治疗肝衰竭并发症之一的肝

性脑病。

2.作用机制

唾液乳杆菌Li01（Lactobacillus salivarius Li01）可通过稳定肠道屏障和平衡小鼠肠道中的菌群，减轻急性毒素引起的肝损伤和高氨血症。还可通过激活肠道芳香烃受体，增加肠道中抗菌分子的表达，进而有助于肠道屏障的保护。

有研究发现，益生菌干酪乳杆菌Zhang（Lactobacillus casei Zhang）能缓解ALF的进展，其作用主要是降低促炎细胞因子和肝脏炎症的水平。TLR-MAPK-PPAR-γ信号通路被认为参与了这一过程。青春期双歧杆菌CGMCC 15058也被认为对ALF具有潜在治疗作用。研究人员从健康人的粪便中分离出CGMCC 15058，然后将这些细菌灌胃给Sprague-Dawley（SD）大鼠。他们发现，CGMCC 15058可通过减少细胞毒性因子和炎症细胞因子来改善肠道菌群失衡，从而治疗ALF。

有研究人员发现，瑞士乳杆菌R0052对肝损伤也有缓解作用。研究表明，瑞士乳杆菌R0052可减缓肝损伤模型小鼠体内转氨酶、胆红素和总胆汁酸的升高以及组织学上的肝损伤。此外，瑞士乳杆菌R0052还可通过下调肝脏样本中的Toll样受体、肿瘤坏死因子-α和核因子-κB的转录以及降低促炎细胞因子的血浆浓度，表现出抗炎特性。同时，瑞士乳杆菌R0052还能改善肠道异常，调节肠道中的Toll样受体、claudin2和mucin3基因转录。以上这些作用与瑞士乳杆菌R0052对肠道微生物组和代谢组的调节有关。具体来说，其富集了肠道微生物组中的乳酸杆菌和拟杆菌，并消耗了Flavonifractor和Acetatifactor。瑞士乳杆菌R0052还改善了碳水化合物和脂肪酸的代谢，降低了石胆酸水平。而石胆酸是一种由菌群产生的次级胆汁酸，被认为与肝损伤等肝脏疾病有关。石胆酸的毒性作用会导致各项肝功能指标异常，还会显著下调ABCG8、OATP2、SULT2A、CAR、FXR、CYP2B10、MRP2和UGT1A的mRNA表达，使得肝组织出现不规则分布的坏死区域，并伴有炎症浸润。这表明该种益生菌能通过多种途径减少肝损伤过程中的炎症反应进而减缓肝衰竭的进程。

针对APAP诱发的肝衰竭的研究表明，与清除了肠道菌群的小鼠（germ-free mice，GF mice）相比，正常小鼠肝脏中转录因子Nrf2水平有所上升，这可以改善正常小鼠体内的抗氧化和排异反应，保护肝脏免受急性对乙酰氨基酚的伤害。同时，有研究显示，补充人类共生鼠李糖乳杆菌（human commensal Lactobacillus rhamnosus GG，LGG）可增强这种信号的上调，这表明人类共生鼠李糖乳杆菌能通过调节Nrf2

的水平改善肝衰竭。类似的，乳肠球菌IITRHR1（Enterococcus lactis IITRHR1）和嗜酸乳杆菌MTCC447（Lactobacillus acidophilus MTCC447）也能通过调节肝脏的抗氧化能力和关键凋亡/抗凋亡蛋白的表达，进而保护肝脏免受APAP引起的肝损伤。

有报告认为，产丙酸杆菌（Propionibacterium acidipropionici）CRL 1，198可通过降低腺癌细胞中凝集素的增殖效应，抑制结肠微生物群的发酵活性，以及避免凝集素-上皮-微生物群的不良相互作用，从而改善肝损伤。此外，嗜黏蛋白阿克曼菌（Akkermansia muciniphila ）作为一种有望对肝脏疾病产生有益影响的益生菌，还能通过改变转氨酶活性减轻肝损伤，并通过抑制Con A诱导的肝损伤中的细胞因子（包括IFN-γ、IL-1β、IL-2和IL-12p40）减轻全身炎症反应。

利福昔明可减少肠道内衍生毒素，降低血清促炎细胞因子水平。它还可能影响肠道微生物群代谢物。但也有研究认为，在利福昔明治疗后，肠道微生物群的组成没有发生显著变化，该研究中仅发现真杆菌科（Eubacteriaceae）菌群相对丰度略有增加，韦荣氏球菌科（Veillonellaceae）菌群相对丰度略有减少。但利福昔明治疗后血清中的不饱和脂肪酸和饱和脂肪酸明显增加。以上证据表明，利福昔明可能不会改变肠道微生物群的整体组成和多样性，但会改变细菌的代谢产物，并增加肠道中有益菌数量，从而可能对肝衰竭并发症起到调节作用。

（二）益生元

1.临床应用

益生元是由细菌发酵而成的非消化性但可发酵的食物物质，有助于肠道蠕动并选择性地刺激肠道细菌的生长。益生元不同于益生菌。益生元是帮助益生菌生长和繁殖的营养素。益生元不能直接调节肠道菌群。在使用益生菌之前，它们可用于促进益生菌在体外的生长，从而间接帮助实现治疗目标。一些益生元食品，如乳果糖和果胶，似乎有望成为治疗肝病的药物。

2.作用机制

乳果糖是一种不可吸收的双糖，可使肠腔酸化，抑制尿素酶产生菌，并限制氨向血液中的扩散，乳果糖不仅能通过上述途径降低结肠腔内的pH值，从而促进氨的排泄，还能发挥益生菌的作用，促进某些细菌（如双歧杆菌和乳酸杆菌）的生长，进而改善肝损伤。而果胶可以恢复啮齿动物模型中的乳酸杆菌水平并防止肝损伤。有观点认为，益生元与益生菌作用机制相似，它们都可以通过维持肠道平衡和完整性、竞争性排斥其他病原菌并组织病原菌的增殖、产生SCFAs和维生素、促进初级胆盐到次级胆盐的代谢过程、调节胃肠道转运功能等方式，增强了肠道的完整性，减少肠漏现象，进而改善肝损伤。

（三）合生元

1.临床应用

合生元由益生菌和益生元组合而成，具有调节肠道菌群和相关功能基因表达的作用。它能减轻结肠炎症和肝脏炎症反应，降低粪便中的SCFA水平，增强肠道屏障的紧密连接，同时，合生元还能减少LPS和减轻小鼠肝纤维化程度。例如，一种名为Synbiotic 2000Forte的合生元混合了4种乳酸菌以及果胶、菊粉、抗性淀粉和β-葡聚糖，被认为对危重患者病情具有改善作用。此外，有研究使用Cocktail 2000合生元与安慰剂组对比，实验发现该种合生元能降低慢性肝病患者血氨水平，增加非尿素酶产生菌，同时改善患者MHE进展以及内毒素水平。

2.作用机制

合生元对肝病的潜在作用机制包括肠道微生物群结构和微生物群代谢物的改变，它们具有抗炎和免疫调节作用。使用合生元是治疗肝病的理想方法，因为它们可以通过益生菌和益生元来防止炎症和肝细胞损伤。不过合生元保护肝脏的机制尚未完全阐明。但就目前而言，这种治疗方法没有任何不良影响的报道。

二、肠道益生真菌对肝衰竭的改善作用

1.临床应用

肠道真菌，特别是布拉酵母菌（*S. boulardii*）具有中和降解细菌毒素、调节肠道菌群和免疫功能的作用。布拉酵母菌是一种有益的需氧真菌，能消耗氧气，产生有利于双歧杆菌和乳酸菌生长的厌氧环境，抑制病原微生物群的生长。布拉酵母菌已被证明对炎症相关的胃肠道疾病具有显著的实验和临床疗效。有实验以啮齿动物为模型，利用克拉霉素（Clarithromycin，CLA）和甲氨蝶呤（methotrexate，MTX）模拟急性肝衰竭。该实验结果表明，布拉酵母菌降低了CLA暴露组的肝脏丙二醛（Malondialdehyde，MDA），并抑制了两个处理组中GSH水平的降低。此外，布拉酵母菌还能通过抑制损伤组织促氧化的中性粒细胞的募集，进而减轻肝脏炎症。在另一项使用D-GalN模拟急性肝衰竭的实验中，布拉酵母菌能明显改善肝细胞坏死、

出血和炎症浸润。同时，在使用布拉酵母菌干预后，实验动物肠道内拟杆菌群丰度降低以及厚壁菌、变形菌群丰度升高的情况得到逆转。

2.作用机制

Everard等人于2014年首次将布拉酵母菌用于临床试验。这项研究发现布拉酵母菌对宿主代谢的影响与肠道局部效应有关。在一定程度上，布拉酵母菌能增加盲肠的重量，并在门、科、属的层面上引起肠道微生物组成的显著变化。后续也有研究人员进行了类似的研究，不仅得出了同样的结论，即服用布拉酵母菌的小鼠肝脏的变性和炎症明显改善，而且还发现布拉酵母菌能调节非酒精性脂肪肝小鼠肠道中大肠杆菌/嗜酸乳杆菌的比例。此外，布拉酵母菌还被认为能分泌一种抗炎因子，这种抗炎因子是一种低分子量的水溶性因子，在布拉酵母菌的抗炎特性中发挥重要作用，并协助调节包括核因子-κB（NF-κB）在内的信号转导途径。NF-κB通路的激活可刺激肿瘤坏死因子-α、IL-1β和IL-6等促炎细胞因子的释放，进一步促进活性氧的生成，加重ALD和NAFLD的肝损伤，而布拉酵母菌抗炎因子的释放便能很好地抑制这一过程。布拉酵母菌还被认为能通过产生多胺（精胺、亚精胺、腐胺）对肠道细胞具有营养作用，进而保护肠细胞间紧密连接的完整性。同时，布拉酵母菌还能增加丁酸盐的浓度，而丁酸盐已被证明能减轻肝损伤、肝纤维化进展、炎症和改善肝脏脂质代谢和肠屏障功能障碍。